普通高等院校建筑环境与能源应用工程专业系列教材

生态学基础

孙　龙　国庆喜　主　编
孙慧珍　副主编

中国建材工业出版社

图书在版编目(CIP)数据

生态学基础/孙龙,国庆喜主编．—北京:中国建材工业出版社,2013.7

普通高等院校建筑环境与能源应用工程专业系列教材

ISBN 978-7-5160-0420-3

Ⅰ.①生… Ⅱ.①孙… ②国… Ⅲ.①生态学—高等学校—教材 Ⅳ.①Q14

中国版本图书馆 CIP 数据核字(2013)第 070396 号

内 容 简 介

本书以生态学基本内容为框架,从生态学概念与发展简史到环境、种群、群落生态系统和景观等生态学尺度,全面系统地讲述了生态学的基本理论、研究方法以及相关研究进展,尤其重点阐述了生态学基本理论在建筑节能领域的应用。在主要章节后附有大量生态学理论与思想在建筑学领域的应用实例,以使学生了解国内外关于生态建筑节能设计的理念、方法与实践。

本书内容全面,资料丰富,结构合理,层次分明,适合高等院校建筑环境与能源应用工程及其他与建筑相关专业的师生使用,也可供从事建筑学相关领域工作的专业技术人员参考。

生态学基础

孙 龙 国庆喜 主 编

孙慧珍 副主编

出版发行:中国建材工业出版社

地 址:北京市西城区车公庄大街 6 号

邮 编:100044

经 销:全国各地新华书店

印 刷:北京雁林吉兆印刷有限公司

开 本:787×1092mm 1/16

印 张:16

字 数:396 千字

版 次:2013 年 7 月第 1 版

印 次:2013 年 7 月第 1 次

定 价:38.00 元

本社网址:www.jccbs.com.cn

本书如出现印装质量问题,由我社发行部负责调换。联系电话:(010)88386906

本书编委会

审稿专家：葛建平（北京师范大学　教授）
胡海清（东北林业大学　教授）

编写人员：国庆喜（东北林业大学　教授）
孙　龙（东北林业大学　副教授）
孙慧珍（东北林业大学　副教授）
吕新双（东北林业大学　讲师）

前言

生态学(Ecology)是研究生物与环境之间相互关系的科学。在过去几十年中,“生态学”这个词语越来越多地出现在书籍、报刊杂志、电视以及各种宣传媒体中,越来越多的人逐渐了解、认识并熟知生态学相关知识,生态学如今不只被认为是一门生物科学,还是一门人类科学。生态学之所以如此受到人们的关注,主要原因归结于在社会经济发展过程中,生态环境恶化的现象越来越多,由于我们不合理的开发利用而导致的自然生态灾难也频繁出现,生态学的理论和思想在解释、解决上述问题时显示出强大的生命力,同时也使我们认识到生态学的重要性。可以说,还很少有像生态学这样一门科学与人类的生存存在时空尺度,在自然、社会和经济等方面有如此紧密的联系。世界环境与发展委员会1987年在《我们共同的未来》一书中指出:“在过去我们关心的是经济发展对环境的影响,而我们现在则更迫切地感到生态的压力,在不久以前我们感到国家之间在经济方面相互联系的重要性,而我们现在则感到在国家之间生态学方面相互依赖的重要性。生态与经济从来没有像现在这样互相紧密地联系在一个互为因果的网络之中。”生态学对人类如此重要,不仅因为人类为了生存发展,而且也因为人类自身有责任维护人类赖以生存的星球,需要以生态学原则来调整人类与自然、资源和环境的关系。所以生态学应该是我们每个人必须认真学习的科学。

随着全球经济的向前推进,人们对生态环境质量的呼吁也越来越强烈,这对推动全球绿色产业、低碳经济的发展具有深远影响,而对于人类最基本的生活和工作的建筑环境,节能、环保等理念,也逐渐融入其中,这将为建筑的发展向前迈进一大步提供坚实的基础。所谓的“生态建筑”并不等于高科技,古今中外很多的建筑与自然高度和谐,堪称生态建筑的典范,但并没有多少高科技的含量,主要原因是在建筑设计中充分利用自然力,达到既节能环保,同时又真正实现与周围环境的和谐统一,是生态学思想在建筑中的集中体现。因此,对于生态建筑的理解绝不是高科技材料产品的简单堆积,它需要运用生态学原理摆正人类在自然界中的位置,这一点尤为重要。当前我国建筑类及建筑节能等相关专业生态学教育明显不足,很多相关专业从业人员缺乏生态学知识的系统学习,在进行建筑节能设计过程中缺乏生态学思想,无法考虑并实现建筑设计与周围环境的和谐统一,因此,急需一本为建筑类专业学生准备的基础生态学教材,本书编写应运而生。

本书由东北林业大学孙龙副教授、国庆喜教授、孙慧珍副教授和吕新双讲师共同编写完成。共分为七章,第一、二章由国庆喜教授执笔,第三、四章由孙慧珍副教授执笔,第五、六和七章由孙龙副教授执笔,全书文字图表修订工作及习题部分由吕新双讲师完成。第一章系统介绍了生态学的概念、研究对象以及发展简史,目的是让大家了解生态学演化、发展的现状以及知识体系,掌握生态学目前研究热点以及国内外发展趋势;第二章介绍生物与环境的关系,主要讲解生物与主要生态因子之间的相互作用与影响,其中着重介绍了建筑与周围环境的关系以及生态因子在建筑领域的应用;第三至五章,讲种群、群落、生态系统等三个层次,对这三个层次生态学基本理论、观点以及应用进行了系统介绍，同时着重讲解了这三个层次与建筑领域的关系及相关应用实例；第六章介绍了景观生态学基本原理及其应用，配以大量实例讲解了景观生态学理论在城市规划、绿化以及建筑规划设计等领域的应用实例；第七章在前六章介绍的基础上，凝练生态学相关理论和思想，并通过大量经典案例介绍生态学理论在建筑领域的应用。教会学生如何利用生态学思想和理论，思考和解决实际问题，加深学生对生态学的兴趣，培养学生发现问题、认识问题、设计方法以及解决问题的能力，做到学以致用，并能提高学生创新意识和水平。

本教材并不是指导如何进行建筑工程设计，而是通过生态学基础知识的介绍，通过大量实例讲解，探讨建筑过程中如何运用生态学思想减少对环境的影响，充分利用自然界的条件，实现节能减排，提高居住者的舒适度，并真正做到与自然、与周围环境的和谐统一。

本书由北京师范大学葛建平教授和东北林业大学胡海清教授担任主审，中国建材工业出版社对本书的出版给予了巨大的支持，在此表示诚挚的感谢！

由于编者水平有限，书中不当之处在所难免，希望使用本书的教师、学生和相关科研工作者能够为我们指出不足与错误之处，并提出好的修改建议，以便再版时修改。

编　者

2013 年 2 月

目　　录

第 1 章　绪论 …… 1
1.1　生态学的概念 …… 1
1.1.1　生态学的定义 …… 1
1.1.2　生态学的研究对象及分支学科 …… 1
1.2　生态学的发展简史 …… 2
1.2.1　生态学的建立前期 …… 2
1.2.2　生态学的建立和成长时期 …… 2
1.2.3　现代生态学时期 …… 3
第 2 章　生物与环境 …… 5
2.1　环境与生态因子 …… 5
2.1.1　环境的概念及其类型 …… 5
2.1.2　生态因子的概念及其类型 …… 6
2.1.3　生物与环境关系的基本原理 …… 6
2.2　生物与太阳辐射 …… 8
2.2.1　太阳辐射的特性及其时空变化 …… 8
2.2.2　太阳辐射强度的生态效应 …… 9
2.2.3　太阳辐射光谱的生态效应 …… 10
2.2.4　太阳辐射时间的生态效应 …… 11
2.3　生物与温度因子 …… 12
2.3.1　地球表面的热量平衡 …… 12
2.3.2　温度的时空变化 …… 13
2.3.3　温度对生物的生态作用 …… 14
2.4　生物与水因子 …… 16
2.4.1　不同状态的水及其生态意义 …… 16
2.4.2　干旱与水涝对植物的影响 …… 18
2.4.3　生物对水的适应 …… 19
2.4.4　水质对土壤和植物的影响 …… 20
2.4.5　城市水文特征 …… 20
2.4.6　我国水生态环境问题 …… 21
2.5　生物与土壤因子 …… 21
2.5.1　土壤的生态意义 …… 21
2.5.2　土壤质地 …… 22

2.5.3 土壤结构……23
2.5.4 城市土壤和土壤污染……23
2.6 生物与风因子……24
2.6.1 风的形成……24
2.6.2 风的几种主要类型……24
2.6.3 风的生态作用……25
2.6.4 植被对风的影响……25
2.6.5 城市对风的影响……25
2.7 生态因子在建筑领域的应用……26
2.7.1 光因子……26
2.7.2 温度因子……27
2.7.3 水因子……28
2.7.4 土壤因子……29
2.7.5 风因子……29
第3章 种群生态学 ……31
3.1 种群的概念及其基本特征……31
3.1.1 种群的概念……31
3.1.2 种群的基本特征……31
3.2 种群的数量动态……34
3.2.1 种群在无限环境下的指数增长模型……35
3.2.2 种群在有限环境下的逻辑斯蒂增长模型……37
3.3 生态对策……39
3.4 种内关系和种间关系……40
3.4.1 种内关系……40
3.4.2 种间关系……40
3.5 种群生态学原理在建筑领域的应用……43
3.5.1 人口的年龄结构……44
3.5.2 建筑规划与生物保护……44
3.5.3 建筑的绿化与防止生物入侵……44
第4章 生物群落 ……46
4.1 生物群落的概念及特征……46
4.1.1 生物群落的定义……46
4.1.2 生物群落基本特征……47
4.2 生物群落的种类组成……48
4.2.1 种类组成的性质分析……48
4.2.2 种类组成的数量特征……49
4.2.3 物种多样性……50
4.3 生物群落的结构……51
4.3.1 植物生活型……52

4.3.2　群落的垂直结构………………………………………………………… 53
4.3.3　群落的水平结构………………………………………………………… 53
4.3.4　群落外貌与季相………………………………………………………… 54
4.3.5　群落交错区与边缘效应………………………………………………… 54
4.3.6　岛屿效应………………………………………………………………… 55
4.3.7　干扰对群落结构的影响………………………………………………… 56
4.4　生物群落的动态…………………………………………………………… 58
4.4.1　群落演替原因及其类型………………………………………………… 58
4.4.2　群落演替顶极学说……………………………………………………… 62
4.5　地球上的生物群落………………………………………………………… 64
4.5.1　陆地生物群落的分布格局……………………………………………… 64
4.5.2　地球上的主要植被类型………………………………………………… 66
4.5.3　中国植被的分布与特点………………………………………………… 71
4.6　城市植被…………………………………………………………………… 77
4.6.1　城市植被的特点………………………………………………………… 78
4.6.2　城市植被类型及分布…………………………………………………… 79
4.6.3　城市植被的功能………………………………………………………… 81
4.6.4　城市植被覆盖率与城市建设的关系…………………………………… 90
4.7　群落生态学原理在建筑领域的应用……………………………………… 92
4.7.1　城市植被恢复与配置的生态学原理…………………………………… 92
4.7.2　植物种类选择…………………………………………………………… 94
4.7.3　群落设计及实例………………………………………………………… 95
第5章　生态系统 ………………………………………………………………… 114
5.1　生态系统的结构与特征 ………………………………………………… 114
5.1.1　生态系统的基本概念 ………………………………………………… 114
5.1.2　生态系统的组成 ……………………………………………………… 115
5.1.3　生态系统的特征 ……………………………………………………… 117
5.2　生态系统的分类 ………………………………………………………… 117
5.2.1　从物理学角度来划分 ………………………………………………… 117
5.2.2　按照人类对生态系统的影响划分 …………………………………… 118
5.2.3　按照所在环境的性质划分 …………………………………………… 118
5.2.4　按照能量来源划分 …………………………………………………… 118
5.3　生态系统的能量流动 …………………………………………………… 118
5.3.1　关于能量的基本概念 ………………………………………………… 118
5.3.2　生态系统的营养结构 ………………………………………………… 120
5.3.3　生态系统中能量动态和储存 ………………………………………… 125
5.4　生态系统的物质循环 …………………………………………………… 130
5.4.1　生物体内的营养元素 ………………………………………………… 131
5.4.2　物质循环的特点 ……………………………………………………… 131

5.4.3 生物地化循环的类型 …… 132
5.4.4 几种重要物质的循环 …… 132
5.5 生态系统平衡 …… 138
5.5.1 生态系统平衡的概念及含义 …… 138
5.5.2 植物在生态平衡中的基础地位 …… 139
5.5.3 植物的生物多样性与生态平衡 …… 139
5.5.4 生态平衡失调与生态危机 …… 140
5.6 生态系统服务 …… 141
5.6.1 生态系统服务的概念 …… 141
5.6.2 生态系统服务的主要内容 …… 143
5.6.3 生态系统服务的价值评估 …… 144
第6章 景观生态学 …… 147
6.1 基本概念 …… 147
6.1.1 景观与景观生态学 …… 147
6.1.2 景观生态学研究范畴 …… 150
6.2 景观生态学的理论基础 …… 153
6.2.1 系统论 …… 153
6.2.2 岛屿生物地理学理论 …… 154
6.2.3 等级理论与尺度效应 …… 154
6.2.4 自组织理论 …… 156
6.2.5 边缘效应与生态交错带 …… 157
6.3 景观结构 …… 158
6.3.1 景观结构 …… 158
6.3.2 景观空间格局 …… 163
6.4 景观功能 …… 166
6.4.1 景观的生产功能 …… 166
6.4.2 景观的美学功能 …… 168
6.4.3 景观的生态功能 …… 170
6.5 景观生态学研究方法 …… 171
6.5.1 景观野外调查与观测 …… 171
6.5.2 景观格局指数分析 …… 172
6.5.3 城市景观规划 …… 175
6.5.4 “3S”技术的应用 …… 177
6.5.5 景观可视化技术 …… 180
6.6 景观生态学的应用 …… 184
6.6.1 景观生态规划与设计的内涵和特点 …… 184
6.6.2 景观生态规划与设计的原则 …… 186
6.6.3 景观生态学应用实例分析 …… 187
第7章 生态学原理在建筑学领域的应用 …… 199

7.1　系统性原理 …… 199
7.1.1　建筑系统与环境系统的动态关系 …… 199
7.1.2　建筑系统的特性 …… 200
7.1.3　建筑设计与生态系统平衡 …… 201
7.2　协调与平衡原理 …… 201
7.2.1　建筑设计要尊重自然 …… 201
7.2.2　“天人合一”自然观在现代生态建筑中的体现 …… 202
7.3　循环再生原理 …… 205
7.3.1　生态建筑的节能设计(新能源的使用) …… 206
7.3.2　建筑与水环境系统 …… 207
7.4　生态位原理 …… 208
7.4.1　生态位基本原理 …… 208
7.4.2　建筑生态位及其特征 …… 208
7.4.3　建筑生态位的构建 …… 211
7.5　物种多样性原理 …… 213
7.5.1　建筑的绿化原则与思想 …… 213
7.5.2　建筑与园林植物的生态配置 …… 214
7.6　生态建筑的节能设计实践及国内外经典建筑生态分析 …… 215
7.6.1　生态建筑评估体系 …… 215
7.6.2　生态建筑节能设计措施 …… 218
7.6.3　案例解析 …… 221
习题参考答案 …… 229
参考文献 …… 238

中国建材工业出版社
China Building Materials Press

第1章 绪　　论

本章基本内容：

生态学作为生物学的一个分支，主要研究生物与环境之间的关系。本章从生态学的定义、研究对象以及生态学的发展历史三个方面，使学生对生态学有基本的认识和了解，帮助学生树立科学的生态观。

1.1 生态学的概念

1.1.1 生态学的定义

生态学是研究有机体与其周围环境相互关系的科学。这个定义由德国博物学家海克尔（Haeckel）于1866年在其所著《普通生物形态学》中首次提出。

生态学“Ecology”一词来源于希腊文，由词根“oikos”和“logos”演化而来，“oikos”表示“家庭”或“住所”，“logos”表示“研究”或“学问”。顾名思义，生态学是研究生物住所的科学，在此强调的是生物与栖息地环境之间的相互关系。这里，生物包括植物、动物、微生物及人类自身，而环境则包括生物环境和非生物环境，生物环境指同种或异种的其他生物有机体，非生物环境是指光、温、水、大气、养分元素等无机因素。

随着人类活动对自然的破坏，各种环境危机的出现，如何协调人与自然之间的关系已成为生态学研究的紧迫任务。

1.1.2 生态学的研究对象及分支学科

生态学的定义虽然简短，但是其内涵丰富，涉及领域宽广。地球上各种生物，在其生命的各个组织层次上，如生物大分子、基因片段、细胞、组织、器官、个体、种群直至生态系统等，与其他生物和周围环境的关系都是生态学的研究内容。由于研究对象极其复杂，生态学已发展成为一个庞大的学科体系。

如果按照现代生物学的组织层次来划分，生态学的研究对象为生物大分子、基因、细胞、器官、个体、种群、群落、生态系统、景观等，研究它们与环境之间的相互关系。相应地生态学分化出分子生态学、进化生态学、个体生态学、种群生态学、群落生态学、生态系统生态学、景观生态学等分支学科。

如按生物类群来划分，生态学的研究对象为：植物、微生物、昆虫、鱼类、鸟类、兽类等生物类群，研究它们与环境之间的相互关系。相应地产生了植物生态学、动物生态学、微生物生态学、昆虫生态学、人类生态学等。

如果按照生物的生境类别来划分，则有陆地生态学、海洋生态学、河流生态学等。而陆地生态学又可分为森林生态学、草地生态学、荒漠生态学、湿地生态学等。

根据生态学应用的领域来划分，则有农田生态学、恢复生态学等。

此外还有生态学与其他学科交叉而产生的分支学科，如数学生态学、物理生态学、化学生态学、经济生态学、城市生态学、建筑生态学等。

1.2 生态学的发展简史

1.2.1 生态学的建立前期

由公元前 2 世纪到公元 16 世纪的欧洲文艺复兴，是生态学思想的酝酿时期。人类在长期的生产生活实践中积累了丰富的有关生物习性和环境特征的生态学知识。中国古代虽未有“生态”一词，但并不缺乏对自然以及人与自然之间关系的思考。

根据文字记载，我国早在二千年以前就注意到土壤、气候对树木生长的影响等生态现象。如《淮南子》（公元前 2 世纪）一书，就记有“欲知地道，物其树”（要了解土地性质，应观察其上生长的树木）。《礼记·曲礼》中记载：“国君春田不围泽，大夫不掩群，士不取卵者。”即国君春天打猎，不能采取合围的方式；大夫不能整群大批地猎取鸟兽；士子不得捕猎幼兽或捡拾鸟蛋。这些措施显然是为了防止人类将鸟兽赶尽杀绝，也就是今天讲的要使自然资源可持续发展。

我国传统建筑的选址和建造中也处处体现了古人朴素的生态观。古人在建造之初往往选择有利地形而建筑和谐的居住环境，使其具有良好的自然生态效果。如选址讲究“山环水抱”，背山可以屏挡冬日北来寒流，面水可以迎接夏日南风，争取良好日照，近水可以取得方便的水源及生活、灌溉用水。建造中讲究就地取材，与当地环境相互协调。

中国古人的这种生态观有其坚实的哲学基础，如“自然无为”的自然观，要求人类遵循自然规律，不要“反其道而行之”。发源于先秦，形成于宋代的“天人合一”思想就确立了人类与自然统一的认识，树立了人类必须和自然共存共荣、相互依存的观点。

由于古时人口稀少，生产力落后，人类向自然界索取不多，自然资源对人类来讲是足够丰富的，因此孟子认为“天生万物，取之不尽，用之不竭。”这种观点在当时是合理的。

1.2.2 生态学的建立和成长时期

从 16 世纪欧洲文艺复兴开始，西方科学文化蓬勃发展，有关生物学家陆续开展了动物、植物、昆虫与环境之间关系的一系列研究。1798 年，T. Malthus 的著作《人口论》发表，对人口以及生产资料增长速率之间关系进行了思考。1859 年，达尔文的《物种起源》问世，促进了生物与环境关系的研究。1866 年，海克尔提出了生态学的定义。1898 年，波恩大学教授 A. F. W. Schimper 出版《以生理为基础的植物地理学》，1909 年，丹麦植物学家 E. Warming出版了《植物生态学》。这两本书全面总结了 19 世纪末叶之前生态学的研究成就，被公认为生态学经典著作，标志着生态学作为一门生物学分支学科的成立。此后一直到 20 世纪 50 年代，生态学主要集中在种群生态学、群落生态学领域开展研究，生态学基础理论框架得以建立。

生态学的思想在建筑学领域也开始体现出来。早在20世纪30年代，美国建筑师富勒提出了“少费而多用（More with Less）”的观点，也就是对有限的物质资源进行最充分和最合宜的设计和利用，符合生态学的循环利用原则。

生态学的建立与成长过程，伴随着人类对自然界大规模破坏的过程。在工业体系逐渐完善、生产力迅速提高的同时，人类文明赖以创造经济繁荣的自然资源开始急剧减少。而此时的生态学正处在自我完善的阶段，还无力对人类活动发挥指导作用。同时西方以还原论为主体的哲学思想割裂了自然界各事物之间的联系，导致了人类按还原论提供的习惯思维方法，把自己也从自然界中拆卸、分解出来，站到了自然界的对立面，并无休止地企图奴役、征服和战胜自然界，从而形成了人对自然界的霸主意识，使几个世纪以来文明的发展越走越偏。

1.2.3　现代生态学时期

20世纪50年代以来，人类的经济和科学技术获得了史无前例的飞速发展，既给人类带来了进步和幸福，也带来了环境、人口、资源和全球变化等关系到人类自身生存的重大问题。而这些问题的控制和解决，都要以生态学原理为基础，因而引起社会上对生态学的兴趣与关心。在解决这些重大社会问题的过程中，生态学与其他学科相互渗透，相互促进，并获得了重大的发展。

由于现代生态学所倡导的整体观思想，以及关于生态系统的能量流，物质流，信息流的理论，它在逻辑观念上，就很自然地把人类引回了自然界，作为自然界的一个部分而存在。而不是继续错误地自以为凌驾于自然界之上，或挑战性地站在自然界的对立面。

经典的生态学以研究自然现象为主，很少涉及人类社会。现代生态学则超越自然科学界限，与经济学、社会学、城市科学相结合，生态学成了自然科学和社会科学相接的真正桥梁之一。随着经济建设的需要和公众生态意识的提高，生态学原理被越来越多地应用到人类的日常生产生活实践当中，与各行业的结合日益紧密，焦点集中在保障人类可持续发展方面。

在20世纪60年代，美籍意大利建筑师保罗·索列里将生态学（Ecology）与建筑学（Architecture）两词合并为“Arology”，提出“建筑生态学”的新理念。指出任何建筑或都市设计如果强烈破坏自然结构都是不明智的，号召将富勒的“More with Less”原则应用到建筑中去，对有限的物质资源进行最充分、最适宜的设计和利用，反对使用高能耗，提倡在建筑中充分利用可再生资源。1976年，生态建筑运动的先驱施耐德在德国成立了建筑生物与生态学会（Institute for Building Biology and Ecology），强调使用天然的建筑材料利用自然通风、采光和取暖，倡导一种有利于人类健康和生态效益的温和建筑艺术。

在国际上，可持续发展的重要的思想是20世纪80年代中期提出来的。1992年在巴西的里约热内卢召开的联合国环境与发展大会上，把这一思想写进了会议的所有文件，取得了世界各国的共识。这一思想随即融入到生态建筑思潮中来。1991年布兰达威尔和罗伯特威尔合著的《绿色建筑——为可持续发展而设计》问世，其主要观点是：节约能源；设计结合气候；材料与能源的循环利用；尊重用户；尊重基地环境和整体的设计观。1993年美国出版的《可持续发展设计指导原则》一书列出了“可持续建筑设计细则”。1995年德国的丹尼尔斯的专著《生态建筑技术》，对生态建筑的基本原理及各项技术都讲得具体清晰，并举实例说明。

随着人类生态意识的加强，人类普遍意识到人类只是地球上生态系统的有机组成部分，不是自然统治者，人类和所有生命都应该和谐相处。在建筑学中主要体现为利用洁净能源，使用绿色建材、绿化、自然通风和采光，防止对大气、水体和土壤的污染，沿袭建筑文脉等等。从学科的发展趋势来看，建筑学和城市规划无论在理论和实践方面势必要进一步生态化。

本章小结

生态学作为一门研究生物与环境之间相互关系的学科，在解决环境、人口、资源和全球变化等一系列问题上，发挥了重要的作用。学习生态学，不仅要掌握生物与环境相互作用的基本原理，更要关注人类活动下生态过程的变化及对人类生态的影响。对于建筑学的学生，要在建筑学和城市规划的理论和实践上，提高生态意识，树立科学的建筑生态观。

思考题

1-1　为什么各行各业都应学习生态学？结合自身专业谈谈生态学的作用。

习题

1-1　什么是生态学？谈谈你对生态学的理解。
1-2　生态学的研究对象有哪些？
1-3　试述生态学的发展历程及发展动力。

第 2 章　生物与环境

本章基本内容：

本章从生物与环境关系的基本原理入手，具体介绍了太阳辐射、温度、水、土壤和风这五种生态因子对生物的影响及其生态作用，并在此基础上，阐述了这五种生态因子在建筑领域的应用。通过本章的学习使学生了解到生物与环境之间相互依存，协同进化的关系。

2.1　环境与生态因子

2.1.1　环境的概念及其类型

环境是指某一特定生物体或生物群体以外的空间，以及直接或间接影响该生物体或生物群体生存的一切事物的总和。环境总是针对某一特定主体或中心而言的，离开了这一主体或中心也就无所谓环境，因此环境只具有相对的意义。在环境科学中，人类作为主体，环境是指人群周围的空间以及其中可以直接或间接影响人类生活和发展的各种因素的总和。

环境的概念既具体又抽象，对人类和地球上所有动植物而言，地球表面就是它们生存和发展的环境。对于某个具体人群来讲，环境是指其居住地或工作场所中影响该人群生存及活动的全部无机元素（光、热、水、大气、地形等）和有机元素（动植物等）的总和。人与人之间也是互为环境的。

环境是一个非常复杂的体系，至今尚未形成统一的分类系统。一般可按环境的性质、环境的范围等进行分类。

按环境的性质可将环境分为自然环境、半自然环境（即受人类干扰或破坏后的自然环境）、人工环境。

按环境的范围大小可将环境分为宇宙环境、地球环境、区域环境、城镇环境、小区环境、室内环境等。

宇宙环境指大气层以外的宇宙空间。宇宙环境中的天体以及弥漫物质等对地球都有深刻的影响。太阳辐射是地球上一切生物生存的动力源泉，也极大地影响着地球环境。

地球环境指大气圈中的对流层、岩石圈、水圈、土壤圈和生物圈，这是一切生物存在的场所。地球环境既受到宇宙环境影响，同时也维持了自身的稳定，保护生物不受宇宙环境的负面影响。

区域环境指占有某一特定地域空间的自然环境，它是由地球表面不同地区的 5 个自然圈层相互配合而形成的。不同地区，形成各不相同的区域环境特点。

城镇环境是指人工建造的人类聚居的场所，它将人类与周围自然环境产生不同程度的隔离。城镇环境一方面受到区域环境的影响，同时又受到当地文化传统、历史以及社会发展的影响。随着世界范围内城市扩大化，城镇环境反过来对区域环境乃至地球环境都产生了越来越大的影响。

小区环境是指人们生活、工作、休闲等的具体场所，由建筑、广场、绿地等构成，是城镇环境的重要组成部分，小区环境的建设直接关系到人们的身心健康，也是生活质量的具体体现。

室内环境是指建筑物内人们活动的场所，也是人所接触最密切的空间。

2.1.2 生态因子的概念及其类型

从环境中分离出来的各个要素，称为环境因子，如气候因子、土壤因子、地形因子、生物因子等。

生态因子是指环境中对生物的生长、发育、生殖、行为和分布有着直接或间接影响的环境要素，如温度、湿度、空气和其他生物等。生态因子也可认为是环境因子中对生物起作用的因子。任何一种生物的生存环境中都存在着很多生态因子，这些生态因子在其性质、特性和强度等方面都各不相同，它们彼此之间相互制约，相互组合，构成了多种多样的生存环境，为各类生物的生存进化提供了丰富的生境类型。生态因子的数量虽然很多，但可依其性质归纳为五类：

1. 气候因子　如温度、光照、降水、风、气压、湿度等。

2. 土壤因子　土壤是岩石风化后在生物参与下所形成的生命与非生命的复合体，土壤因子包括土壤质地、土壤结构等土壤理化性质和土壤生物等。

3. 地形因子　如地面的起伏、山脉的海拔、坡度、坡向、坡位等，这些因子通过影响其他生态因子而对生物产生作用。

4. 生物因子　包括生物之间的各种相互关系，如捕食、寄生、竞争和互利共生等。

5. 人为因子　人类属于生物，把人为因子从生物因子中分离出来是为了强调人的作用的特殊性和重要性。人类的活动对周围环境和其他生物的影响越来越大，甚至对地球环境也产生了深刻的影响，同时也导致了大批物种灭绝。

2.1.3 生物与环境关系的基本原理

2.1.3.1 生物对生态因子的耐受限度

早在1840年，德国化学家Justus von Liebig在其所著的《有机化学及其在农业和生理学中的应用》一书中，分析了土壤与植物生长的关系，认为每一种植物都需要一定种类和一定数量的营养物质，在植物生长所必需的元素中，供给量最少（与需要量比相差最大）的元素决定着植物的产量。因此Liebig指出“植物的生长取决于处在最小量状况的食物的量”，这一概念被称作“Liebig最小因子定律”。后来经过研究发现，这个法则对于温度和光等多种生态因子都是适用的。英国科学家布莱克曼（F. F. Blackman）于1905年研究环境因子对光合作用影响时提出，当一个过程的速率被若干个不同的独立因子所影响时，这个过程的具体速率受其最低量的因子所限制。例如在阳光充足、水分及温度均适宜的条件下，大气中二氧化碳量常为光合作用的限制因子，增加二氧化碳量就可以增加光合速率。

1913 年，美国生态学家 V. E. Shelford 提出了耐受性法则的概念，他认为生物的存在与繁殖，不仅要受到生态因子最低量的限制，而且也受生态因子最高量的限制。生物对每一种生态因子都有其耐受的上限和下限，上下限之间就是生物对这种生态因子的耐受范围。Shelford 的耐受性法则可以形象地用一个钟形耐受曲线来表示（图 2-1）。

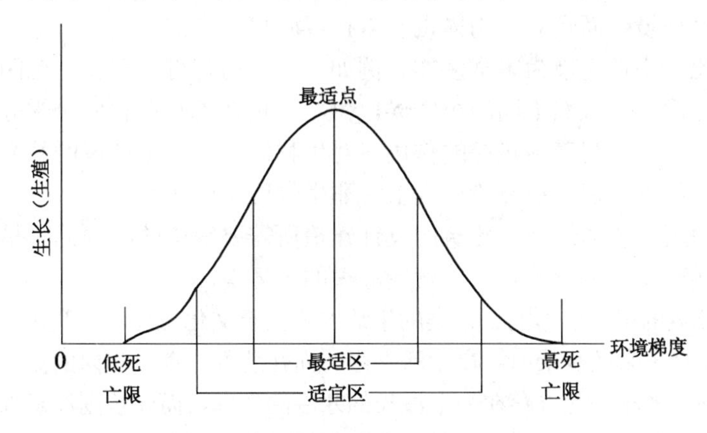

图 2-1　生物对生态因子的耐受曲线
（引自 Putman 等，1984）

用这个法则可以解释生物分布的自然现象。一般说来，如果一种生物对所有生态因子的耐受范围都很广的话，那么这种生物在自然界的分布也很广，反之亦然。各种生物通常在生殖阶段对生态因子的要求比较严格，因此它们所能耐受的生态因子的范围也就比较狭窄。例如，植物的种子萌发、动物的卵和胚胎以及正在繁殖的成年个体所能耐受的环境范围一般比非生殖个体要窄。

生物的生存和繁殖依赖于各种生态因子的综合作用，其中限制生物生存和繁殖的关键性因子就是限制因子。任何一种生态因子只要接近或超过生物的耐受范围，它就会成为这种生物的限制因子。一旦找到了限制因子，就意味着找到了影响生物生存和发展的关键性因子，并可集中力量研究它。

2.1.3.2　生物对各生态因子耐受性之间的相互关系

每一个生态因子都是在与其他因子的相互影响、相互制约中起作用的，因此，完全孤立地去研究生物对任一特定生态因子的反应往往会得出片面的结论。例如，很多陆地生物对温度的耐受性往往是同它们对湿度的耐受性密切相关的，这是因为影响温度调节的生理过程本身是由摄水的难易程度控制的。人的身体健康状况与感觉舒服的程度跟周围的气候环境因子有着密切的关系，对冷、热的感觉主要是人对周围温度、湿度、风速的综合感受。可以使用一系列的指标如体表温度、体感温度、不舒适度和着衣指数来表示。

人体适宜的健康温度为 18～25℃，健康湿度为 40％～70％（相对湿度），在此环境下人体感觉最舒适。在温度介于 24～30℃，湿度小于 60％时，人体感觉热而不闷；在温度高于 30℃，湿度大于 70％时，人体感觉闷热；在温度高于 36℃，湿度大于 80％时，人体感觉严重闷热，且发汗机制受阻，容易因体内蓄积大量的余热而中暑，心情也会感觉很烦躁，在工作中容易出错，各类工伤事故的发生比率也会上升。在冬季，人在南方湿润的空气下感觉会比北方干燥的空气下冷很多。

2.1.3.3 大环境与小环境对生物的不同影响

依环境范围大小可将生物的环境区分为大环境和小环境。大环境是指宇宙环境、地球环境、区域环境、城镇环境。小环境则是指对生物有着直接影响的局部环境，如接近植物个体表面的大气环境、土壤环境和动物洞穴内的小气候、小区环境及建筑物内部环境等。大环境不仅直接影响着小环境，而且对生物体也有直接或间接的影响。

与大环境相比，小环境极为丰富多样。例如，一片树林可以营造一个阴凉的小环境；建筑物的向光与背光面具有截然不同的小气候；树木的枯枝落叶在它们腐烂分解之前，会像地毯一样覆盖在土壤表面，起着绝热层的作用。对生物而言，与小环境的关系最为密切。在生态学工作中，应当特别重视在小环境层次上对非生物因子的研究。

从生态学的角度，城镇规划、建筑的设计建造所需要解决的问题无非是两个方面，一是对大环境不产生或减少不利影响，二是营造舒适的小环境。

大环境与小环境的组合也影响了人类的生活方式甚至文化习惯。在我国南方地区，夏季炎热，人们往往在夜晚出来散步乘凉，夜生活丰富。而在北方，夏季室内的温度并不高，人们在室内就很舒适。到了冬季，北方存在一个漫长的寒冷的冬季，而建筑则注意保暖和取暖，室内比较温暖，人们有“猫冬”的习惯。同时，小区环境的差异也会影响居民的休闲习惯。如果小区有足够的活动场地，环境优美，会吸引较多的居民来此活动健身，增加彼此之间的沟通。

2.2 生物与太阳辐射

2.2.1 太阳辐射的特性及其时空变化

太阳辐射是由波长范围很广的电磁波组成的，其中人眼可见光的波长在380～760nm之间，太阳辐射能的40%～50%是可见光谱，可见光谱中根据波长从长到短依次分为红、橙、黄、绿、青、蓝、紫七种颜色的光。其余大部分是红外线，波长大于760nm。波长小于380nm的是紫外线，所占比重很少。

太阳辐射通过大气层时，由于云、大气中的微粒、气体分子吸收、反射和散射，在到达地球表面时，其强度和光谱组成均有明显变化。北半球平均而言，到达大气顶层的太阳辐射中，只有47%到达地球表面，入射的太阳辐射25%被云层反射，9%被大气中的颗粒散射，并回到外层空间。10%以上为云层吸收，9%为水汽吸收。最后到达地面或植被的辐射是由直射光、来自云层的散射辐射以及来自天空的散射辐射组成。

穿过大气层后，太阳辐射光谱（也称为光质）也有明显变化，大气上层的 O_3 吸收紫外线，大气中的 CO_2 和 H_2O 分子吸收红外线，由于大气层的这种过滤作用，达到地面的太阳辐射主要是可见光。云和水汽对可见光的反射、散射和吸收大致相同，故天空的云看起来是白色。太阳光穿越大气层时，蓝色光被大气分子大量散射，所以天空本身呈现出蓝色。在早晚，太阳光斜射穿越大气层，比直射时在空气中走过的行程更长，从而使得大量的蓝色光线在空气中散失，只剩下红色光，照射在较厚的云层上，形成绚丽的晚霞。大气尘埃也吸收、反射和散射太阳辐射，但可见光较长波段比其他波段散射得更多一些，所以尘埃多的天空（如严重污染的工业区、发生森林火灾的地方）呈褐色或淡红色。

太阳辐射强度受到纬度、地形、大气状况等的综合影响。辐射强度在赤道地区最大，全年变幅最小，随纬度的增加辐射强度逐渐减弱，而全年变幅增大。中、高纬度地区，由于晴天多、湿度低、云量少，加上植物生长季节白昼长，使得生长期太阳辐射值较高，农作物和森林有较高的生产力。我国各地全年太阳辐射总量在 80～200kcal/cm^2 之间，以青藏高原和西北地区最为丰富。季风气候影响显著的东部地区，气候湿润或比较湿润，云、雾、阴天较多，日照时间较短，年太阳辐射总量均在 140kcal/cm^2 以下。四川盆地以及贵州、湖南、江西等地区是全国太阳辐射能的低值中心，年辐射总量在 100kcal/cm^2 以下，东北地区的大小兴安岭和长白山地区，年太阳辐射总量约 100～120kcal/cm^2。

上述辐射能的讨论，均指与太阳光呈垂直的表面而言。坡度和坡向会增加或减少表面得到的辐射量。辐射强度还随海拔高度的增加而增大。

现代化城市高楼林立、街道狭窄，各种建筑改变了辐射强度的分布，在同一街道和建筑物的两侧，辐射强度会出现很大差别，对绿化植物的配置与人的舒适度产生较大的影响。在城市中，由于工厂生产、交通、取暖等燃料消耗要产生废气，增加了大气中的烟尘。因此太阳辐射要比郊区大大减少，特别是在太阳高度比较低的时候，如在早晨和傍晚，以及冬季高纬度地区，太阳辐射在通过城市的污染层时，减弱比较明显。同时因为烟尘对太阳辐射的吸收和散射具有选择性，城市中波长小于 500nm 的短波辐射减弱较多，所以在城市中，紫外线相对较少。

2.2.2　太阳辐射强度的生态效应

太阳辐射强度也称光照强度，常用 J/（m^2 · min）表示，也可用照度单位勒克斯（lx）表示。前者包括达到地面的全太阳辐射，后者以可见光部分为主。

2.2.2.1　太阳辐射强度对植物生长的生态作用

绿色植物的生存依赖于两个生理过程，即光合作用与呼吸作用。其中光合作用合成有机化合物，而呼吸作用则消耗有机化合物，只有光合作用的速率超过呼吸作用，植物才能获得净生产量。太阳辐射是绿色植物光合作用的能量来源，接受一定量的光照是植物获得净生产量的必要条件，因为植物必须生产足够的有机化合物以弥补呼吸消耗。当影响植物光合作用和呼吸作用的其他生态因子都保持恒定时，光合作用和呼吸作用这两个过程之间的平衡就主要决定于光照强度了。当光线很弱时，呼吸作用放出的 CO_2 比光合作用固定的要多。随着光线增强，光合作用固定 CO_2 恰好与呼吸作用释放 CO_2 的速率相等时，此时的光照强度称为光补偿点。在光补偿点以上，在植物体内开始积累有机物质，表现出净生长，随着光照强度的增加，光合作用速率也随之加快，但当光照强度达到一定水平后，光合产物也就不再增加或增加得很少，此时的光照强度就是光饱和点。

不同的植物种类、同种的不同个体、同一个体的不同部分和不同条件下，光补偿点与光饱和点差别很大。适应于强光照环境下生活的植物称为阳性植物，这类植物的光补偿点较高，光合速率和呼吸速率都比较高，常见种类有蒲公英、蓟、杨、柳、桦、槐、松、栎等。大部分观花、观果花卉都属于阳性植物，如月季、一串红、牡丹、苏铁、变叶木、仙人掌、多肉植物等，喜强光，不耐阴。适应于弱光环境下生活的植物称为阴性植物，这类植物的光补偿点较低，光合速率和呼吸速率都比较低。阴性植物多生长在潮湿背阴的地方或林内，常见种类有云杉、冷杉等。喜阴花卉如兰花、杜鹃、绿萝、常春藤、龟背竹、秋海棠、蕨类等，在阴凉的环境条件下生长较好。也有的植物在阳光充足的条件下生长良好，但夏季光照强度高时应稍加遮阴，如八仙花等。

同种植物在全光下和庇荫下生长，其形态结构有明显差异。光对植物形态的影响可通过植物在黑暗条件下生长状况加以说明。植物在暗处生长时所产生的特殊形态称为黄化，表现为节间特别长，叶子不发达，很小，侧枝不发育，植物体水分含量很高，细胞壁很薄等等。豆芽可以说是这种形态的典型代表。黄化是由于受光不足，不能形成叶绿素的现象，黄化植物受光后就能恢复正常形态。

2.2.2.2 太阳辐射强度对植物形态的生态作用

对于树木来讲，光照较强时，树干较粗，上下直径差异较大，分枝多，树冠庞大。叶的细胞和气孔通常小很多，叶片硬，叶绿素较少。在人工林中，适当密植有利于促进树木的高生长和良好干形的形成。而密度过稀则会导致侧方光较强，侧枝发达。如果光照强度分布不均，则会使树木的枝叶向强光方向生长茂盛，向弱光方向生长不良，形成明显的偏冠现象，尤其城市园林的树种表现很明显。树木和建筑物的距离太近，也会导致树木向街道中心进行不对称生长。

光照强度对植物器官的分配产生重要影响。高光强下，植物根系生长得到促进；但光强减弱时，茎生长得到促进，茎/根比值增大。庇荫会显著地妨碍根系发育，光强越低这种影响越大。叶是树木进行光合作用的主要器官，叶形态明显地受光强度的影响，处在不同光照条件下的叶子，其形态结构往往产生适光变态。阳生叶一般小而厚，叶脉较密，叶绿素较少，而阴生叶则相反，叶片大而薄，叶脉较疏，叶绿素较多。阳生叶的蒸腾作用和呼吸作用较强，光的补偿点和饱和点较高。当阴生叶突然暴露在全光下，它们往往不能存活而死亡脱落。

2.2.2.3 太阳辐射强度对动物的生态作用

光照强度也是影响动物行为的重要生态因子，很多动物的活动都与光照强度有着密切的关系。有些动物适应于在白天的强光下活动，如大多数鸟类，哺乳动物中的灵长类、有蹄类等，这些动物被称作昼行性动物。另一类动物则适应于在夜晚或晨昏的弱光下活动，如蝙蝠、猫头鹰、壁虎和蛾类等，这类动物被称为夜行性动物或晨昏性动物。还有一些动物既能适应弱光也能适应强光，它们白天黑夜都能活动。土壤和洞穴中的动物几乎总是生活在完全黑暗的环境中并极力躲避光照，因为光对于它们就意味着致命的干燥和高温。

2.2.3 太阳辐射光谱的生态效应

2.2.3.1 太阳辐射光谱与光合作用

在光合作用中，植物并不能利用太阳辐射中所有波长的光能，只是可见光范围（380～760nm）的大部分能被绿色植物色素吸收。通常把太阳辐射连续光谱中，植物光合作用利用和色素吸收，具有生理活性的波段称生理有效辐射或光合有效辐射，约在380～740nm之间，对植物有重要意义。生理有效辐射约占太阳总辐射的40%～50%之间。生理有效辐射中，红、橙光是被叶绿素吸收最多的部分，具有最大的光合活性，其次是蓝紫光。红光还能促进叶绿素的形成。叶绿素的吸收光谱在蓝紫光中最强，而光合强度却在红光中最强。蓝紫光也能被类胡萝卜素所吸收。光合作用很少利用绿光，并将其透射和反射，因此在我们眼中植物在生长季节呈现绿色。

2.2.3.2 太阳辐射光谱对植物生长的生态作用

一般来说，绿色植物只有当处在可见光的大部分波长的组合中才能正常生长，植物干重的增加也是在全光谱的日光下最大。但是有许多实验证明，不同波长的光对植物生长有不同的影响，这些现象可以归纳如下：

短波光（如蓝紫光与青光、紫外线）对植物的生长及幼芽的形成有很大的影响，能抑制植物的伸长生长，而使植物形成矮粗的形态。光的波长越短，对生长的抑制作用越显著。这可能是短波光对生长素起破坏作用，或者是使生长素不活泼而阻碍了茎的伸长。

紫外线能促进花青素的形成，紫外线能使植物细胞液特别是表皮细胞液累积去氢黄酮衍生物，再使之还原为花青素，这就是紫外线促进花青素形成的原因。大气同温层中的 O_3 能吸收紫外线，所以正常情况下，地球表面的太阳辐射中仅含有少量的紫外线，植物对这样的紫外线辐射环境是适应的，植物表皮能截留大部分紫外线，仅 2%～5%的紫外线进入叶深层，所以表皮是紫外线的有效过滤器，保护着叶肉细胞。高山紫外线较强，会破坏细胞分裂和生长素而抑制生长，促进花青素形成。许多高山植物生长矮小，节间短，花色鲜艳，就是因为高海拔处紫外线较强的缘故。如生长在云南的山茶花花色艳丽，就与这个因素有关。

长波光有促进延长生长的作用，促进种子和孢子的萌发，提高植物体的温度。红外线有促进植物茎伸长的作用。因此冬季在室内养花时，由于紫外线受玻璃窗的阻挡，进到室内的数量减少，而红外线透入室内较多，因而就会出现同一种花卉与露地栽培相比，室内培养时常易出现叶色变淡、枝条伸长、花色不艳等现象。

在植物栽培中，为了培育高产优质幼苗，可选用不同颜色的玻璃或塑料薄膜覆盖，人为地调节可见光的成分。用浅蓝色乙烯塑料覆盖育苗，比覆盖无色薄膜的长得健壮。兰花栽种在蓝光量为自然光量两倍的人造光里，三个月内其生长会比自然条件下的大 50%～70%。

2.2.3.3　太阳辐射光谱对动物的生态作用

太阳辐射光谱对于动物的分布和器官功能的影响目前还不十分清楚，但色觉在不同动物类群中的分布却很有趣。在节肢动物、鱼类、鸟类和哺乳动物中，有些种类色觉很发达，另一些种类则完全没有色觉。在哺乳动物中，只有灵长类动物才具有发达的色觉。不可见光对生物的影响也是多方面的，如昆虫对紫外线有趋光反应，而草履虫则表现为避光反应。紫外线对生物和人有杀伤和致癌的作用，但它在穿越大气层时，波长短于 290nm 的部分被臭氧层所吸收，只有波长在 290～380nm 之间的紫外线才能到达地球表面。在高山和高原地区，紫外线的作用比较强烈。在 240～340nm 的辐射波长下，可使细菌、真菌、线虫的卵和病毒等停止活动。

2.2.4　太阳辐射时间的生态效应

太阳辐射时间是指白昼的持续时数或太阳的可照时数，也称为日照长度。在北半球从春分到秋分是昼长夜短，夏至昼最长；从秋分到春分是昼短夜长，冬至夜最长。在赤道附近，终年昼夜平分。纬度越高，春分至秋分昼越长，而秋分至春分昼越短。在两极地区则半年是白天，半年是黑夜。我国位于北半球，所以夏季的日照时数总是多于 12 小时，而冬季的日照时数总是少于 12 小时。随着纬度的增加，夏季的日照长度也逐渐增加，而冬季的日照长度则逐渐缩短。分布在地球各地的动植物长期生活在具有一定昼夜长度变化格局的环境中，借助于自然选择和进化而形成了各类生物所特有的对日照长度变化的反应方式，这就是在生物中普遍存在的光周期现象。植物光周期的反应主要是诱导花芽的形成和开始休眠；动物的反应主要是调整代谢活动和进入繁殖期。

2.2.4.1　植物的光周期现象

根据植物开花所需要的日照长短，可把植物分为长日照植物、短日照植物和日中性植物。

长日照植物是较长日照条件下促进开花的植物，日照若短于一定长度则不能开花或推迟开花。通常需要14小时以上的光照才能开花。用人工方法延长光照时数可提前开花。如菠菜是长日照植物，在春季短日照条件下生长营养体，经济和食用价值高，一到春末夏初日照时数渐长就开花结实不宜食用。这类植物要求黑夜长度必须短于某一定时数的临界值，才能形成花芽，也称为短夜植物。它的生长旺盛期在夏季，如夏天开花的唐菖蒲、鸢尾等。绣球花、紫罗兰、凤仙花、金鱼草等需要每天12个小时以上的光照才能开花。如果在发育期始终得不到这一条件，就不会开花。就其起源来说，一般原产温带。

短日照植物是较短日照条件下促进开花的植物，日照超过一定长度则不能开花或推迟开花。这种植物在24小时的周期中需要有一定时间的连续黑暗才能形成花芽，也可以说是在长夜条件下促进开花的植物。在一定范围内，暗期越长，开花越早。黑夜长度必须长于某一定时数的临界值，才能形成花芽。如秋天的一品红、菊花等。如果在发育期每天只有8～12小时的日照时数，就能加快它们的发育，提前开花；反之，当日照时数超过12小时，就会推迟开花。短日照花卉往往原产热带和亚热带。在自然栽培条件下，通常在深秋与早春开花的植物多属此类。

凡是完成开花和其他生命史阶段与日照长度无关的植物，称日中性植物，黑夜长短对形成花芽无明显的影响，只要生长正常，就不影响开花。如月季、紫茉莉、石竹、仙客来、天竺葵等。

了解植物的光周期现象对植物的引种驯化工作非常重要，引种前必须注意植物开花对光周期的需要。在园艺工作中也常利用光周期现象人为控制开花时间，以便满足观赏需要。

2.2.4.2 动物的光周期现象

在脊椎动物中，鸟类的光周期现象最为明显，很多鸟类的迁移都是由日照长短的变化所引起，由于日照长短的变化是地球上最严格和最稳定的周期变化，所以是生物节律最可靠的信号系统。鸟类每年开始生殖的时间也是由日照长度的变化决定的。在鸟类生殖期间人为改变光周期可以控制鸟类的产卵量，人类采取在夜晚给予人工光照提高母鸡产蛋量的历史已有200多年了。

日照长度的变化对哺乳动物的生殖和换毛也具有十分明显的影响。很多野生哺乳动物（特别是生活在高纬度地区的种类）都是随着春天日照长度的逐渐递增而开始生殖的，如雪貂、野兔和刺猬等，这些种类可称为长日照兽类。还有一些哺乳动物总是随着秋天日照缩短而进入生殖期，如绵羊、山羊和鹿，这些种类属于短日照兽类。它们在秋季交配刚好能使它们的幼仔在春天条件最有利时出生。

2.3 生物与温度因子

2.3.1 地球表面的热量平衡

2.3.1.1 热能的来源

太阳辐射是地球表面的热源。经过大气到达地面的太阳辐射有两部分：一部分是以平行光的形式投射到地面的辐射，称为太阳直接辐射；另一部分是被大气散射后，由散射点自天空射向地面的辐射，称为散射辐射。两者之和就是到达地面的太阳辐射总量。通常情况下，太阳直接辐射是总辐射的主要组成部分。

太阳辐射主要为地面所吸收，并转变为热能而使地表温度升高。地面热能以红外线形式向空气传递，并使空气增加热量，升温后的空气又向四周发射红外线散失热量，其中一部分返回地表，称为大气逆辐射。

2.3.1.2　热量平衡

从总体来说，地球获得的热量和放出的热量是相互平衡的，这种热量的收入和支出的状况称为热量平衡。

地面的辐射收入包括太阳直接辐射和散射辐射以及大气逆辐射；支出包括地面辐射和地面对太阳辐射的反射。白天地面温度较高，因此地面辐射较夜间强，但由于太阳辐射的补充是足够并有余的，地面则通过乱流热交换、蒸发耗热和土壤、建筑物热交换等方式把热量传递给周围大气和土壤内部，因此白天地面和空气的温度就上升。而夜间，因无太阳能可以吸收，由地面辐射而损失的热能又很多，则地面又必然通过上述各种方式从大气和土壤、建筑物内部获得热量，随着热量的散失，造成了夜间地面温度和空气温度的下降。

2.3.2　温度的时空变化

2.3.2.1　温度的空间变化

1. 纬度　纬度是决定一地区太阳入射高度角的大小及昼夜长短的重要因素。低纬度地区太阳高度角大，太阳辐射量也大，但因昼夜长短差异较小，太阳辐射量的季节分配要比高纬度地区均匀。随着纬度增高，太阳辐射量减少，温度逐步降低。纬度每增高 1°（约 111km），年均温约下降 0.5～0.9℃（1 月份为 0.7℃，6 月份为 0.3℃）。因此，从赤道到极地可划分为热带、亚热带、温带、寒带，相应生长着地带性的植被类型。

2. 海陆分布　海、陆辐射和热量平衡的差异，形成温度或气压梯度，故海陆分布影响气团移动方向。所谓气团是指占据着广大陆面或洋面上空，有着相对均一物理属性的大块空气团。例如在温暖湿润的大洋面上可形成暖湿气团；冰雪覆盖的北方内陆可形成寒冷干燥的气团等。我国位于欧亚大陆东部，夏季盛行温暖湿润的热带海洋气团，运行方向是从东南向西北；冬季盛行极地大陆气团，寒冷而干燥，从西或北向东或南推进。因此东南部多属沿海气候，从东南向西北，大陆性气候逐步增强。与同纬度其他地区相比，我国大陆性气候特点较强，夏季酷热，冬季严寒，温度年较差大。

3. 地形和海拔　随着海拔升高，温度降低，大致是海拔每升高 100m，气温下降 0.5～0.6℃，温度的这种垂直递减率，夏季较大，冬季较小。随着海拔增高，风力加大，空气稀薄，保温作用差，是引起温度变化的重要原因。不同坡向，热量分配不均。北半球南坡接受的太阳辐射量高，所以南坡空气和土壤温度比北坡高。

东西走向的山系，如我国的天山、秦岭、阴山、南岭等，对季风有特殊作用。它们削弱了冬季风的南侵，也阻碍了夏季暖湿气流的北上。这种作用也影响了热量传递和湿润状况的地区分配，对气候形成和自然环境地带性的划分，都起了很大的作用。

山区晴朗天气的夜间，因地面辐射冷却，近地面形成一层冷空气，密度大的冷空气顺山坡向下沉降并聚于谷底，而将暖空气抬至山坡一定高度，前者称霜穴或"冷湖"，后者称暖带，总体称为逆温现象，暖带是喜暖植物栽种的安全带，而霜穴处容易发生低温危害。

2.3.2.2　温度的时间变化

1. 昼夜变化　每天气温的最低值出现在将近日出的时候。日出后，气温上升，至 13～14 时达到最高值。土温的日变化随深度而异。土表温度变化远较气温剧烈，昼间土表在太阳辐射下，其温度比气温升高快。夜间，因地面辐射冷却，土表温度低于气温。随着土层加深，温度变幅渐小。至35～100cm深度以下，土温几乎无昼夜变化。与土表相比，土壤内部每天最高、最低温度有滞后现象，如土表的最高温度出现在13时，而10cm深度的最高土温可能出现在16～17时。冬季地面积雪20cm深时，在土壤20cm深处，土温日变化已消失。

2. 季节变化　大陆性气候区的气温季节性变化远比海洋性气候区剧烈。温带、寒带的气温变化又较热带剧烈。土表温度的季节变化也像昼夜变化一样，随着深度增加，变幅渐小且温度极值出现的时间延后。一年中，7月份地面月平均温度最高，2月份最低。

2.3.2.3 城市及建筑物的温度

在城市中，由于大气中的烟尘较多，因此从太阳辐射获得的热量比郊区减少，但是城市内大量的燃料燃烧会放出热量。城市建筑物如石头、水泥、柏油、金属等的比热容都很小，加上排水条件好，消耗于蒸发方面的热量小，所以城市的温度一般都比市区外要高，存在热岛效应。霜冻日数较少，霜冻程度也较轻，无霜期长。

建筑物与外界环境交换热量的途径主要有，与地下土壤及大气之间的热交换，通过墙体的热传导，经由门窗的太阳辐射等。太阳辐射进入室内，被室内物体吸收从而提高温度，如果门窗关闭则阻挡了空气之间的热交换，室内热量不易散失。墙体对热量的吸收储存以及传导则取决于墙体的材料、厚度、颜色等。

2.3.3 温度对生物的生态作用

温度是一种无时无处不在起作用的重要生态因子，任何生物都是生活在具有一定温度的外界环境中并受着温度变化的影响。首先，生物体内的生物化学过程必须在一定的温度范围内才能正常进行。当环境温度高于或低于生物所能忍受的温度范围时，生物的生长发育就会受阻，甚至造成死亡。鸟类和哺乳动物属于恒温动物，其体温相当稳定，受外界温度变化的影响很小。而其他所有生物都是变温的，其体温总是随着外界温度的变化而变化。

2.3.3.1 温度对植物生长发育的生态作用

植物属于变温生物。植物在其整个生命活动过程中所需要的温度称作生物学温度，可用三个温度指标来表示，即生物学最低温度、最高温度和最适温度。生物学最低温度是开始生长和发育的下限温度，生物学最适温度是维持生命最适宜及生长发育最迅速的温度，生物学最高温度是维持生命能忍受的上限温度，合称为三基点温度。

最适温度因生物种类、各生长发育阶段和生理活动以及植物体的不同部分而异。如瓜叶菊、仙客来、天竺葵等为7～13℃，月季、百合、石榴等为13～18℃，牡丹为20～25℃，茉莉花为25～35℃，等等。热带植物的生长发育与温带植物相比，最适温度高。温带树木在20～30℃间光合能力最强。多数植物枝条生长的最适温度在20～25℃之间。多数植物根系生长的最适温度比地上部分低。

陆生植物可在很宽的温度范围内生长，在活动状态下，维持生命的温度范围通常为−5～55℃。一般植物在0～35℃的温度范围内，随温度上升生长加速，随温度降低生长减缓。热带植物如椰子、橡胶、槟榔等要求日平均温度在18℃才能开始生长；亚热带植物如柑橘、香樟、油桐、竹等在15℃左右开始生长；暖温带植物如桃、紫叶李、槐等在10℃、甚至有的不到10℃就开始生长；温带树种紫杉、白桦、云杉在5℃左右就开始生长。

每种植物都有其生长的下限温度。当温度高于下限温度时，它才能生长发育。这个对植物生长发育起有效作用的高出的温度值，称作有效温度。植物在某个或整个生育期内的有效温度总和，称作有效积温。只有在满足花蕾发育所需要的有效积温时，才能开花。积温既可表示各地的热量条件，又能说明生物各生长发育阶段和整个生育期所需要的热量条件。植物在整个生长发育期内，要求不同的积温总量，如柑橘需要有效积温4000～4500℃。

原产冷凉气候条件下的植物，每年必须经过一段休眠期，并要在温度低于5℃才能打破，不然休眠芽不会轻易萌发。为了打破休眠期，桃需400小时以上低于7℃的温度，越橘要800小时，苹果则更长。某些植物的开花结实需要一定时间低温的刺激。

2.3.3.2　温度对动物的生态作用

动物对温度的适应，也有最适、最高和最低温度范围之分。大多数动物在6～35℃温度下，生长发育和生理过程表现最为活跃，温度高于50℃时多数昆虫死亡，爬行动物与哺乳类动物能分别忍受45℃和42℃左右的高温，鸟类则为46～48℃。

温度过低时会引起动物生理活动、形态以及行为的改变。如一些变温动物在有庇护的生境中冬眠。一些活动期体温恒定的动物，在冬眠期体温下降。光照缩短、温度降低、缺乏食物和水均能引起冬眠。动物的皮毛、羽毛、皮下脂肪在秋冬季加厚，具有隔热性，防止体内热量过分散失。动物在夏季脱毛、皮下脂肪变薄，都有助于散热。变温动物如蜥蜴、昆虫、蛇等在比较温和的生境中过夜，上午爬到暖和的地方接受阳光，体温升高后开始活动。如果太热又会迁到水里或阴凉处，这是一种调节体温的短距离迁移。此外有的动物需要进行长距离的迁移，以避开极端温度。

2.3.3.3　极端温度对植物的影响

1. 低温对植物的生态作用

（1）寒害　又称冷害，指气温降至0℃以上植物所受到的伤害。虽然气温在0℃以上，但低于植物当时生育阶段所能忍受的最低温度，引起它的生理活动障碍，使细胞原生质的生命力降低，根的吸收能力衰退，出现嫩枝和叶片萎蔫等现象。如原产于热带和亚热带的喜温花卉，所忍受的最低温度是12℃。当气温降到3～5℃时，就会造成嫩枝和叶片萎蔫。如降温时间短，恢复常温后，加强养护管理，也可复苏，正常生长；反之，则受伤害。寒害可分为两类：直接伤害和间接伤害。直接伤害是气温骤变造成的伤害。如冷空气入侵，温度急剧降到0～10℃，在1～2天内，就能在植物体上看到伤痕。间接伤害，是缓慢降温造成的伤害，1～2天内，从植物形态结构上还看不出变化。1周左右才出现组织萎蔫，甚至脱水等。寒害的原因是低温造成植物代谢紊乱，膜性改变和根系吸收力降低等。

（2）冻害　温度降到冰点以下，植物组织发生冰冻而引起的伤害称冻害。冰点以下，植物细胞间隙溶液浓度比细胞内低而先形成冰晶，水分从细胞内部转移到冰晶处，造成细胞失水。原生质失水收缩，盐类等可溶性物质浓度相应提高，引起蛋白质沉淀，从而导致植物明显受害。如果此时没有受到伤害，但气温回升快，细胞来不及吸取蒸发掉的水分，会造成植株脱水而干枯或死亡的现象。

（3）生理干旱　冬季或早春土壤冻结时，植物根系不活动。这时如果气温过暖，地上部分进行蒸腾，不断失水，而根系又不能加以补充，时间长了就会引起枝叶干枯和死亡。

2. 高温对植物的生态作用

植物所能适应的最高温度与其原产地有很大关系，例如生长在热带沙漠里的许多肉质植物，大多数属于仙人掌科和景天科。在气温高达50～60℃的直射阳光下也不会受害。植物种类不同，所能忍受的最高温度也不相同，如有的兰绿藻类能生长在温度高达70℃以上的温泉里。但高等种子植物却不能生长在这样高温的环境里。植物的发育阶段不同，对于高温的适应性也不同，休眠期对于高温的抵抗性很大，生长初期抗性很弱，随着植物的生长，抗性逐渐增强。但开花期对高温最敏感。

大多数高等植物的最高点温度是35～40℃，只比最适温度略高。高于这个温度，植物受到高温伤害，出现很多生理上的异常现象，如光合作用受抑制，叶片出现死斑，叶绿素受破坏，叶色变褐、变黄，提前衰老。温度到45～55℃时，植物就将死亡。

在以下几种情况下，都可能出现叶片灼伤。首先是在温室中，由于结构不合理，会造成一定程度的聚光，灼伤植物，宜以遮阴来解决。其次是阴性植物在炎夏时暴露在强日照下，叶片出现灼伤。三是某些温带植物，在亚热带地区，由于不适应酷热，导致叶片灼伤枯黄，进入半休眠状态。土表温度高，也会灼伤花卉柔弱根茎。

2.4 生物与水因子

2.4.1 不同状态的水及其生态意义

水分是植物体的重要组成部分。一般植物体都含有60%～80%，甚至90%以上的水分。植物对营养物质的吸收和运输，以及光合、呼吸、蒸腾等生理作用，都必须在有水分的参与下才能进行。水是植物生存的物质条件，也是影响植物形态结构、生长发育、繁殖及种子传播等重要的生态因子。因此，水可直接影响植物是否能健康生长。由于各地水分条件不同，从而形成了多种特殊的植物景观。

自然界水的状态有固体状态（雪、霜、冰、雹）、液体状态（雨水、露水）、气体状态（云、雾等）。雨水是主要来源，因此年降雨量、降雨的次数、强度及其分配情况均对生物的分布与生长产生重要影响。

2.4.1.1 降水及其生态作用

1. 降水量及其分布

降水包括降水量、降水时间和降水强度。降水量是指降落地面上的雨、雪、雹、霰等未经蒸发、渗透、流失而积聚在水平面上的水层厚度，以毫米或厘米表示。降水自开始到结束实际持续时间，是降水历时，以时、分表示。单位时间内的降水量（毫米/小时或分），称为降水强度。降水历时愈长，强度愈大，降水量则愈多。

降水量的空间变化，受地理纬度、海陆位置、地形、气流运动、天气系统诸因素的影响。

我国年降水量地理分布的一般规律是自东南沿海向西北内陆逐步递减。1500mm等雨量线包围着东南沿海低山丘陵地，通过中越边境西伸至云南西南部；长江两岸年降水量为1000～1250mm；800mm等雨量线大致与秦岭—淮河一线相符合；400mm等雨线由大兴安岭西坡向西南延伸至雅鲁藏布江河谷。西北地区年降水量一般少于250mm，内陆盆地不足100mm。

2. 不同状态水及其生态作用

（1）雨

雨是降水中最重要的一种形式，大部分降水都是以雨的形式降落下来的。由于地理环境不同，各个地区的年雨量相差很大。华南有很多地方，年雨量超过2000mm，所以森林茂密，而西北的内蒙古和甘肃年雨量不足100mm，故出现沙漠。

雨量对于植物的影响，不仅是年雨量多少的问题，而且还要看雨量在四季的分配如何。在我国，除少数例外，大部分地区雨量以夏季为主，春秋雨少。在植物生长季雨量多的地方，年雨量虽然较少，但对于植物的水分平衡，也比年雨量多、而在生长季雨量少的地方有利。这种关系，在冬季气温低的温带，特别重要。

雨量对于植物的影响，还要看一次降雨量的大小，如果过小，在气温高的地方，随即蒸发掉了，对于植物没有什么裨益。如果一次的降雨量太大，形成暴雨，造成径流，不仅土壤在短时间内不能吸收这么多的水分，而且还要受侵蚀、发生水灾，间接地伤害植物。

雨量不论是年变率或月变率都对植物有重大的影响，常使农业产量不稳定。我国雨量的平均变率，一般都在20%以上。所以，时常因为水旱失调而发生自然灾害。变率大的主要原因是夏季风的强弱和登陆时间的迟早。当夏季风弱，不能深入到内地时，华中多雨，华北和内地就很旱。反之，当夏季风强，华北和内地多雨，华中变旱。变幅最少的是台北，其最大与最小降水量比值为1.9倍。最大为西北干旱半干旱地区，有的地区个别年份甚至滴雨不下。

(2) 雪

雪是植物重要的水源之一。我国西北某些干旱地区，由于高山的存在，冷空气的移动受阻变慢，形成了降水条件，从而延长高山上降水时间，增加降水量。又由于山顶气温低，形成了“万年冰雪”，构成天然储水库。高山冰雪每年在夏季融化后，变为地面径流，形成山泉，借此建设灌溉系统，使戈壁滩变为果园或农田。冬雪是春墒的来源，再者，雪不易传热，是良好的绝缘体，对植物越冬起保护作用。但土壤尚未冻结，而植物又未进入休眠期时，过早下雪，会使植物窒息致死，堆雪还会造成植物的机械伤害作用。

(3) 雾和露

在晴朗无风的夜间，地面迅速降温，当近地面的薄层空气与冷地面接触后，空气将逐渐冷却，在0℃以上，就出现微小的水滴，称为露。凡低层空气容易冷却的地区，如果水汽丰富，风力微和，并有大量的凝结核存在，便容易形成雾。

露作为一种降水，尽管量很小，但在热带沙漠地区对植物的生长则有相当大的作用，在晚冬早春期间，在这些地方，对生长很短的一年生植物来说，露是供给生长的主要降水。

有些物种的分布常与雾带有关。某些植物的生长和发育需要较高的大气湿度和避开阳光直射，有的在终年云雾缭绕的地区生长。

2.4.1.2 大气湿度及其生态作用

大气湿度的大小，常用大气相对湿度百分数来表示。一天中，午后气温最高时，空气相对湿度最小；清晨最大。但在山顶或海岸地区，两者的变化趋于一致或变化幅度不大。一年中，内陆干燥地区，冬季空气相对湿度最大；夏季最小。但在季风地区，情况相反。

空气湿度对植物生长起很大作用。一般花卉所需要的空气湿度大致在65%～70%，而原产干旱及沙漠气候的植物则远低于此。当空气湿度减少时，因色素形成较多，花色变浓。温室花卉、热带观赏植物和热带兰等有气生根的种类，以及蕨类等喜湿植物，更需要较高的空气湿度。有的植物生长在石缝中、瘠薄的土壤母质上，或附生于其他植物上，它们的生存依赖较高的空气湿度。只要创造不低于80%的相对空气湿度，一段朽木上就可以附生很多开花艳丽的气生兰、花与叶部美丽的凤梨科植物以及各种蕨类植物。

当空气水分达到饱和时（空气湿度为100%），可提高苗的成活率。但对大多数花卉来说，空气湿度过大，使幼苗易感染病害。尤其在室内，更应注意及时通风，降低空气湿度。

2.4.1.3 土壤水分及其生态作用

土壤水分往往是决定植物分布和生长的限制性因子，但是，当地下水位较高时，水分不仅不是限制性因子，反而由于水分过多，占住了土壤孔隙，而使土壤中的空气成为限制性因子。植物根部的水分供应与空气供应成负相关。因为土壤孔隙不是充满着水，就充满着空气，要使植物达到最佳生长，就必须使空气和水都能始终保持着有效的供应。

当土壤水分完全饱和以后，所含的水分可明显地分为三种。第一是重力水，充满在较大的孔隙（约在0.05mm以上）中，并在重力作用下可以很快排走。这种重力水可以被植物根部所利用，但只是暂时的，对植物生长的效应也是十分短暂的，而且重力水往往带来土壤的流失。

当土壤中的重力水排走以后，剩下的水分，即在田间持水力范围以内保持的那部分自由水，叫做毛管水。毛细管水可以非常缓慢地从土壤的潮湿部分向干燥部分移动。因此，当植物吸收和地面蒸发夺走了表层土壤中的毛细管水以后，就会有一定数量的毛细管水从底层潮湿土壤中上升到表层土壤中来。

还有一种水叫做吸湿水，吸湿水为由干燥土粒表面的分子所吸引的气态水，只有在长时间加温到沸点以上时才会被分离出来，对植物来说是不能利用的。因此，土壤中的水，只有在下渗过程中暂时与根接触的重力水和吸持力小于吸湿水的毛细管水是可以被植物利用的。

不是所有的土壤水分都能被植物吸收利用，一般植物根系吸力为15个大气压，当土壤水分达到饱和时，土壤吸力小于0.25个大气压，即为田间持水量。当土壤吸力小于1个大气压时，水分就会渗漏掉。当土壤吸力大于或等于15个大气压时，植物吸水感到困难而凋萎，这时土壤含水量为凋萎系数。土壤有效水分范围是在田间持水量至凋萎系数之间。为了使土壤水分维持在适宜的土壤吸力范围内，就需要及时补充土壤水分。

2.4.2 干旱与水涝对植物的影响

2.4.2.1 干旱对植物的影响

干旱是一种严重缺水现象，可分大气干旱和土壤干旱。

1. 大气干旱：由于空气干燥，植物体内的水分大量蒸腾。此时，土壤可能不缺水，但根部吸水速度小于蒸发失水速度，引起植株水分失调而暂时萎蔫，但不至于死亡。这种现象多出现在中午，到了晚间又可恢复。

2. 土壤干旱：大气干旱常引起土壤干旱。土壤长期支出水分，又无补充，不能供应植物所需要的水分，可导致枯萎而死亡。

干旱导致植物各种生理过程降低，如气孔关闭，减弱了蒸腾降温作用，引起叶温的升高，当叶片失水过多时，原生质脱水，叶绿体受损伤，抑制光合作用。干旱又引起植物体内各部分水分的重新分配，不同器官和不同组织间的水分按各部分的水势大小重新分配。水势高的部位的水分流向水势低的部位。例如，植物萎蔫时幼叶向老叶夺水，促使老叶死亡。幼叶也会向花芽夺水，导致花芽脱落。

2.4.2.2 水涝对植物的影响

陆生植物的根系涝害是由于土壤空隙被水所充满，通气状况严重恶化，因而造成植物根系处于缺氧环境，抑制了有氧呼吸，阻止水分和矿物元素的吸收。由于嫌气性土壤微生物的活动加强及有机物的嫌气分解，逐渐发生 CO_2 的大量积累。高浓度的 CO_2 使原生质及原生质膜发生变化而减低透性，使根的活动受到抑制。土壤积水时，特别是湿度较高的季节，土壤有机质较多的情况下，由于有机物的嫌气分解，土壤处于还原状态，积累了对植物有害的还原物质，直接毒害根系。

在长江中下游地区，6 月正逢梅雨期，雨量集中；华北、西北的部分地区和东北各省区，7～8 月份雨量过多，都容易发生水涝，不利于植物生长，需及时排水。

2.4.3　生物对水的适应

不同的植物种类，由于长期生活在不同水分条件的环境中，形成了对水分需求关系上不同的生态习性和适应性。根据植物对水分的关系，可把植物分为水生植物和陆生植物。它们在外部形态、内部组织结构、抗旱抗涝能力以及植物景观上都是不同的。

在城市园林中有不同类型的水面：河、湖、塘、池等，不同水面的水深及面积、形状不一，必须选择相应的植物来美化。

2.4.3.1　水生植物

水生植物的生境和陆生植物的生境显然是不同的。在水中，氧很缺乏。氧的溶解度极低，从空气进入水后扩散的速度极慢。水中氧的含量就体积来说，不超过 2.5%，通常只有 0.6%～0.8%，少的时候甚至只有 0.03%～0.05%。氧在水中溶解的分量，受温度的影响很大，水分保持氧的能力与温度成反比。水里的 CO_2 并不缺，但 CO_2 在水中的溶解能力也是与温度呈反比。在水中，光强很弱，特别是光质有很大的改变。

此外，水的温度较低而变化的幅度较小，无论昼夜和四季的温差都很小。水的密度较大，而又具有流动性，水里含有多种化学物质，生存在这种环境里的植物在形态、结构和生理性质上有它的共同之处。

根据植物对于水的深度适应性不同，可以把它们分为三大类型：沉水植物、浮水植物和挺水植物。

1. 沉水植物

细胞表面没有角质层、蜡质或木栓质等结构，因而可以直接吸收水分、溶解于水中的气体和营养原料。叶小而薄，一般只有几个细胞厚，主要的原因是水里的光照弱，有些水生植物的叶变成细裂的复叶。沉水植物的叶绿体大而多，气孔退化或只有痕迹。茎通常纤长柔软，没有或少分叉，除生于河泥中的少数水生植物外，都没有根毛，有些沉水植物悬浮于水中，没有根系，如狸藻和金鱼藻。整个植物体的气腔都很发达。在茎的横断面中，气腔的总面积常常比细胞层的总面积大。气腔白天能聚积光合作用所产生的氧气，以供植物夜间呼吸用；夜间随着呼吸作用进行，CO_2 又在气腔中充满，气腔成为代谢过程中气体产物的贮藏所。

2. 浮水植物

可以分成两大类，一类是根不着生在河泥中的完全漂浮植物，另一类是根着生在河泥中，仅叶飘浮在水面上的浮水植物。气孔通常生在叶的上面，叶的下面没有或极少有气孔，叶上面通常有蜡质，所以水不能沾湿它。浮水植物的无性繁殖很快，常常形成大面积的群落。如大藻和凤眼莲。植物体内的腔道通常形成一条连续的空气通道系统，通过这个系统，浮水植物可以利用气孔与大气进行气体交换。

3. 挺水植物

挺水植物与陆生植物在形态上已经非常相似，但具有发达的地下茎，繁殖速度快，一般在比较浅的水体中生长，如芦苇、香蒲、泽泻等。

2.4.3.2 陆生植物

陆生植物包括湿生植物、旱生植物和中生植物。

1. 湿生植物

多半生长在水分比较丰富的地方，它们的生境有些是泥泞的地区，有些是地下水位高的地区。蕨类、兰科、莎草科、禾本科植物等都属于这个类型。

2. 旱生植物

凡是有适应干旱或缺乏适应水分环境能力的植物，称为旱生植物。旱生植物适应干旱的方法多种多样，有的是形态结构上的，有的是生理上的特性，也有的二者兼有之。按旱生植物对缺水的适应方式可分为：

（1）避旱植物

指短命植物以种子或孢子阶段避开干旱影响。其主要特征是个体小、根茎比值大、短期完成生命史。降雨后，当土壤水分满足植物需要时，几周内，便完成萌发、生长、开花和结实等全部生长发育阶段。它们没有抗旱植物的形态特征，不能忍耐土壤干旱。在干旱区，雨季开花的小型一年生短命植物的多样性很高。

（2）耐旱植物

许多植物有各种特征达到耐旱或避免脱水的目的，具有形态和生理方面对干旱条件的适应。主要的形态特征是：增加根系扩展范围、缩小叶面、增加叶厚度、增厚细胞壁、角质层厚、减少气孔、木质部细胞较小、栅栏组织发达、海绵组织不明显、缩小细胞间隙等。主要的生理特征是：含糖量高、细胞叶浓度高、低渗透势、细胞水含量低、增加原生质透性等。

2.4.4 水质对土壤和植物的影响

所有灌溉水都含有各种数量的溶解性盐，主要阳离子为：Ca、Mg、Na、K，阴离子为：碳酸根离子、碳酸氢根离子、氯离子、硫酸根离子、硝酸根离子等，正常情况下这些离子的浓度很低。但长期连续灌溉的结果会使它们在土壤中的含量逐渐上升，特别是碳酸氢根离子可使土壤中石灰含量增大，pH值升高，从而降低土壤中Fe、Mn、P、B等养分的有效性，而造成花卉黄化、生长缓慢。灌溉水适宜的pH值为6.0～7.0，微酸性至中性。

当含有硝酸盐、磷酸盐的生活污水或工业废液不断排入湖泊、水库、河流等，为水生植物提供了大量的营养元素。导致水草、水藻、芦苇等杂草丛生。这些过剩的有机残体在微生物分解时，不断消耗水中的氧气，致使有机物在缺氧条件下分解，放出甲烷、硫化氢和氨等，使生物窒息，甚至中毒死亡。因此对水生观赏植物的培育要注意现有水体的污染状况。

水生植物能够吸收大量的营养物质，目前国内外已利用芦苇、香蒲等植物吸收多余的营养物质，消除湖泊的富营养，恢复水域的营养平衡，使水生植物得以正常生长。

2.4.5 城市水文特征

城市化的主要特征是建筑密集，人口密度大，不透水面积所占比例较大，排水管网发达等。城市化的结果显著改变了水文过程，首先城市化对大气降水影响比较明显，城市上空既有丰富的凝结核又有较强的上升气流，因而降水量要比自然状态下增多，一般可以增加5%～10%，特别是在大工业区的下风方向，雨量增加更为突出。

与城市相比，天然地域往往有大量植被覆盖，植被的冠层会截留一部分降水，截留的能力取决于植被的种类、叶面积指数等。没有被冠层截留的降水则到达地表，又被枯落物所截留，这部分截留量因枯落物的种类、腐烂及堆积状态等而有变化。但在城区内，绿地面积较小，降水多数直接落在建筑屋顶、广场、街道等处，截留损失很少。

天然地域表面土壤疏松，透水性良好，到达地面的降水很快下渗，地表径流占很小部分，而进入土壤中的降水以较为缓慢的壤中流或地下径流的形式排出。到达城区地表的降水则大部分形成地表径流，径流量比天然地域明显增大，加上排水管线齐全，降水在短时间内能够迅速排出，形成尖而陡的洪水流量过程线。集中快速的人工排水为城市生活带来了方便，也埋下许多隐患，比如：管道排水的速度远远大于自然地表径流和下渗速度，大量雨水迅速注入河流，极易造成洪水泛滥，对下游河道造成了较大的洪峰压力。

2.4.6　我国水生态环境问题

我国的生态环境基础十分脆弱，庞大的人口对生态环境造成了重大的持久的压力，加上以牺牲环境求发展的传统发展模式对生态环境造成很大的冲击和破坏。在各种威胁因素中，水生态环境问题所造成的影响，范围最大，程度最深。按水资源总量考虑，中国居世界第六位，但中国人口众多，人均水资源不到世界人均水资源的 1/4。全国降水在空间和时间的分布上极不平衡，南方水多，北方水少，差别悬殊，水旱灾害频繁，加之 21 世纪全球气温仍将处于升温期，水的循环将加快，雨季的降雨量和旱季的蒸发量都将增大，意味着洪、涝、旱灾害的频率增高和强度加大。

随着中国社会经济的快速发展，水污染问题日益凸显。污水排放量大，处理率低，2012 年，全国年排污水 363 亿吨，其中 80%未经处理，使江河湖海和地下水严重污染，无法利用。同时我国已进入城市化的高速发展期，预计我国的城市化率在 2030 年将达到 65%，城市人口、财产的集中肯定会使洪涝灾害损失增加，供水更趋紧张，污染及生态破坏进一步加剧。中国 500 多座城市中，有 300 多座城市缺水，每年缺水量达 58 亿 m^3，日缺水量 1600 万 t。缺水城市主要集中在华北、沿海和省会及工业型城市。

不能忽视的问题是我国目前缺乏科学的用水定额和管理，生产耗水量大，水的浪费相当普遍，全国工业用水重复利用率仅有 45%，万元工业产值耗水量远远高于工业发达国家，农业灌溉有效利用率一般只有 25%～40%。所以，水的问题在我国是很严峻的。

2.5　生物与土壤因子

2.5.1　土壤的生态意义

土壤是具有一定肥力，能够生长植物的地球陆地的疏松表层。它能供给植物以生活空间、矿质元素和水分，是生态系统中物质与能量交换的场所。因此土壤是一个重要的生态因子，包括土壤中的物质转化、生物代谢、根系的土壤营养机制以及土壤温度、水分、空气的变化等。

土壤的组成部分有矿物质、有机质、土壤水分和土壤空气。四种组成成分的容积百分数加起来是100%。植物生长的最适含水量是容积的25%，而空气占25%。在自然条件下，空气和水分的比例是经常变动的。固体部分有38%的矿物质和12%的有机物质。土壤不仅是上述四种组成成分的总和，还包括四种组成成分相互作用的水解、中和、氧化、还原、合成及分解的产物。例如，土壤矿物质和水相互作用不仅产生黏土矿物和氧化物，还释放许多营养元素。矿物质和气体之间的相互作用主要是氧化作用，而在渍水土壤中主要是还原作用，其过程对植物吸收养分和水分都有影响。

2.5.2 土壤质地

岩石经过风化，生成各种大小不等的矿质颗粒，称为土粒。不同大小的土粒，都各自表现不同的性质。根据土粒大小对土壤物理、化学性状的影响，以直径0.01mm作为划分界线，大于0.01mm的称物理砂粒，小于0.01mm的称物理黏粒。之所以这么划分，是因为土粒由大到小，不仅反映在颗粒内组成上的不同，而且也表现在土壤性能上的差异。一般来说，大于0.01mm的土粒主要由石英组成，其化学成分大部分是SiO_2（占90%以上），同时石英的机械稳定性大，不易风化，形成的颗粒较大，释放植物营养元素的能力较差，吸水、保水能力也差。而小于0.01mm的土粒，随着土粒变小，矿物组成逐渐以云母为主，其化学成分中SiO_2逐渐减少（只占50%～70%），Al、Fe、Ca、Mg、K、P等元素相应增加。所以物理黏粒含养分较多。云母机械稳定性差，易风化，可较快地释放出植物可利用的营养元素。物理黏粒具有黏结能力，对水分、养分吸收力也很强，具有干缩湿胀的特性。

根据土粒直径的大小，可以把土粒分为若干级。现按照国际制土粒的大小分类如下：土粒直径为0.2～2.0mm的土壤固体颗粒称为粗砂；0.02～0.2mm的为细砂；0.002～0.02mm的为粉砂；0.002mm以下的为黏粒。这些大小不等的矿物质颗粒，称为土壤的机械成分。机械成分的组合百分比称为土壤的机械组成，通常称为土壤质地。

从质地的角度一般可把土壤区分为三类。

1. 砂土类

含砂粒多，黏粒少，所以土壤疏松，黏结性小。因砂粒粗大，表面积小，保水、保肥力差。孔隙大，通气透水性好，保蓄水性差，易干旱，保温性能差，易受热升温，也易散热降温。又因砂性强，通气好，故有机质分解快，不易累积腐殖质，养料易流失，所以肥力较低。当缺肥时，幼苗生长不良，但施肥过多又易疯长。园艺上常用作扦插苗床的介质，适合球根花卉和耐干旱的多肉植物生长。

2. 黏土类

含黏粒和粉粒较多，所以湿时黏重，干时坚硬，耕作阻力大，碎土困难。因为土粒细小，孔隙细微，所以通气透水性差，水分多时，孔隙中被水占据，空气就不足，干时水分又不足，但在黏土表面结成硬皮。由于黏土易积水，通气不良，故土温上升缓慢，不易受热增温而形成“冷土”。因黏粒多，吸肥、保肥性较好，它能持续释放养分供植物吸收利用，有机质分解慢。

3. 壤土类

为砂粒、黏粒和粉砂大致等量的混合物，所以其特点是既不太松也不太黏，通气透水，不冷不热，耕作性能较好；有一定保水保肥和供水供肥能力，是较好的土壤质地。宜于农业耕种，只要施用适量有机肥料，不断培肥，作物可显著增产。

从建筑的角度，砂土质地致密坚固，承载力大，含水率低，较黏土干燥，渗水性和透气性好，利于土壤的净化，防污性较好，并易于开挖施工，因而建筑土质以砂土为宜。壤土结构疏松，承载力小，房屋易发生沉降塌陷；而黏土结构过于致密，渗水性能差，房屋易发生潮湿，不利于人体健康。

2.5.3　土壤结构

组成土壤的土粒并不是单独一粒一粒存在的，而是往往被腐殖质胶结成为团聚体。团聚体的形状、大小、排列方式，决定了土壤结构的形式。

土壤结构，通常分为团粒结构（直径 0.25～10mm）、微团粒结构（＜0.25mm）、块状结构，核状结构、柱状结构、片状结构等。一般认为团粒结构是良好结构的土壤。所谓团粒结构是土壤中的腐殖质把矿质土粒互相黏结成直径＞0.25mm 的小团块，这种小团块称作“团粒”。

这种富含腐殖质的团粒有泡水不散的特点，常称为水稳性团粒。由这种大小的团粒组成的土壤就是具有水稳性团粒结构的土壤，是栽培性良好的土壤，也是农业生产上最好的土壤结构形态。它能协调土壤中水分、空气、养料之间的矛盾，改善土壤的理化性质，是土壤肥力的基础。

团粒结构内部具有许多细微的毛管孔隙，所以具有很强的蓄水能力，而团粒间大的非毛管孔隙，有利于排水和通气。当降水或灌溉以后，水分下渗，团粒内部毛管孔隙中充满了水分，而多余的水分则沿着团粒间的非毛管孔隙渗入土壤深层，因而，这种土壤可容纳大量雨水，当土壤表层干燥时，团粒收缩；隔断毛管联系，减少了水分蒸发。而土壤下层的水分仍然可以逐渐向上移动，沿着毛管孔隙上升，不断地供给植物。因而，团粒结构的土壤能起到蓄水耐旱和排水防涝的作用，保墒性强。

因为土壤团粒内部土粒间毛管孔隙被水充满，空气缺乏，有机质分解缓慢，养分易于保存，而团粒之间则经常充满空气，其团粒表面通气良好，好气性微生物活动旺盛，故有机质分解快，养分不断地被释放出来，为植物所利用。既可以源源不断地供给作物所需要的养分，又可避免因一时养分释放过多而造成流失，从而解决了供肥和保肥的矛盾。

由上述可知，理想的土壤是保水、保肥力强，有团粒结构的壤土。由于土壤团粒结构解决了水、气之间的矛盾，避免了地温的剧烈变化，从而使土壤的水、肥、气、热状况协调，适于土壤微生物活动，有利于植物的生长。

2.5.4　城市土壤和土壤污染

城市土壤是在地带性土壤背景上，在城市化过程中受人类活动影响而形成的一种特殊土壤。城市土壤具有极大的特殊性。许多土壤被强烈翻动过，自然剖面破坏。城内一些地面用水泥、沥青铺装，封闭性大，留出树池很小，造成土壤透气性差，硬度大，影响树木根系呼吸，团粒结构被破坏，土壤结构性差。而大部分裸露地面由于过度踩踏，增加土壤密度，降低土壤透水和保水能力，使自然降水大部分变成地面径流损失或被蒸发掉，使它不能渗透至土壤中去，造成缺水。土壤被踩踏紧密后，造成土壤内孔隙度降低，土壤通气不良，抑制植物根系的伸长生长，地被植物长不起来，提高了土壤温度。如天坛公园夏季裸地土表温度最高可达58℃；地下5cm处高达39.5℃；地下30cm处为27℃以上。一般人流影响的土壤深度为3～10cm，土壤硬度为14～18kg/cm^2；车辆影响到的深度为30～35cm，土壤硬度为10～70kg/cm^2；机械反复碾压的建筑区，深度可达1m以上。

城市中的土壤很多为建筑土壤，含有大量砖瓦与碴土，如其含量在30%时，还有利于在城市强烈践踏条件下的通气，使根系生长良好，如高于30%，则保水不好，不利根系生长。由于大量混凝土的使用，使土壤中钙含量增加，土壤pH值较高。受到水、大气等污染影响，进入土壤的污染物种类较多，重金属含量普遍增加，其中铅、锌尤为显著，愈近公路含量愈高，并且集中在土壤的表层。

2.6 生物与风因子

2.6.1 风的形成

地面上因气温分布不均所引起的气压分布不均，是产生风的原因。由于地理纬度和下垫面的不同，不同地区的地面增热受热程度不均匀，因此存在温度差异。这种温度差异引起了气压差异。温暖地区的空气增热后上升，地面上气压较低，而在增热较少的地区则气压较高。这种气压的差异就会引起空气从较冷和气压较高的地区向较温暖且气压较低的地区流动，形成了风。风有多方面的生态学效应。

2.6.2 风的几种主要类型

2.6.2.1 季风

这种风全年变向两次，夏季从海洋吹向陆地，冬季则从陆地吹向海洋。季风的成因是大陆和海洋在一年中增热与冷却的差异，夏季时大陆较洋面增热强烈，冬季则大陆较洋面冷却强烈。洋陆之间的温度差异造成了气压分布的差异。大陆上夏季为低压区，冬季为高压区，但洋面上则相反，夏季为高压区，冬季为低压区。因此，夏季气流从洋面流向大陆，成为海洋季风，冬季则从大陆流向洋面，成为大陆季风。冬季风来自干燥寒冷的极地和副极地大陆气团，在该气团控制下，天气晴朗而干燥，夏季风来自湿润温暖的热带或赤道海洋气团，在该气团控制的地方则多阴雨天气。夏季季风的强弱及来去的迟早，对一地区的雨量多少、雨季长短影响很大。在夏季季风强盛的年份，我国华北多雨，华中、华南多旱；反之夏季季风较弱的年份，则华北主旱，华中、华南主涝。

2.6.2.2 台风

热带气旋在西太平洋称为台风。台风的特征是有一个低压中心，大量的雷暴及伴随而来的狂风暴雨。我国是西太平洋沿岸国家中，受台风袭击最严重的一个国家。在沿海地区几乎每年夏秋季节都会遭受台风侵袭，造成很大的生命财产损失。但是同时台风也有不可忽视的积极意义，据统计，包括我国在内的东南亚各国和美国，台风降雨量约占这些地区总降雨量的1/4以上，对改善这些地区的淡水供应和生态环境都有十分重要的意义。此外台风有效地维持了地球热平衡，使不同地区温差不至于过大而影响生物生存。

2.6.2.3 水陆风

海岸与湖岸上的风称为水陆风。这种风每昼夜变向两次，日间自海中吹向陆地，夜间则相反。在低纬地方全年均有水陆风发生，而在中纬度和高纬度地区通常都发生于温暖的季节中。水陆风对植物的生长发育和分布均有影响。

2.6.2.4　山风和谷风

在晴朗和干燥的天气里，山中有山风和谷风的正常交替现象。日间风从谷中吹出（谷风），夜间则从山上吹入（山风）。日间在南向的山坡上，谷风最为显著。

产生谷风的原因是山坡上空气的增热，比同一高度上自由空气的增热要强烈得多。因此，日间空气随山坡上升，夜间则空气由于冷却的缘故而变得稠密，顺山坡向下流入谷地中。谷风带有水蒸气，可以增加雨量，山风则干燥。只要地形合适，山风和谷风在任何地方都可以发生，但是只有热带的深谷才较强盛，中纬度地方仅夏季多。强烈的山风和谷风对森林和农作物有破坏作用。

2.6.3　风的生态作用

季风是影响降水、湿度和温度的重要因素。夏季风把云和水汽传送到陆地，形成降水，冬季风可使气温明显下降。风能够侵蚀土壤，使质地变粗，甚至岩石裸露，这是沙漠化的重要原因。

风对植物产生很大的影响。风对植物有利的生态作用表现在帮助授粉和传播种子。很多种植物的种子都很细小，借助于风来传播，或者依靠风来传播花粉。风对植物有害的生态作用包括影响植物水分平衡，加剧植物的蒸腾作用。在北方早春季节，由于土壤温度还没提高，根部没恢复吸收机能，风可使枝梢失水而干枯。强劲的大风常在高山、海边、草原上遇到。由于大风经常性地吹袭，使直立乔木的迎风面的芽和枝条干枯、侵蚀、折断，只保留背风面的树冠，如一面大旗，故形成旗形树冠的景观。在高山风景点上，犹如迎送游客。为了适应多风、大风的高山生态环境，很多植物生长低矮、贴地，变成与风摩擦力最小的流线形，成为垫状植物。

2.6.4　植被对风的影响

植被明显地影响地面风，它们的粗糙表面增加摩擦力，使风速降低而湍流增加。森林多孔隙，大量的叶、枝和树干具有很大的摩擦面，当风穿过森林时，能大大降低风速。风在森林中的垂直变化与林分的树种、密度和结构有关。林内如果下部空旷通透，则林冠风速低，但林冠与地面之间仍有明显的风。多层结构的森林群落，林冠以下的任一高度，风速均较低，大风降低的风速要比小风降低的幅度要大。

防风林带对风的影响，与其结构所决定的疏透度有关。紧密结构林带，纵断面很少透风，疏透度极小。背风面，近林带边缘处风速降低最大，随后逐渐恢复到旷野风速。故林带背后降低风速明显，但防风范围小。通风结构林带则林带较窄，林冠不透风或很少透风，但下部透风，背风面的林带边缘附近，风速降低小，但由于湍流影响，减风效应可保持很远。

2.6.5　城市对风的影响

由于密集的建筑构成了粗糙的下垫面，使城市内大气湍流极为强烈，并且热岛效应又会形成局地环流。建筑物越高大，对风的影响也越强，在建筑物迎风面气流被迫上升，建筑物上空空气密度增大，风速加快，在背风面气流下沉，风速显著减弱。由于街道以及建筑物的格局极其复杂，不同地点得到的太阳辐射也有明显差异，因此城市的风场极为复杂多变。

城市中的风有三大特点：一是由于城市中建筑物鳞次栉比，低层气流受到阻碍，地面风速减弱，因而市区平均风速比郊外要低 20%～30%。其次是由于城市的热岛效应，造成市区与郊外之间由于温度差异而产生局地环流，城市上空有上升气流，周围郊区的空气向市区补偿，于是风吹向城市中心，这种情况在大范围水平气流微弱时特别明显。三是城市风速按对数曲线随高度增加，到 100m 高度附近有一极大值，此后变弱，至一定高度再按对数曲线随高度增大，风速小时极大层高，风速大时极大层低。随着城市的扩大和高耸建筑物增加，风速减小越加明显。

2.7 生态因子在建筑领域的应用

2.7.1 光因子

作为生态学中极为重视的一个生态因子，光因子在建筑的设计建造中是非常关键的一个因素，对光因子不合理的利用和调控对周围环境和室内环境都会产生干扰影响，降低舒适程度，甚至危害人的身心健康。从来源的角度，光因子可分为自然光源和人工光源。

2.7.1.1 自然光源的调控

建筑物的采光主要针对的是自然光源，即太阳辐射。地球上的动植物（包括人类）在漫长的进化历程中，已经适应了太阳辐射的强度、光谱成分以及光周期，并形成了相应的生理发育节律。可以说自然光源是最有利于健康的理想光源，白天室内照明应该尽量通过自然采光，既节能，又可以维护人的身心健康。采光状况对改善室内小气候有很大影响，根据卫生要求：一天日照在冬季应在 3 小时以上，这样可控制某些葡萄球菌与链球菌的感染，防止佝偻病的发生，但在夏季应尽可能减少太阳光的直射，使室内温度不致过高。

每一栋建筑的建成必然改变了当地太阳辐射的分配，形成局部的小气候。建筑的向阳面往往形成反光区，如果建筑物选用玻璃幕墙、釉面砖墙、磨光大理石等材料，会强烈地反射太阳光线，造成光污染，称为白亮污染。尤其在夏天，玻璃幕墙强烈的反射光进入附近居民楼房内，增加了室内温度，影响正常的生活。有些玻璃幕墙是半圆形的，反射光汇聚还容易引起火灾。专家研究发现，长时间在白色光亮污染环境下工作和生活的人，视网膜和虹膜都会受到程度不同的损害，视力急剧下降，白内障的发病率高达 45%。还使人头昏心烦，甚至发生失眠、食欲下降、情绪低落、身体乏力等类似神经衰弱的症状。

2.7.1.2 人工光源的调控

人工光源是对自然光源的补充，在现代社会，由于生活和工作节奏紧张，夜生活丰富，人工光源已不仅仅用做照明，而且普遍用于城市美化，人工光源的使用早已成为现代都市的象征，但是由此带来的光污染却是严重的，昆虫、鸟类、植物，甚至我们人类自身的正常生活正遭受着前所未有的威胁，对人体的损害也是无法估量的。人工光源污染包括人工白昼污染和彩光污染。

人工白昼污染　当夜幕降临后，遍布于城市各处的人工光源，如建筑物上的广告牌、霓虹灯、高亮度的大屏幕等，使夜晚如同白昼一般。由于强光反射，可把附近的居室照得如同白昼，使人夜晚难以入睡，打乱了正常的生物节律，导致精神不振。据国外的一项调查显示，有三分之二的人认为人工白昼影响健康，有 84%的人反映影响夜间睡眠。

人工白昼还可伤害昆虫和鸟类，因为强光可破坏夜间活动昆虫的正常繁殖过程。同时，昆虫和鸟类可被强光周围的高温烧死。由于很多海鸟都是夜行性鸟类，常在黄昏及夜间在巢区及觅食地之间频繁飞行，很容易被人工照明所干扰。据统计，光污染已直接或间接地造成了大约 300 种海鸟的数量减少。

研究表明，由于佛罗里达沿海海岸大量的夜间照明，大面积的海滩暴露在灯光照射之下，雌性海龟难以找到幽暗寂静的筑巢之地。然而光污染对海龟的影响还远不止这些。新孵化出的小海龟需要从沙滩返回海洋当中。夜间的海滩一片漆黑，海面因反射星星及月亮的光辉而发出闪烁的光芒，小海龟依靠这种指示返回大海。然而新生的小海龟被海滩沿岸的灯光误导，从而爬向公路，丧生在滚滚的车流之中；或者迷失方向直至天亮之后被灼热的太阳烤死在滚烫的沙滩上。据美国一份相关的调查报告指出，一年内有将近 2 万只小海龟因为迷失方向而在海滩上死去。

彩光污染　现代歌舞厅所安装的黑光灯、旋转活动灯、荧光灯以及闪烁的彩色光源构成了彩光污染。据测定，黑光灯可产生波长为 250～320nm 的紫外线，其强度大大高于阳光中的紫外线，严重损害人体健康。

目前，光污染虽还未列入环境污染防治范畴，但它的危害显而易见，并在加重和蔓延。尤其是一些城市单纯追求高亮度、多色彩、大规模、超豪华，建设和配置不切合实际的、不科学的照明工程，浪费了能源，也造成了光污染，影响了居住和生态环境和谐与平衡，加剧了供电紧张。人们在生活中也应注意防止各种光污染对健康的危害，避免过多过长时间接触光污染。设计师们在考虑建筑物功能与美观的同时，也应该注意更多地避免光污染。做到除了商业步行街的彩光源可以采用光效高、寿命长的照明设备外，城市一般照明使用的器材应是节能效果显著、无光污染的绿色照明产品。

对于室内人工照明，也应该选择合理的光源和光照强度。很多建筑由于设计等问题，全部采用人工照明，即使在白天也开着日光灯。日光灯含有较多的紫外线成分并有频闪的特点，有医学专家指出：如果长时间经受紫外线辐射会对眼睛晶状体和视网膜造成损害，导致视力下降，甚至失明。有人指出，最有利于视力健康的人工光源是普通的白炽灯泡。对于各种光源对健康的影响还需要进一步研究观察，从健康和节能的角度得到好的综合效果。

2.7.2　温度因子

温度因子是生物生存和舒适感的一个决定性因素，也是建筑行业重点考虑的问题。不仅要考虑温度效应对建筑结构的影响，同时要注意尽量减少对周围空间温度的影响，并营造舒适的室内温度环境。城区的绿地，尤其是以高大乔木为主体的绿地植被，能够有效地吸收太阳辐射，并通过蒸腾作用消耗热量，降低温度，减缓热岛效应。

随着城市人口的增加，必然导致建筑物密集分布，压缩绿地空间。高大建筑比比皆是，远高于植被冠层高度，向光面墙体吸收的大量热量同时向街道和室内传导，在夏季会使人感觉闷热难忍。如果使用空调降温或者为墙体选用先进的隔热材料，可以使室内舒适性得到改善，但是随之而来的是能源的大量消耗，或者室外温度进一步提高；如果利用水因子来调节温度，在特定时段采用水雾以消耗墙体局部热量，就会收到降温和节能的双重效果。重庆市有关部门专门开展了城市喷淋降温缓解热岛效应试验研究，只要在建筑上装上这种喷雾设备，当温度超过35℃后，就可自动喷雾降温2～9℃。按每分钟喷雾20秒，每天工作8小时计算，每天水电支出约80元就可以帮助2000m² 的区域降温，而且还可以净化空气。2010年的上海世博园也采用了喷雾降温技术。有专家认为，居民社区、大型剧场、体育中心等都可以使用喷雾降温，特别是例如公交站、轻轨站这样大跨度、半开放的室内空间尤其适合采用喷雾降温。

推广屋顶绿化也是普遍采取的有效的建筑降温方式之一。目前，很多国家和城市通过屋顶绿化，迈出了构建"生态城市"的第一步。"绿色屋顶"是指在建筑物屋顶种植植物，形成一个综合生态体系，为城市增加绿化面积，从而起到缓解城市"热岛效应"和改善城市生态环境等作用。

此外，还有部分学者正在探索把夏天的热量储存起来用于冬季供暖。其中一种途径是，在夏天将建筑物中的大量余热取出来，释放到土壤或地下水中，在冬天又将土壤中或地下水中所蕴涵的大量热能取出来，供给建筑物，从而实现制冷、制热和提供热水。

2.7.3 水因子

水的问题是我国目前最为严峻的资源和环境问题。干旱与洪涝同样是城市所要面对的难题，一方面地下水严重超采，形成地面塌陷隐患，威胁建筑和人身安全；另一方面强降水导致城市内涝，造成严重财产损失。而如何合理利用水因子，化害为利，也是节能建筑需要思考的课题。科学合理设计和营造水生环境，可以增加观赏植物种类，改善建筑小区环境。在建筑的设计建造中不能忽视对水因子的考虑。

2.7.3.1 提高对雨水的调蓄能力

在自然界中植被是最有效的调蓄降水的方式，森林被称为"绿色水库"，不仅在于其强大的涵养水源功能，而且还由于对水质的净化作用。在城市中改善生态环境的关键手段是增加绿地面积，主要指增加以乔木或灌木为主的绿地面积。同时应该尽量使绿地在城区各地分布均匀。这样有利于降水的迅速下渗，将雨水下渗回灌地下，减少地表径流，补充涵养地下水资源，改善生态环境，缓解地面沉降和海水入侵等。在修建道路时，绿化带要低于路面，让雨水可顺畅流入绿化带，充分发挥植物滞留、净化、储蓄水的功能。而且通过植被的蒸腾还可以提高城市大气湿度，缓解热岛效应。

现代城市雨水利用是一种新型的多目标综合性技术，其技术应用有着广泛而深远的意义。可实现节水、水资源涵养与保护、控制城市水土流失和水涝、减轻城市排水和处理系统的负荷、减少水污染和改善城市生态环境等目标。国内外已有许多雨水收集利用的成功范例。新加坡将采集雨水作为获取淡水的主要途径，为实现雨水汇集的目的，在全岛范围内大兴水利设施，修建蓄水库和蓄水池。同时在所有的城市道路和街道两旁以及所有的居民住宅区修建蓄水管道，把雨水收集起来，然后加以利用。强化水源零污染意识，通过高效的雨水管理和完善的政策法规支持，有效地解决了全岛的缺水问题。日本和德国在雨水利用上也有大量成功的经验。北京近年来高度重视建设雨水调蓄设施来减少洪涝灾害可能造成的损失。北京城区每年可利用的雨水量达到2.3亿m³，集雨、用雨不仅可以大大提高水资源的利用效率，还能减轻城市河湖防洪压力，减少需由政府投入的排洪设施资金。对于城区来说，将每年降雨形成的雨水收集利用，还可减少城市洪涝灾害，避免对城市交通、居民出行等生活的干扰，减少城市排水系统的压力。

2.7.3.2 建筑设计建造对水因子的考虑

在建筑的设计建造中应该考虑如何从水因子的角度使建筑的负面效应减少。近年来，极端天气事件有增加的趋势，城市时常遭遇罕见的暴雨袭击，尽管城市排水管线发达，却无法应付高强度的降水，使城市遭受严重的洪涝灾害，造成重大损失。建筑物的选址应注意选择排水良好处，尤其对于仓库、车库等更应注意防涝措施。

城市内自然景观贫乏，人们对水边空间的自然景观建设有较高的期望，具有良好水质及生态环境的水边空间将是最吸引人之处。在建筑的设计上可以适当创造水环境，提供水边空间，配置观赏植物，满足居民的多样需求。

2.7.4 土壤因子

土壤是绿色植物和绝大多数微生物、原生动物等赖以生存的介质，土壤不仅为生物提供庇护空间、水分、养分，同时在土壤表面和内部，有机质被分解成无机元素，完成了物质循环过程，使养分元素可以被生物重新利用，这是地球上生命得以持续的基础。众所周知，人类的过度开发导致水土流失、土地沙化、城市扩大、农田减少。这种做法实际上是在压缩人类的生存空间，从生态建筑的角度，首先应当合理规划占用土地面积，尽量保护土地资源。

由于土壤隔热性好而蓄热量大，因而能在严酷多变的外界气候条件下保持相对稳定的温度。土壤的这一特性也是建筑节能设计可以利用的因素，如前面提到的将夏天的余热储存起来用于冬季供暖等。对于一些需要恒定季节性温度和恒定昼夜温度的特殊建筑，地下建筑将更具优势。

随着城市的不断发展，大量的建筑垃圾随意堆放，不仅占用土地，而且污染环境。大多数郊区垃圾堆放场多以露天堆放为主，经历长期的日晒雨淋后，垃圾中的有害物质（其中包含有城市建筑垃圾中的油漆、涂料和沥青等释放出的多环芳烃构化物质）渗入土壤中，从而发生一系列物理、化学和生物反应，如过滤、吸附、沉淀，或为植物根系吸收或被微生物合成吸收，造成郊区土壤的污染，降低土壤质量。另外城市建筑垃圾中重金属的含量较高，使得土壤中重金属含量增加，这将使作物中重金属含量提高。这些建筑垃圾不仅本身无法正常提供植物生长的环境，而且受污染的土壤，一般不具有天然的自净能力，也很难通过稀释扩散办法减轻其污染程度，必须采取耗资巨大的改造土壤的办法来解决。

2.7.5 风因子

各种建筑，无论是房屋、道路、桥梁、水坝、堤防、港湾等等，都要承受来自大自然强风的严酷考验。尤其当建筑物达到一定高度时，如高层建筑、巨型烟囱和高塔等，风力的影响就不容忽视。因此在建筑的设计建造中既要考虑风对建筑的影响，同时也要注意建筑对周围风环境的改变。

在城市中，建筑所造成的风环境与人们的日常生活息息相关，高大建筑明显地改变了附近的风环境，研究表明，高层建筑趋于将高空的高速气流引至地面，特别在建筑转角处，流动加速，并在建筑前方形成停驻的旋涡，将恶化建筑周围行人高度的风环境，危及过往行人的安全。而建筑群对风因子的影响就更加错综复杂，这种影响有时可能产生不良后果。一个很明显的例子就是由两侧建筑群围成的街道，来自不同方向的风汇聚在街道里，由于“峡谷效应”，风速加大，出现局部强风，加上建筑物的阻滞，形成旋涡和强烈变化的升降气流等复杂的空气流动现象。在大风天气，街道“峡谷效应”加强了风的作用，强大的乱流、旋涡再加上变化莫测的升降气流形成了街道风暴，殃及行人。

因此建筑设计如果对风环境因素考虑不周，会造成局部地区气流不畅，在建筑物周围形成旋涡和死角，使得污染物不能及时扩散，直接影响到人的生命健康。随着未来大量高层、超高层建筑不断涌现，势必会造成城市建筑风环境问题越来越严重。

在国外，行人风环境问题早已成为公众关注的问题，由于建筑风环境涉及行人的安全和舒适，小区气候和居民健康，绿色建筑与节能，污染物的扩散与空气自净等问题，建筑风环境问题在发达国家已经引起了相当的重视。不仅运用先进的技术手段开展对建筑风环境的系统研究，而且上升到立法规范管理的层面上。但在我国建筑风环境问题还尚未引起足够的重视，风环境尚未提到立法与规范层面。

本 章 小 结

本章选择了太阳辐射、温度、水、土壤和风这五种生态因子，阐述了其对生物的生长、发育、繁殖、行为和分布的影响和作用，并在此基础上，进一步阐述了在建筑领域，这些生态因子的影响和应用。使学生了解生物与环境之间的相互关系，在建筑学和城市规划中充分考虑周围环境要素，使建筑与环境和谐统一。

思 考 题

2-1　改良环境的意义与对策。

2-2　在建筑设计中如何充分利用周围的环境因子，并与周围环境相协调？

习　题

2-1　什么是环境？什么是生态因子？环境与生态因子的区别与联系？

2-2　简述生物对生态因子的耐受限度。

2-3　简述太阳辐射对植物的生态作用。

2-4　简述极端温度对植物的影响。

2-5　简述水的生态作用及生物的适应。

2-6　简述温度因子在建筑领域的应用。

第3章　种群生态学

本章基本内容：

种群是生态学各层次中最重要的一个层次，许多与环境变化相联系的生物变化都发生在这个层次。本章从种群的概念和基本特征出发，讲述了种群的数量动态过程和调节；种群的生态对策；种内竞争和种间协同进化。在此基础上，进一步讲述了种群生态学原理在建筑领域的应用。使学生在种群层次上进一步了解生物与环境的关系。

在自然界中，任何生物都不可能以个体形式单独生存，它必然与同一种的许多个体生活在一起，构成一个相互依赖、相互制约的种群，以种群形式生存和繁衍，因而种群是物种存在的基本单位，具有自己独立的数量特征、空间特征和遗传特征。数量特征是指单位面积或单位空间内的个体数目，即种群密度；空间特征是指种群具有一定的分布区域和分布形式；遗传特征是一个种群内生物具有共同的基因库，以区别于其他物种。由此可见，种群具备了个体水平所没有的若干特征，种群生态学是以种群为对象，研究种群的数量、分布以及种群与其栖息环境中的非生物因素和其他生物种群等的相互作用，通过对种群的生存及其动态等的研究，指导人们更好地管理、保护自然界的各个物种。

3.1　种群的概念及其基本特征

3.1.1　种群的概念

在一定空间中同种生物个体的集合称为种群。也译为居群，人口学上就是指人口，在动物学上曾译为虫口、鱼口、鸟口等。

种群的概念可以从抽象和具体两种角度去理解。在探讨种群一般规律的时候，常指其抽象意义。当从具体意义上使用种群概念时，其空间界限和时间起讫点可以根据研究者的需要和方便来确定。比如大至全世界的人口种群，小至一个乡村的人口种群，甚至温室内盆栽的一批月季花，都可看做是一个种群。

种群是由同种个体所组成，个体之间通过种内关系构成一个统一整体。因此，种群不等于个体的简单累加，而是有着若干特性。如个体的生物学特性表现在出生、生长、发育、衰老和死亡，而种群则具有出生率、死亡率、年龄结构、性比和空间分布等特征。在个体水平上的研究不涉及个体与个体之间的关系，而这些问题需要在种群水平上得以解决。

3.1.2　种群的基本特征

3.1.2.1　种群的大小和密度

一个种群所包含的全体个体数目多少，叫做种群大小，也有的用生物量或能量来表示。

如果用单位面积或空间内个体数目的多少来表示种群大小，就叫做种群密度。例如，每公顷1500株红松，每平方千米5000人等。

3.1.2.2 出生率和死亡率

出生率是指种群增加新个体的能力或速率。它常分为最大出生率和实际出生率。最大出生率是指种群在理想条件（即无任何生态因子的限制作用，繁殖只受生理因素限制）下的出生率。实际出生率是在某个真实的或特定的环境条件下的种群出生率，它随种群的组成和大小、物理环境条件而变化，又称生态出生率。

死亡率和出生率相反，它用来描述种群个体死亡情况。死亡率可分为最低死亡率和实际死亡率。最低死亡率是种群在最适环境条件下，种群中的个体都是因年老而死亡，即动物都活到了生理寿命后才死亡而导致的死亡率；而后者是在特定条件下丧失的个体数目，也称为生态死亡率。

最大出生率和最低死亡率都是理论上的概念，反映出种群的潜在能力，在预测实际能力和潜在能力间的差距及种群未来动态中具有参考价值。

3.1.2.3 年龄结构和性比

种群的年龄结构是指各个年龄级的个体数在种群中的分布情况，因此年龄结构也称为年龄分布或年龄组成，它是种群的一个重要特征，影响着出生率和死亡率。

分析年龄结构的方法是用年龄金字塔或年龄锥体图。它是按龄级由小到大的顺序将各龄级个体数或比例作图，横坐标表示各个龄级的个体数或所占百分比，纵坐标表示从幼年到老年各个龄级。种群个体按照其生育年龄可分为繁殖前期、繁殖期和繁殖后期三个生态时期。某一龄级的个体数目占种群个体总数的比例，称为年龄比例。

理论上，种群年龄结构通常有三种类型：

1. 增长型种群：年龄结构是典型金字塔形状，基部宽阔而顶部狭窄，表示该种群有大量的幼年个体，老年个体很少，反映出该种群比较年轻且出生率高于死亡率，因而种群数量处于增长或继续发展状态。

2. 稳定型种群：年龄金字塔大致呈钟形，种群中各个年龄级个体数分布比较均匀，说明种群中幼年个体和中老年个体数目大致相当，其出生率和死亡率大致平衡，种群数量处于相对稳定状态；

3. 衰退型种群：其年龄金字塔呈壶形，基部狭窄，顶部较宽，表示种群幼体所占比例很小，而老年个体的比例较大，种群出生率小于死亡率，是数量趋于下降的种群。

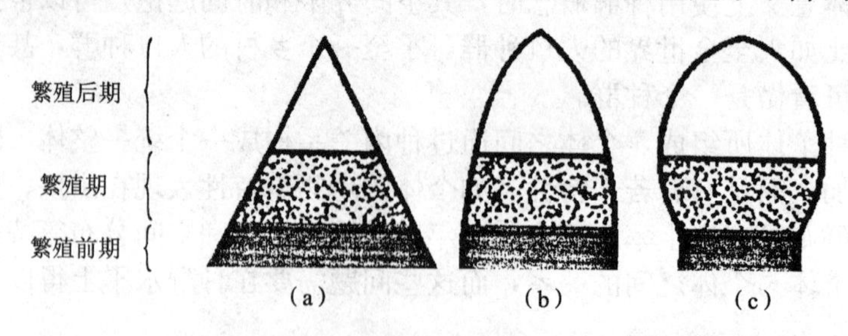

图 3-1 种群年龄结构锥体的三种基本类型（仿 Kormondy，1976）
(a) 增长型种群；(b) 稳定型种群；(c) 衰退型种群

性比是在种群中雄性个体和雌性个体数目的比例。受精卵的雄雌比，大致是 1∶1，这是第一性比；从幼体出生到性成熟期间，由于种种原因，雄雌比例还要继续变化，到个体性成熟时为止，这时的雄雌比例叫做第二性比。一般情况性别只有两种，并且与年龄结构关系密切，故常常将两者同时进行分析。有时将年龄金字塔分为两半，分别表示雄性个体和雌性个体各龄级的比例。

3.1.2.4　生命表及存活曲线

生命表是描述种群个体生死过程的有用工具。根据研究者获取数据方式不同，可分为动态生命表和静态生命表。前者是根据监察同年出生的所有个体死亡或存活的动态过程的资料编制而成，又称为同生群生命表、特定年龄生命表或水平生命表；后者是根据某一特定时间内某个种群内的年龄结构的调查资料编制而成，也称特定时间生命表或垂直生命表。现以藤壶种群为例，说明动态生命表的编制过程。

生命表中各栏含义如下（表 3-1）：为按年龄的分段；n_x 为期开始时的存活数目；l_x 为 x 期开始时的存活率；d_x 为从 x 期到 $x+1$ 期的死亡数目；q_x 为从 x 期到 $x+1$ 期的死亡率；e_x 为 x 期开始时的生命期望或平均余年。

表 3-1　藤壶的生命表

年龄（a）x	存活数 n_x	存活率 l_x	死亡数 d_x	死亡率 q_x	L_x	T_x	生命期望 e_x
0	142	1.000	80	0.563	102	224	1.58
1	62	0.437	28	0.452	48	122	1.97
2	34	0.239	14	0.412	27	74	2.18
3	20	0.141	4.5	0.225	17.75	47	2.35
4	15.5	0.109	4.5	0.290	13.25	29.25	1.89
5	11	0.077	4.5	0.409	8.75	16	1.45
6	6.5	0.046	4.5	0.692	4.25	7.25	1.12
7	2	0.014	0	0.000	2	3	1.50
8	2	0.014	2	1.000	1	1	0.50
9	0	0	—	—	0	0	—

注：引自 Krebs，1978。
各栏的关系：$l_x=n_x/n_0$；$d_x=n_x-n_{x+1}$；$q_x=d_x/n_x$；$e_x=T_x/n_x$。

T_x 和 L_x 栏一般不列入生命表中。但为了计算 e_x 需要以上两栏。

L_x 是从 x 期到 $x+1$ 期的平均存活数：

$$L_x=\frac{n_x+n_{x+1}}{2}$$

T_x 是进入 x 期的全部个体在 x 期以后的存活总个体数：

$$T_x=\sum L_x$$

例如 $T_0=L_0+L_1+L_2+L_3\cdots$，$T_1=L_1+L_2+L_3\cdots$

在编制生命表之前，首先要划分年龄段，这随研究对象而异。人类常用 5 年或 10 年为年龄段，鹿、羊常用 1 年，昆虫用数天或数周，细菌用数小时。

平均期望寿命广泛应用于人寿保险事业，保险公司通过正确估计不同性别、各种年龄、各种职业的人进入各年龄期的平均期望寿命，有利于成本核算。

根据生命表数据以 l_x 为纵坐标，以 x 为横坐标，所得曲线即为存活曲线。Deevey（1947）将存活曲线分为三种基本类型：

Ⅰ型——凸型存活曲线，表示种群在接近生理寿命之前，只有少数个体死亡，即几乎所有个体都能达到生理寿命。死亡率直到末期才升高。例如大型兽类和人的存活曲线。

II 型——对角线型存活曲线，表示种群各年龄死亡率相等。许多鸟类接近于 II 型。

III 型——凹型存活曲线，表示幼体的死亡率高。海洋鱼类及寄生虫等多接近于 III 型。

3.1.2.5　种群的空间格局

种群空间格局是指种群个体在水平空间的配置状况或在水平空间上的分布状况。种群内个体的空间格局在一定程度上反映了环境因子对个体生长、生存的影响。

种群的分布格局一般分为三种类型：

1. 均匀型

均匀型分布也称为规则分布，指的是种群内各个个体之间等距分布或个体之间保持一定的均匀间距。人工栽培的株行距一定的植物种群是比较典型的均匀型，自然情况下均匀型分布很少见到。

2. 随机型

种群内每个个体出现在空间每一个点上的机会均等。随机分布并不普遍，只有在生境条件对很多种的作用都差不多或某一主导因子呈随机分布时，才会引起种群的随机分布，或者在环境比较均一条件下，也会出现随机分布。依靠种子繁殖的植物，首次侵入一块裸地时，常呈随机分布。

3. 集群型

个体的分布极不均匀，常成群、成块或斑块密集分布。它是自然情况下最广泛的一种分布形式。

在自然条件下种群个体常呈集群分布。形成的原因在于：①由繁殖特性所致，如营养繁殖形成的无性系成丛生长，或从母株上散布的种子通常降落在母树附近等等；②环境差异，如森林林窗处常有阳性草本植物斑块，微地形起伏存在的差异，植物适于在某一小区域生长，而不适于另外小区域生长等；③动物及人类活动的影响，如啮齿类的啃食、有蹄类的践踏、人为活动等等都可能造成种群的斑块状分布。

通常使用方差/平均数方法来检验空间分布格局。首先对研究种群以样方方法进行取样，然后统计分析样方中个体平均数 m 与方差 S^2。如果 $S^2/m=0$，属均匀分布；如果 $S^2/m=1$，属随机分布；如果 $S^2/m>1$，则属集群分布。

个体平均数与方差的计算公式如下：

$$m=\frac{f_x}{N}$$

$$S^2=\frac{\sum(f_x{}^2)-[(\sum f_x)^2/N]}{N-1}$$

式中　$\sum$——总和；

x——样方中个体数；

f——出现频率；

N——样本总数。

3.2　种群的数量动态

种群数量大小和增长速度是种群生态学中非常重要的问题，也是社会极为关注的问题。

鼠类种群的持续激增给全世界带来种种忧虑。地球上人口数量不断增加（已超过 70 亿），而地球所能维持人口的能力是有限的。其资源到底能养活多少人，这也是生态学家和政治家们经常思考的课题。英国学者马尔萨斯（Malthus）在前人工作的基础上对此做出了值得称赞的贡献。这有其历史背景，英国约从 1760 年起人口迅速增长，60 年中（到 1820 年）人口几乎翻一翻，从 750 万增到 1400 万，此期正是工业革命时期，农村人口大量流入城市，城市人口增长特别迅速，这 60 年中增加的人口数量，在以前需要用 3000 年时间。马尔萨斯觉察到问题的严重性，于 1798 年发表了他的经典著作《人口论》，马尔萨斯认为，假如植物或动物不受营养不良、饥荒或疾病等自然力（环境阻力）的限制，它们则能充分地利用其生物潜能，而以不可想象的速度进行繁殖增长。而这一点上人类与植物或动物将无任何区别。他指出人口可以按几何级数（2，4，8，16……）增长，而生活资料只能按算术级数（1，2，3，4……）增长；这样人口的增长就不可避免地超过食物所能允许的程度，从而得出结论："如不产生灾难或瘟疫，人口增长的这种高超能力就得不到抑制。"第二次世界大战以后，世界人口迅速增长，基本是呈现指数增长，生活资料按算术级数增长也基本接近正确。可惜这种观点和事实在相当长时期内并未得到广泛的接受。

马尔萨斯人口论的发表，引起广泛的反应和不同观点的争论，从此种群数量增长的研究受到重视，出现一些描述种群数量的数学模型。建立动植物种群的数学模型，主要在于理解各种生物和非生物因素的相互作用，如何影响各种生物的动态。因此。相对说来更重要的不是任何一个特定公式的数学细节，而是模型的构成：哪些因素决定种群的数量大小，哪些参数决定种群对自然或人为干扰有所反应的时间，就是说注意力集中于模型中各个变量的生物学意义，而不是数学推导细节。

3.2.1　种群在无限环境下的指数增长模型

3.2.1.1　世代重叠种群的连续增长模型

假设种群世代是重叠的，孤立地生活在稳定的无限界环境中（不受资源和空间的限制），种群净迁移为零，没有年龄结构，瞬时增长率（r）既不随时间而变化，也不受种群密度影响。在上述假定条件下的种群数量增长表现为指数增长，即：

$$\frac{dN}{dt}=rN$$

式中　N——个体数目；

t——时间；

r——瞬时增长率，是出生率与死亡率之差，表示种群个体的平均变化率。

上式可变换为：$\frac{1}{N}dN=rdt$

积分形式为：$\int\frac{1}{N}dN=\int rdt+c$(常数)

得到：$\ln N=rt+c$

$$Nt=e^{rt+c}=e^{c}e^{rt}$$

设 $t=0$ 时的个体数为 N_0，则 $N_0=e^c$，得到：$N_t=N_0e^{rt}$

当 $r>0$ 时，种群呈无限制的指数增长；

当 $r=0$ 时，种群数量无变化；

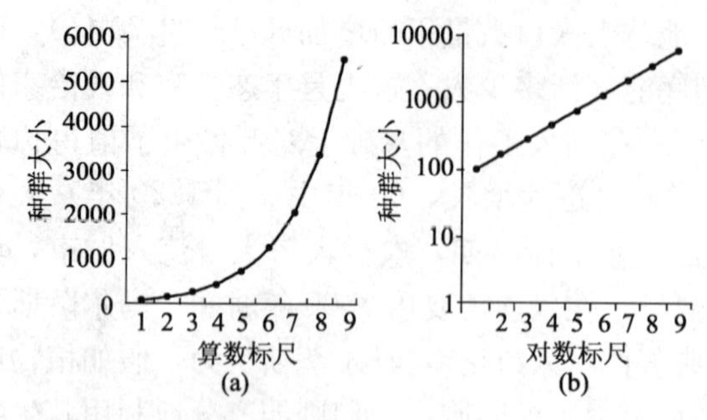

图 3-2 种群的指数增长

当 $r<0$ 时，种群数量下降。

现以一世代时间（T）表示 t，则：

$$\frac{N_T}{N_0}=e^{rT}=R_0$$

R_0 即为净生殖率，意思是每个世代的增长率，如 $R_0=1.5$，表示经过一个世代以后，平均每个雌体产生 1.5 个新的雌体，经公式推导得瞬时增长率：

$$r=\frac{\ln R_0}{T}$$

控制瞬时增长率的途径有两个（r）：一是 R_0 变小，即世代增长率降低。对人口来说，意味着控制每个家庭的子女数；二是 T 值增大，延长世代平均时间。对人口就是推迟首次生育时间（或晚婚），如果妇女全部在 20 岁时第一次生育，每个家庭平均都是 3 个子女，则 $r=\ln3/20=0.02$。如果第一次生育推迟到 30 岁，每个家庭平均有 3.5 个子女，r 才达到 0.02，可见推迟结婚和生育年龄，对人口计划生育的重要性，这也是晚婚晚育的理论依据（不是以最适生育年龄为依据）。

3.2.1.2 世代不重叠种群的离散增长模型

假设种群世代不重叠，种群增长不连续，环境无限界，种群增长不受密度影响，假定在一个繁殖季节 t_0 开始，有 N_0 个雌性个体和等量的雄性个体，其产子数为 B，死亡总数为 D，那么到下一年 t_1，其种群数量 N_1 为：

$$N_1=N_0+B-D$$

例如，$N_0=10$，$N_1=200$，一年增长 20 倍。以 λ 代表种群两个世代的比率，则

$$\lambda=\frac{N_1}{N_0}=20$$

如果种群以这个速率年复一年地增长，则：

$N_0=10$

$N_l=N_0\lambda=10\times20=10\times20^1=200$

$N_2=N_1\lambda=200\times20=10\times20^2=4000$

$N_3=N_2\lambda=4000\times20=10\times20^3=80000$

……

$N_{t+1}=\lambda N_t$ 或 $N_t=N_0\cdot\lambda^t$

这种增长形式称为几何级数式增长或指数增长。λ 表示种群以每年为前一年 20 倍的速率而增长的增长率，称为周限增长率。

λ 的变化在种群增长中的含义可用四种情况描述：

$\lambda>1$ 种群数量上升；

$\lambda=1$ 种群数量稳定；

$0<\lambda<1$ 种群数量下降；

$\lambda=0$ 雌体没有生殖，种群灭亡。

3.2.1.3 种群指数增长模型的应用

我国 1978 年人口为 9.5 亿，而 1949 年仅 5.4 亿，这 39 年间人口的自然增长率为：

$$N_t = N_0 e^{rt}$$

取对数 $\ln N_t = \ln N_0 + rt$

$$r = \frac{\ln N_t - \ln N_0}{t}$$

$$r = \frac{\ln 9.5 - \ln 5.4}{39} = 0.0195 \text{（人/年）}$$

我国人口自然增长率为 19.5‰，周限增长率 λ 为：

$$\lambda = e^r = 2.718^{0.0195} = 1.0196/\text{年}$$

即每一年的人口总数是前一年的 1.0196 倍。

再举一例：据估计 1961 年世界人口为 3.06×10^9，之前基本按 2% 的速率增长，用 $N_t = N_0 e^{rt}$ 检验是否如此，及人口加倍时间。

$$N_t = 3.06 \times 10^9 \times e^{0.02(t-1961)}$$

结果发现这个公式非常准确地反映了在 1700 年到 1961 年估计人口的总数。

人口加倍时间为：$\frac{N_t}{N_0} = e^{rt} = 2$

$$t = \frac{\ln 2}{r} = \frac{0.6931}{0.02} = 34.6 \text{（年）}$$

计算得到世界人口增加一倍需要 34.6 年，与世界人口大约每 35 年增加一倍相符。按此增长率计，到 2510 年，世界人口约为 2×10^{14}。

只要种群初始量不大，作出预测的时间比较短，这个模型是可取的。对种群在不同时间、不同密度时的增长率（r）进行比较，有利于深入了解种群数量变动机制。当种群初始数量很大或作出预报时间很长时，此模型就可能不准确了，因为种群数量受许多因子的制约，如天敌、竞争、不良气候等，最终将受到食物短缺、空间不足的限制。无限环境是不存在的，如细菌一般每小时可以繁殖 3 个世代，在 36 小时内将完成 108 个世代，到那时，它的数量可以布满全球 1 尺厚，再过一个小时它的厚度将超过每个人的头顶，这是在无限环境下食物足够、条件适宜时的增长，其实这是不可能出现的。r 可以看成为种群增殖能力的一个综合指标，它直观地由出生率与死亡率表现出来，而出生率和死亡是受种群内部的年龄结构、世代时间等因素的影响，对环境条件的变化也非常敏感，所以 r 不可能长期保持定值。

3.2.2　种群在有限环境下的逻辑斯蒂增长模型

3.2.2.1　模型来源及形式

1838 年比利时的数学家弗胡斯特（Verhulst）从指数方程出发，认为种群可利用的食物量总有一个最大值，它是种群增长的一个限制因素。种群的增长越接近这个上限，其增长率越慢，直至停止增长，这个最大值称为容纳量（K）。这样有限环境下种群数量增长的数学模型为：

$$\frac{dN}{dt} = rN\left(\frac{K-N}{K}\right)$$

这就是逻辑斯蒂方程。1920 年美国社会学家珀尔（Pearl）研究美国人口，得到与 Verhulst 同样的公式。Pearl 立即注意到 Verhulst 的论文并介绍出来。此后这个公式就称为 Verhulst-Pearl 的逻辑斯蒂模型。由上述公式推导得到

$$N_t=\frac{K}{1+e^{a-rt}}$$

式中，K、e、r、t 意义如上，新参数 a，其数值取决于 N_0，是表示曲线对原点的相对位置的。

3.2.2.2 模型的生物学意义

逻辑斯蒂方程的微分方程式$\frac{dN}{dt}=rN\left(\frac{K-N}{K}\right)$中，与指数方程的差别，在于增加一个修正项（$1-N/K$）。按照逻辑斯蒂模型的描述，在有限环境下种群数量是S型曲线，而不是J型曲线，见图3-3。S型曲线有一条上渐近线，这就是 K 值即环境容纳量。

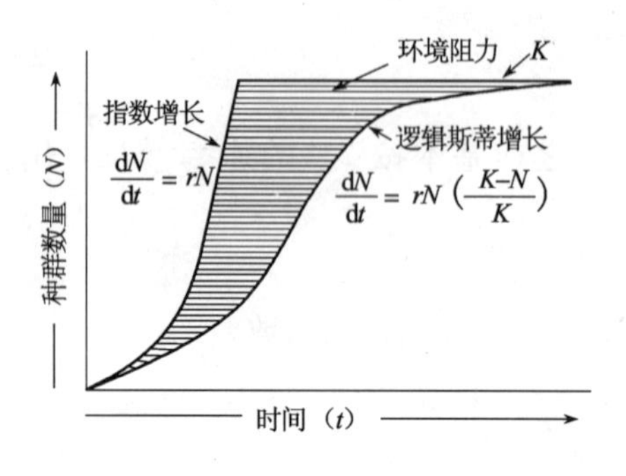

图3-3　种群增长型比较

模型中的($1-N/K$)所代表的生物学意义是未被个体占领的剩余空间。若种群数量（N）趋于零，则（$1-N/K$）接近于1，即全部K空间几乎未被占据和利用，这时种群呈现指数增长；若种群数量（N）趋向于K，则（$1-N/K$）逼近于零，全部空间几乎被占满，种群增长极缓慢直到停止；种群数量由零逐渐增加，直到K值，种群增长的剩余空间逐渐变小，种群数量每增加一个个体，抑制增长的作用就是$1/K$，这种抑制性影响称为环境阻力，也有人称为拥挤效应。

逻辑斯蒂曲线的参数 r、K 不仅有明确的生物学含义，而且扩展出一些有用的概念。瞬时增长率（r）潜在的最大值称为生物潜能，潜在最大增长率与实验室或野外观察到的增长率之差，常被称为环境阻力。

在一个无法预测的环境中，有一个略大的 r 值将有助于种群利用机会迅速恢复，但是大的 r 值迫使种群随着环境波动而变化，不利于种群调节作用；相反，较小的 r 值意味着一个较长的反应时间，其优点是种群可以保持稳定性，并且可以使环境变化只以平均值体现出来，缺点是在外部损伤性干扰下恢复缓慢。

高斯（1934年）在试管中研究了两种草履虫在有限而稳定的环境中的增长情况，可以用逻辑斯蒂曲线很好地拟合。

在自然界中，野外种群不可能长期连续增长。由少数个体开始装满“空”环境的情况比较少见，只有把动植物引入海岛或某些新居住地，其种群增长的少数实例才能见到。

1911年人们将10头雄鹿和21头雌鹿引入位于阿拉斯加，面积41平方英里的圣·保罗岛，1938年驯鹿连续上升到2000头左右，然后由于栖息场所被破坏，驯鹿数量骤然下降，到1950年时只余下8头。另一个面积为35平方英里的圣·乔治岛也基本如此，1911年将3头雄鹿和12头雌鹿放在岛上，1922年岛上驯鹿增长到222头，然后减少到40～60头。而两个岛都是很少受干扰的原始寒漠，没有捕食者和人为狩猎。

虽然野外种群增长的数据较少，但足以说明，在一定条件下，种群在短期内表现为逻辑斯蒂增长，甚至指数增长，但在逻辑斯蒂增长之后，稳定在 K 值，则没有证据。自然界情况复杂，J型和S型增长只能代表两种典型情况，实际种群数量增长的变型可能很多。

3.3 生态对策

每种生物都有其独特的出生率、死亡率、大小和寿命等生态特征。有的生物出生率高，寿命短，个体小，存活率低；有的出生率低，寿命长，个体大，存活率高。这些相互关联的特征是生物适应周围环境，长期进化过程中逐步形成的。生物适应所生存环境并朝着一定方向进化的“对策”叫做生态对策。

自然界中生物的生态对策是多种多样的。1962 年，Mac Arthur 首先提出了 K-选择和 r-选择的概念。K-选择的生物种群比较稳定，种群密度常处于 K 值（环境容纳量）周围，可称为 K-对策者。它们通常出生率低，寿命长和个体大，具有较完善的保护幼体的机制。子代死亡率低，一般扩散能力较弱，但竞争能力较强，即把有限能量资源较多地投入到提高竞争能力上，适应于稳定的栖息生境。r-选择的生物，它们的种群密度很不稳定，很少达到 K 值，大部分时间保持在逻辑斯蒂曲线的上升段，为高增长率。属于 r-选择的生物称为 r-对策者。通常出生率高、寿命短、个体小，常常缺乏保护后代的机制，子代死亡率高。通常有较大的扩散能力，适应多变的栖息生境。需要指出，在典型的 K 对策种和 r 对策种之间，存在无数的过渡类型，有的更接近 r-对策，有的更接近 K-对策，这是一个连续的谱系，称为 r-K 连续对策系统。

r-对策者和 K-对策者主要特征见表 3-2。

表 3-2　r-对策者和 K-对策者主要特征的比较

特征	r-对策者	K-对策者
气候条件	多变的，不确定的	稳定的，较为确定
死亡率	常是灾难性的，非密度制约的	密度制约的
存活曲线	Deevey C 型	Deevey A、B 型
种群密度	不稳定，通常低于 K 值	稳定，通常在 K 值附近
迁移能力	强，适于占领新的生境	弱，不易占领新的生境
种间竞争能力	较弱	较强
选择有利于	快速发育	缓慢发育
	高 r 值	高竞争能力
	提早生育	延迟发育
	体型小	体型较大
寿命	短，常少于一年	长，常大于一年
对子代投资	小，常缺乏抚育和保护机制	大，具完善的抚育和保护机制
能量分配（植物）	较多地分配给繁殖器官	较多地用于逃避死亡和提高竞争能力

一般来说，大型生物多属于 K-对策者，小型生物多属于 r-对策者。人们通常在脊椎动物和大型种子植物中找到典型的 K-对策者，而在细菌、昆虫和一年生草本植物中发现 r-对策者。但是同一种群的不同个体，由于它们生存环境不同，有着不同的生态对策趋向。如对于种类繁多，又具有复杂变态的昆虫，生态对策并不限于 r-对策，许多热带蝶类，如闪蝶，它们的个体通常很大，寿命长，种群稳定。这些特征使它们位于 r-K 连续体靠近 K-选择一端。

3.4 种内关系和种间关系

自然界中生物通过各种各样的关系而发生相互作用和相互影响，我们把存在于各个生物种群内部的个体与个体之间的关系称为种内关系，而将生活在同一生境中所有不同物种之间的关系称为种间关系。种内种间关系是种群数量变化的两个重要因素，讨论种内种间关系对于进一步认识种群动态变化特征和了解生物群落的性质具有重要意义。

3.4.1 种内关系

在种内关系方面，动物种群和植物种群的表现有很大的区别。动物种群的种内关系主要表现在等级性、领域性、集群和分散等行为上，而植物种群主要表现在个体间的密度效应，也就是在一定时间内，种群密度增加所引起的邻接个体之间的相互影响，或称为邻接效应。密度效应主要反映在个体产量和死亡率上。

3.4.1.1 最后产量恒值法则

在一定范围内，当条件相同时，不管一个种群的密度如何，最后产量差不多总是一样的。Donald 观察不同播种密度车轴草的产量，结果发现，虽然第 62 天后的产量与密度呈正相关，但到最后的 181 天，产量随密度恒定的规律，即在很大播种密度范围内，其最终产量是相等的。

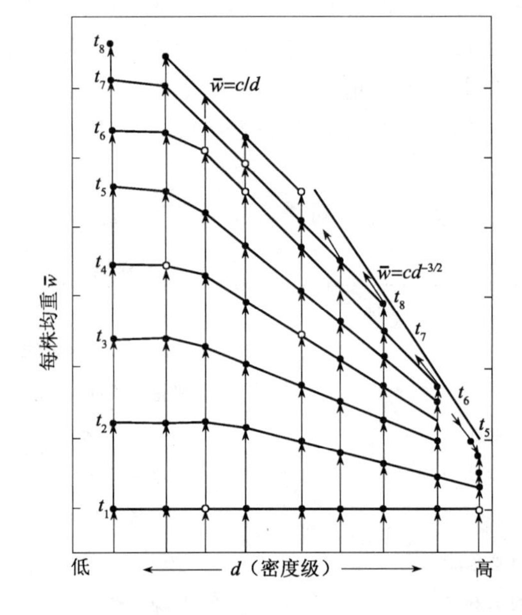

图 3-4 “产量衡值法则”和“−3/2 自疏法则”图解（仿 Ehrlich，1987）

最后产量恒值法则可用公式表示为：

$$Y=\overline{w}d=K_i$$

式中 Y——单位面积总产量；

w——植物个体平均重量；

d——密度；

K_i——常数。

3.4.1.2 “−3/2 自疏法则”

随着植株播种密度进一步提高和高密度播种下植株的继续生长，种内个体对资源的竞争不仅影响到植株生长发育的速度，而且影响到植株的存活率。在高密度的样方中，有些植株死亡了，于是种群开始出现“自疏现象”。

Yoda 等（1963）把自疏过程中植株存活个体的平均干重（w）与种群密度（d）之间的关系用下式表达：

$$w=Cd^{-a}$$

式中，a 为−3/2 区间内的一个恒值，因此有人把上面经验公式称为−3/2 自疏法则。

3.4.2 种间关系

种间关系的形式很多，有的是对抗，有的是互助互利，在这两个极端之间还有许多其他形式。种间关系是构成生物群落的基础，所以种间关系的研究是种群生态学与群落生态学之间的界面。表 3-3 列举了两个物种之间相互关系的基本类型。

表 3-3　两个物种种群相互作用分析

相互作用类型	物种 1	物种 2	相互作用的一般特征
中立	0	0	两个物种彼此不受影响
竞争：直接干涉竞争	−	−	每一物种直接抑制另一个
竞争：资源利用型	−	−	资源缺乏时的间接抑制
偏害	−	0	种群 1 受抑制，2 无影响
寄生	+	−	种群 1 寄生者，通常较宿主 2 的个体小
捕食	+	−	种群 1 捕食者，通常较猎物 2 的个体大
偏利	+	0	种群 1 受益，2 无影响
原始合作	+	+	两个物种都有利，但不是必然的
互利共生	+	+	两个物种必然有利

注："0"表示没有意义的相互关系；"+"表示对生长、存活或其他种群特征有益；"−"表示种群生长或其他种群特征受到抑制。

3.4.2.1　种间竞争

竞争是具有相似要求的物种，为了争夺有限的空间和资源，各方都力求抑制对方，结果给双方带来不利影响。种内个体由于其生物学特性都相同，因而在种群密度过大时常常发生激烈的竞争。种间竞争的性质与种内竞争有质的区别——种间竞争常常是一方取得优势而另一方受压抑甚至被消灭。

竞争可以分为两种情形，一类为直接干涉型或相互抑制型，即两个种群都对对方起直接抑制作用，从而给对方带来负影响；另一类为资源利用型或资源竞争型，即在资源缺少时互相抑制对方，当资源充足时，这种抑制作用不明显。

1. 竞争排斥原理

前苏联生态学家高斯（G. F. Cause）(1934）选择在分类和生态习性上很接近的双核小草履虫和大草履虫进行竞争实验研究。两种草履虫单独培养时都表现出典型的"S"型增长曲线。当把等量的双核小草履虫和大草履虫一起培养时，初期两种草履虫都有增长，随后由于双核小草履虫增长快，16 天后只有双核小草履虫生存，而大草履虫完全灭亡（图 3-5）。原因是这两个物种在竞争食物资源过程中，增长快的双核小草履虫排挤了增长慢的大草履虫。这个实验结果就称为竞争排斥原理或高斯假说，可概括为：生态位相近（如食物、利用资源方式相同等）的两个种不能在同一地区长期共存。

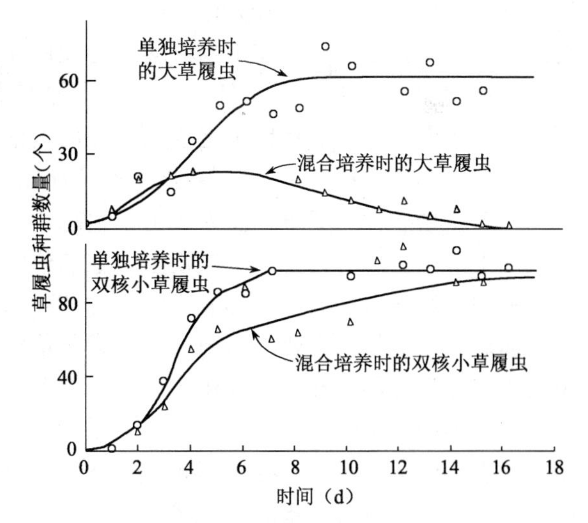

图 3-5　两种草履虫单独和混合培养时的种群动态（李博等，1993）

2. 生态位

竞争排斥原理认为生态位相近的种不能长期共存。这里就需要了解生态位的概念。最早由 Grinell（1917）提出生态位，用来描述一种生物在环境中的地位。Elton（1927）给生态位的定义是“指物种在生物群落中的地位和角色”。

Hutchinson（1957）认为可以把生态位看成在多维空间中一个物种能够存活和繁殖的范围。例如，研究一个物种与温度的关系，确定这个物种在温度方面的忍受幅度，即一维生态位。假如有两个环境变量，如温度和湿度，它可以用二维平面图表示（图 3-6）。当环境变量增加到三个或更多（如 pH、食物、光强等）时，就形成三维或多维空间。因此，Hutchinson 把生态位叫做超体积生态位或多维生态位。他还认为在生物群落中，某一物种所能栖息的理论最大空间，称为基础生态位，但实际上很少有一个物种能全部占据基础生态位。当有竞争者时，该物种只能占据基础生态位的一部分，这一部分实际占有的生态空间叫实际生态位。竞争者种类愈多，各个种占有的实际生态位越小。

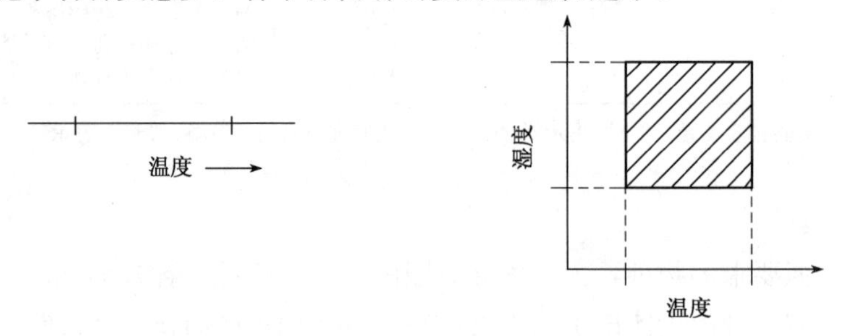

图 3-6　假设的一维和二维生态位（郑师章等，1994）

Odum 总结前人对生态位的解释之后认为，生态位不仅包括有机体的群落类型、生境和物理条件，而且还包括它在生物群落中的地位和角色（如营养位置等）以及它们在温度、湿度、pH、土壤和其他生活条件的环境变化梯度中的位置。也就是说生物的生态位不仅决定于它们在哪里生活，而且也决定于它们如何生活以及它们如何受到其他生物的约束。Odum 把栖息地比喻是生物的“住址”，把生态位比做生物的“职业”。

生态位概念常与竞争相联系。由于生态位接近的两个种不能在同一生境中永久共存，能够长期生活在一起的物种，必然发生了生态位的分化。Gause 曾用双核小草履虫与袋状草履虫放在同一培养皿中培养，形成了两物种共存的结局。仔细观察发现，双核小草履虫多生活于培养皿的中上部，主要以细菌为食，袋状草履虫生活于底部，主要以酵母为食，两种草履虫出现了食性和栖息环境的分化，因此能共存，但其数量均低于单独培养。

自然界中稳定的群落，每一个种都有其独特的生态位，一个群落是各个物种间相互作用、生态位分化的机能系统，明确这个概念，对正确认识物种在自然选择进化过程中的作用以及在运用生态位理论指导人工群落建立，特别是园林植物的配置等方面具有十分重要的意义。

竞争排斥原理及生态位概念在生产实践中具有重要意义。如在进行引种工作中，新引入的物种应与当地乡土种的生态位有一定差异，否则将发生激烈竞争而将新引进物种排挤掉。新引进物种的数量往往处于劣势，所以易在竞争中失利。为了引种成功可以从以下方面努力：①引入大量个体，以取得竞争胜利；②引入适合当地“空生态位”的物种；③引入种与当地种之间生态位重叠不宜过大。

3.4.2.2 共生

在自然界里，种间共生形式多种多样，合作的程度也有浅有深，效果可以是互惠的，也可以是单方受益，另一方无损。

1. 偏利共生

仅一方有利称为偏利共生。附生植物，如兰花，生长在乔木的枝上，使自己获得阳光，根部从潮湿的空气中吸收营养。藤壶附生在鲸鱼或螃蟹背上等，都是被认为对一方有利，另一方无害的偏利共生。

2. 互利共生

对双方有利称为互利共生。互利共生的类型是很丰富的。根瘤菌与豆科植物根之间是典型的互利共生关系。地衣是大家所熟知的。它是藻类与真菌的共生体，藻细胞进行光合作用为地衣植物体制造有机养分，而真菌吸收水分和无机盐，为藻类进行光合作用提供原料，二者已达到形态上统一、机能上相互依存的地步，形成了真菌藻类共生体——地衣。

真菌从高等植物根中吸收碳水化合物和其他有机物，或利用根系分泌物，反过来它为高等植物提供氮素和矿物质，二者互利共生。许多植物若没有菌根就不能正常生长。如松树在没有共生真菌的土壤里，吸收养分很少，生长缓慢甚至死亡。同样，某些真菌若不与一定的高等植物根系共生，也将不能存活，双方形成了彼此不能缺少、互为依赖的共生关系。

互利共生还有更广泛的形式，如一般植物根系与根际微生物的互利共生、与传粉昆虫的互利共生、植物种子与传播动物的互利关系等。

3.4.2.3 协同进化

捕食者与被食者、寄生者与寄主，存在着对立统一关系。对于被食者来说，捕食者是其“天敌”，它们对被食者产生有害作用。然而另一方面，在长期的进化过程中，捕食者和被食者、寄生者和寄主也形成了一定程度的协同，这使得负作用倾向于减弱。

假若某些捕食者在捕杀被食者时有更好的捕食能力，那么它就在以后世代更易得到后代。因此，自然选择有利于更有效的捕食。但当捕食过分有效时，捕食者就可能把被食者消灭，然后捕食者也因饥饿而死。因此，在进化过程中，捕食者不能对被食者过捕，这就是一种协同进化。

种群内部的协同也很普遍。如植物种群的个体多是成丛生长，孤生十分罕见。据观察研究，高等植物的幼苗在集聚的状态下更适于生存。协同进化也可以发生在种群和它的环境之间。通过种群数量动态和遗传结构动态研究，人们认识到种群的自我调节机制，种群和它的环境是高度协调的，并共同向前发展。生物种群与环境的关系当然也包括人与环境的关系。不过，人和一般的生物不同，人类具有更大的能力，既具有建设性，又具有毁灭性。总体上，人类社会生产所依赖的主要不是原始的生物种群或群落，而是经过改造的有再生经济价值的人工种群或人工群落，这又是一种协同关系。

3.5 种群生态学原理在建筑领域的应用

对于建筑学领域来说，种群生态学显得比较陌生，实际上，种群生态学原理体现在自然界和人类社会的方方面面，对于建筑学领域也不例外。

3.5.1 人口的年龄结构

一个国家或地区人口的年龄结构不仅对未来人口发展的类型、速度和趋势等有重大的影响，而且对今后的经济发展也将产生一定的作用。以年龄划分人口的时候，大致上有三种类型：

一种是成长型。即出生率大大超过死亡率，人口中的青少年比例非常大。这种类型的社会人口将会在较短的时间内快速地增加，因而根本就不用担心劳动力的问题。在20世纪80年代，绝大多数发展中国家和地区的人口属于年轻型。这些国家和地区的少年儿童比重较高，育龄妇女人群大，即使在妇女生育率水平不变的情况下，未来人口的增长速度仍然是较快的。因此未成年人口的社会经济问题，如儿童、少年和青年的抚养、教育、就业以及住宅等问题，成为这些国家和地区所面临的主要人口问题。

第二种是稳固型，即人口的出生率与死亡率大抵相当。青壮年占社会人口的中等偏上。这种类型的社会中人口的数量会保持在一个较为稳定的状态中，不会出现较大幅度的增加或减少。

第三种是衰老型，即人口的出生率略低于或等于死亡率，老年人在人口中所占比例较大，并且会越来越大。这种类型的社会人口趋于老化和减少。大多数发达国家和地区的人口属于年老型，他们的老年人口比重相对较高，育龄妇女人群小，未来人口的增长速度仍然是很低的。这样，老年人的照顾、赡养、医疗保健和未来劳动力是否充裕等问题，以及劳动力的缺乏，则成为这些国家和地区的主要人口问题。

人口年龄结构及其变化趋势不可避免地对建筑的成本和需求产生极大的影响，针对不同国家和地区进行建筑开发时，应考虑人口年龄结构因素。中国即将进入老年型社会，如何针对老年人的特点进行设计成为建筑学领域越来越重视的一个课题。

3.5.2 建筑规划与生物保护

一个人类居住区的建成往往意味着一块动植物栖息地的消失，在全球范围内，随着城市扩大化和大量土地被开垦成农田，自然界生物的生存空间被逐渐压缩，越来越多的物种面临灭绝的危险，随着自然栖息地的破坏，首当其冲的是不适应环境变化的K-对策种，如老虎、大象等。在建筑的规划中，应尽量留出尽可能多的自然空间，以满足各物种对食物和空间的要求。

3.5.3 建筑的绿化与防止生物入侵

在自然界，由于地理、地貌和气候等因素的影响，每一个物种都被限制在一定的区域内生存发展，这些物种即本地乡土物种。虽然物种自身能够通过种子、花粉等的扩散传播而发生迁移，但如果没有人类活动的影响，这种自然迁移速度很慢。外来种是指在一定区域内历史上没有自然分布而被人类活动直接或间接引入的物种。外来种与外来入侵种具有不同的涵盖范围，前者仅指物种是传入或引入的，没有明确其对传入地的利害关系，而后者则强调这种外来种对传入地带来了生态等方面的危害。

当地物种经过漫长历史时期的进化，已经适应了当地的自然条件。生态系统中的不同物种对资源的利用是相互关联的，存在着错综复杂的平衡。例如红松原始林，经过漫长的协同进化，动物、植物、微生物之间有着极其微妙的平衡和高度的协调关系，具有最大的生物量和环境生态功能。任何在当地条件下生存下来的外来物种，都有可能打破这种平衡，直接杀死当地植物或者与当地植物争夺空间和养分。一旦当地植物种群大量减少，依赖当地植物提供适宜的食物和栖息地的许多其他物种（例如鸟类、哺乳类、无脊椎动物和菌类）也将减少甚至消失。这种格局将降低生态系统抵御病虫害爆发的能力。外来物种要么由于不能适应当地环境条件而无法存活，要么疯狂生长而破坏天然生态系统。外来物种对生态环境的入侵已经成为生物多样性丧失的主要原因之一。因此城市或建筑的绿化需要注意引用乡土种类，防止生物入侵。

本 章 小 结

在自然界中，任何生物都是以种群的形式生存和繁衍，种群是物种存在的基本单位，具有自己独立的数量特征、空间特征和遗传特征。在适应环境的过程中，不同的种群采取不同的生态进化对策。在种群内部和不同的种群之间存在着竞争、共生以及协同进化关系。在建筑学领域，种群生态学对于建筑设计如何适应人口结构的变化以及建筑规划如何与生物保护相协调等方面有着重要的指导意义。

思 考 题

3-1　在建筑规划设计中如何体现种群生态学原理？
3-2　如何有效地避免引种过程中的生物入侵问题？

习　题

3-1　种群有哪些基本特征？
3-2　试述逻辑斯蒂增长模型及其生物学意义。
3-3　r-对策生物和 K-对策生物有什么特点？
3-4　试述种间关系的几种类型。
3-5　什么是－3/2 自疏法则？

第4章 生物群落

本章主要内容：

生物群落是特定生境下若干生物种群有规律的组合，具有一定的形态结构与营养结构，执行一定的功能，是生态系统中具有生命的部分。本章主要讲述生物群落的特征、组成、结构、动态演替、地球上的各种生物群落和城市植被以及生物群落理论在建筑领域中的应用。

4.1 生物群落的概念及特征

4.1.1 生物群落的定义

生物有机体或种群在自然环境中不是孤立地生存，他们根据自身的生理需要与周围生物或非生物环境相互作用，维持一定的相互关系。一个自然群落就是在一定地理区域内，生活在同一环境下的动物、植物和各种微生物种群的集合体。可见，由于考虑了相互作用的有机体全局以及它们本身的相互关系，而使群落构成一个具有内在联系和共同规律的有机整体。

早在1807年，近代植物地理学的创始人 Alexander Humboldt 首先注意到自然界植物的分布不是零乱无章的，而是遵循一定的规律而集合成群落，并指出每个群落都有其特定的外貌，它是群落对生境因素的综合反应。1909年，丹麦植物学家 Eug. Warming 出版了《植物生态学》经典著作，副标题为“植物群落研究引论”。该书中群落定义为：“一定的物种所组成的天然群聚”，“形成群落的物种具有同样的生活方式，对环境有大致相同的要求，或一个种依赖于另一个种而生存，……似乎在这些种之间有一种明显的共生现象。”同一时期，俄国的植物群落学研究也有了较大的发展，并形成一门以植物群落为研究对象的科学——地植物学（植物群落学的同义语）。

另一方面，有些动物学家也注意到不同动物种群的群聚现象。德国生物学家 Karl Mobius（1877）在研究海底牡蛎种群时，注意到牡蛎只出现在一定的盐度、温度、光照等条件下，而且总与一定组成的其他动物（鱼类、甲壳类、棘皮动物）生长在一起，形成比较稳定的有机整体，Mobius 称这一有机整体为生物群落。之后，生物群落生态学的先驱者V. E. Shelford（1911）对生物群落定义为“具有一致的种类组成且外貌一致的生物聚集体”。美国著名生态学家 E. P. Odum（1957）在他的《生态学基础》一书中，对这一定义做了补充，除种类组成与外貌一致外，还“具有一定的营养结构和代谢格局”，“它是一个结构单元”，“是生态系统中具生命的部分”。并指出群落的概念是生态学中最重要的原理之一，因为它强调了这样的事实，即各种不同的生物在有规律的方式下共处，而不是任意散布在地球上。比利时的Paul Duvigneaud（1974）在他的《生态学概论》中对群落做出相似的定义："群落是在一定时间内居住于一定生境中的不同种群所组成的生物系统；它虽然是由植物、动物，微生物等各种生物有机体组成，但仍是一个具有一定成分和外貌比较一致的组合体；一个群落中的不同种群不是杂乱无章的散布，而是有序而协调地生活在一起。"

综上，生物群落为特定空间或特定生境下若干生物种群有规律的组合，它们之间以及它们与环境之间彼此影响，相互作用，具有一定的形态结构与营养结构，执行一定的功能。也可以说，生态系统中具有生命的部分就是生物群落。

4.1.2　生物群落基本特征

从上述定义中，可知一个生物群落的基本特征如下：

1. 具有一定的物种组成：每个群落都由一定的植物、动物、微生物种群所组成，因此，物种组成是区别不同群落的首要特征。一个群落中种类成分的多少及每种个体的数量，是度量群落多样性的基础。

2. 不同物种之间的相互影响：生物群落中的物种有规律地共处，即在有序状态下生存。虽然生物群落是生物种群的集合体，但不是说一些种的任意组合便是一个群落。一个群落的形成和发展必须经过生物对环境的适应和生物种群之间的相互适应。生物群落并非各个种群的简单集合。哪些种群能够组合在一起构成群落，取决于以下两个条件：第一，必须共同适应它们所处的无机环境；第二，它们内部的相互关系必须取得协调、平衡。因此，研究群落中不同种群之间的关系是阐明群落形成机制的重要内容。

3. 形成群落环境：生物群落对其居住环境产生重大影响，并形成群落环境。如森林中的环境与周围裸地就有很大的不同，包括光照、温度，湿度与土壤等都经过了生物群落的改造。即使植物非常稀疏的荒漠群落，对土壤等环境条件也有明显改变。

4. 具有一定的外貌和结构：生物群落是生态系统的一个结构单位，它本身除具有一定的种类组成外，还具有外貌和一系列结构特点，包括形态结构、生态结构与营养结构。如生活型组成，种的分布格局、成层性、季相、寄生和共生关系等。但其结构常常是松散的，不像一个有机体结构那样清晰，因而有人称之为松散结构。

5. 一定的动态特征：生物群落是生态系统中具生命的部分，生命的特征是不停地运动，群落也是如此。其运动形式包括季节动态、年际动态、演替与演化。

6. 一定的分布范围：任何一个生物群落都分布在特定地段或特定生境上，不同群落的生境和分布范围不同。无论从全球范围还是区域角度看，不同生物群落都是按着一定的规律分布。

7. 群落的边界特征：在自然条件下，有些群落具有明显的边界，可以清楚地加以区分；有的则不具有明显边界，而处于连续变化中。前者见于环境梯度变化较陡，或者环境梯度突然中断的情形，如地势变化较陡的山地垂直带、断崖上下的植被、陆地环境和水生环境的交界处，如池塘、湖泊、岛屿等。但两栖类（如青蛙）常常在水生群落与陆地群落之间移动，使原来清晰的边界变得复杂。此外，火烧、虫害或人为干扰都可造成群落的边界。常见于环境梯度连续缓慢变化的情形。大范围的变化如森林和草原的过渡带，草原和荒漠的过渡带等；小范围的变化如沿一缓坡而渐次出现群落替代等。但在多数情况下，不同群落之间都存在过渡带，被称为群落交错区，并导致明显的边缘效应。

4.2 生物群落的种类组成

物种组成是决定生物群落性质最重要的因素，也是鉴别不同群落类型的基本特征。群落学研究一般都从分析物种组成开始。

为了弄清生物群落的物种组成，首先要选择样地，即能代表所研究群落基本特征的一定地段或一定空间。所取样地应保持环境条件的一致性与群落外貌的一致性，最好处于群落的中心位置，避免过渡地段。样地位置确定之后，还要确定样地的面积，因为只能在一定的面积上进行登记。对于不同的群落类型，其样地大小也不相同，确定样地大小的依据是群落最小面积。就是说至少要求这样大的空间，才能包括组成群落的大多数物种。植物群落的最小面积比较容易确定，但动物群落的最小面积较难确定，常采用间接指标（如根据大熊猫的粪便、觅食量等指标）加以统计分析，确定其最小面积。

群落最小面积，可以反映群落结构特征。组成群落的物种越丰富，群落的最小面积越大。如西双版纳热带雨林，由于环境条件优越，群落结构复杂，物种多样性十分丰富，其最小群面积可达 $2500m^2$，群落内主要高等植物在 130 种左右；而东北小兴安岭红松林群落，最小面积为 $400m^2$，主要高等植物仅 40 种左右。

4.2.1 种类组成的性质分析

对群落的物种组成进行逐一登记后，可以得到一份生物群落的生物种类名录（一般是高等植物名录或动物名录，根据研究目的而定，但很少可能包括全部生物区系）。群落的物种组成情况在一定程度上反映出群落的性质。以我国亚热带常绿阔叶林为例，群落乔木层的优势种类总是由壳斗科、樟科和山茶科植物构成，下层则由杜鹃科、山矾科、冬青科等植物构成。又如分布在高山上的植物群落，主要由虎耳草科、石竹科、龙胆科、十字花科、景天科的某些物种构成，村庄、农舍周围的群落多半由一些伴人植物如常见的藜科、苋科、菊科、荨麻科等植物组成。组成群落的植物种类中，在群落中起的作用是不同的，按照作用又可以对种类作如下的划分。

1. 优势种和建群种　对群落的结构和群落环境的形成有明显控制作用的植物种称为优势种，它们通常是那些个体数量多、投影盖度大、生物量高、体积较大、生活能力较强即优势度较大的种。群落的不同层次有各自的优势种，如森林群落中，乔木层，灌木层，草本层和地被层分别存在各自的优势种，其中乔木层的优势种，即优势层的优势种常称为建群种。

群落中的建群种只有一个，称为“单建群种群落”或“单优种群落”。若具有两个或两个以上同等重要的建群种，就称为“共优种群落”或“共建种群落”。热带雨林几乎全是共建种群落，北方森林和草原则多为单优种群落。

应该强调，生态学上的优势种对整个群落具有控制性影响，如果把群落中的优势种去除，必然导致群落性质和环境的变化；但若把非优势种去除，只会发生较小或不显著的变化，因此不仅要保护那些珍稀濒危植物，而且也要保护那些建群植物和优势植物，它们对生态系统的稳定起着举足轻重的作用。

2. 亚优势种　亚优势种是指个体数量与作用都次于优势种，但在决定群落性质和控制群落环境方面仍起着一定作用的植物种。在复层群落中，它通常居于较低的亚层。

3. 伴生种　伴生种为群落中的常见种类，它与优势种相伴存在，但不起主要作用。

4. 偶见种或罕见种　偶见种是那些在群落中出现频率很低的种类，多半是由于种群本身数量稀少的缘故。偶见种可能偶然地由人们带入或随着某种条件的改变而侵入群落中，也可能是衰退中的残遗种。有些偶见种的出现具有生态指示意义，有的还可作为地方性特征种来看待。

4.2.2　种类组成的数量特征

有了一份较为完整的群落生物名录，只能说明群落中有哪些物种，想进一步说明群落特征，还必须研究不同性质的种类数量关系。对种类组成进行数量分析，是近代群落分析技术的基础。

4.2.2.1　个体数量指标

1. 多度　多度指调查样地上某物种个体数目，是不同物种个体数目多少的一种相对指标。对于高大乔木的多度可采用记名计数法进行调查，而群落内草本植物（有时包括一些灌木）的调查，多采用目测估计法。国内常采用 Drude 的七级制多度等级，即：

Soc（Sociales）	极多，植物地上部分郁闭
Cop3（Copiosae）	数量很多
Cop2	数量多
Cop1	数量尚多
Sp（Sparsal）	数量不多而分散
Sol（Solitariae）	数量很少而稀疏
Un（Unicum）	个别或单株

同一样地内某一物种的多度占全部物种多度之和的百分比称为相对多度，而样地内某一物种的多度与样地内物种的最高多度比称为多度比。

2. 密度　指单位面积或单位空间内的个体数目。一般对乔木、灌木和丛生草本以植株或株丛计数，根茎植物以地上枝条计数。样地内某一物种的个体数目占全部物种个体数目之和的百分比称作相对密度。某一物种的密度占群落中密度最高的物种密度的百分比称为密度比。

3. 盖度　指植物地上部分垂直投影面积占样地面积的百分比，即投影盖度。后来又出现了“基盖度”的概念，即植物基部的覆盖面积。对于草原群落，常以离地面 1 英寸（2.54cm）高度的断面计算；对森林群落，则以树木胸高（1.3m 处）断面积计算。乔木的基盖度称为显著度。群落中某一物种的盖度占所有物种盖度之和的百分比，即相对盖度或相对显著度。某一物种的盖度占盖度最大物种的盖度的百分比称为盖度比或显著度比。

4. 频度　即某个物种在调查范围内出现的频率。指包含该种个体的样方数占全部样方数的百分比，即：频度＝某物种出现的样方数/样方总数×100％。群落中或样地内某一物种的频率占所有物种频率之和的百分比，称为相对频度；样地内某一物种的频度与样地频度最高物种的频度比称为频度比。

5. 高度　作为测量植物体的一个指标，测量时取其自然高度或绝对高度。

6. 重量　用来衡量种群生物量或现存量的指标。可分鲜重与干重。

4.2.2.2 综合数量指标

1. 优势度 用以表示一个物种在群落中的地位与作用，但其具体定义和计算方法各家意见不一。Braun-Blanquet 主张以盖度、所占空间大小或重量来表示优势度，并指出在不同群落中应采用不同指标。苏卡乔夫提出，多度、体积或所占据的空间、利用和影响环境的特性、物候动态均应作为某个物种优势度指标。有的认为盖度和密度是优势度的度量指标。也有的认为优势度即“盖度和多度的总和”或“重量、盖度和多度的乘积”等等。

2. 重要值 也是用来表示某个物种在群落中的地位和作用的综合数量指标，因为它简单、明确，所以在近些年来得到普遍采用。重要值是美国的 J. T. Curtis 和 R. P. Mclntosh 首先使用的，他们在威斯康星研究森林群落连续体时，用重要值来确定乔木优势度或显著度，公式如下：

重要值（I. V.）＝相对密度＋相对频度＋相对优势度

用于草原群落时，可用相对盖度代替相对优势度：

重要值＝相对密度＋相对频度＋相对盖度

4.2.3 物种多样性

生物多样性可定义为“生物中的多样化和变异性以及物种生境的生态复杂性”。它包括植物、动物和微生物的所有种及其组成的群落和生态系统。生物多样性一般有遗传多样性、物种多样性、生态系统与景观多样性三个水平。遗传多样性指地球上生物个体中所包含的遗传信息之总和；物种多样性指地球上生物有机体的多样化；生态系统多样性涉及的是生物圈中生物群落、生境与生态过程的多样化。景观多样性是指与环境和植被动态相联系的景观斑块的空间分布特征。本节仅从群落特征角度来叙述物种多样性，不涉及生物多样性的其他领域。

4.2.3.1 物种多样性的定义

Fisher，Corbet 和 Williams（1943）首次提出物种多样性的名词，指的是群落中物种的数目和每一物种的个体数目。但后来不同学者赋予它不同的特定含义：有的指不同群落中的个体数目（Williams，1964），群落或生境中物种的数目多少（Mac Arther，1965），或称物种的数目及其个体分配均匀度两者的综合（Simpson，1949）。Whittaker（1972）提出三种物种多样性的概念：α 多样性，某些群落或样地中物种的数目；β 多样性，在一个梯度上，各群落种属组成的变化程度；γ 多样性，在一个地理区域内，一系列群落内物种的数目。目前生态学家趋向于把物种多样性理解为群落物种数目或丰富度和均匀度综合起来的一个单一统计量。一个群落由很多物种组成，且各组成物种的个体数目比较均匀，此群落的物种多样性指数高，反之低。

4.2.3.2 物种多样性的测定

测度物种多样性的数量指标，大都是建立在概率论和信息论基础之上。这里仅选几个有代表性的公式加以说明。

1. 物种丰富度指数

该指数是对一个群落中所有实际物种数目的测量（D）。

$$D=S/N$$

式中 S——物种数目；

N——所有物种个体数的总和。

2. 物种多样性指数

该指数是丰富度和均匀性的综合指标。两个最著名的计算公式如下：

(1) 辛普森多样性指数

辛普森（1949）提出的多样性指数（D_s），是最常用的多样性指标之一。

$$D_s = 1 - \sum_{i=1}^{s} P_i^2$$

式中　D_s——辛普森多样性指数；

S——群落中物种数目；

P_i——种 i 的个体数（N_i）占群落中总个体数（N）的比例，$P_i = N_i/N$。

辛普森多样性指数的最低值是 0，最高值（1-1/S）。前一种情况出现在全部个体均属于一个种的时候，后一种情况则出现在每个个体分别属于不同种的时候。

(2) 香农—威纳指数

该指数来自信息论，信息论中熵的公式原来是表示信息的紊乱和不确定程度的，我们也可以用来描述种的个体出现的紊乱和不确定性，这就是种的多样性。

$$H = -\sum_{i=1}^{s} P_i \log_2 P_i$$

式中　H——信息量；

s——物种数目；

P_i——第 i 种的个体数在全部个体中的比例。

信息量 H 越大，未确定性也越大，因而多样性也就越高。当 S 个物种中每一种恰好只有一个个体时，$P_i = 1/S$，信息量最大，即 $H_{max} = \log_2 S$；当全部个体为一个物种时，则信息量最小，即多样性最小，$H_{min} = 0$。

4.2.3.3　群落稳定性与多样性的关系

生物群落是生态系统有生命的部分，生态系统的平衡、稳定直接反映在群落组成结构的稳定性上。群落稳定性指维持群落的种类组成和结构的能力以及群落抵抗干扰并在短时间内恢复到原有状态的能力。它有四个含义，即现状的稳定、时间过程的稳定、抗变动能力和变动后恢复原状的能力。

多数生态学家认为，物种多样性是群落稳定性的一个重要尺度。如果在一个复杂的系统中，某些物种数量显著增加或减少，系统可用其复杂性来缓冲，如捕食者可以把他们的注意力集中到新近丰富的被食者上，或者相反；偏差被迅速纠正，也就是说复杂系统可以用改变群落中物种相互关系“消化”干扰。从群落能量学分析，多样性高的群落，食物链和食物网也趋于复杂，有很多食物通道，一个通道受阻，可能有其他的路线继续运行；而简单组成的生物群落，其食物网也较为简单，如果一个食物通道被堵塞，食物的传递很难通过另外的通道运行，群落容易受到伤害或瓦解。

4.3　生物群落的结构

群落结构也就是指生物群落的具体构成形式，主要是群落的空间结构及其生态内涵。

4.3.1 植物生活型

植物生活型是指生物对外界环境适应而形成的外貌形态。它是不同生物长期生活在同样环境条件下，表现出相似的适应特征。最常用的生活型系统是丹麦生态学家Raunkiaer生活型，他选择休眠芽在不良季节着生位置及保护方式作为划分生活型的标准，并依此把陆生植物划分为以下五类生活型。

1. 高位芽植物：休眠芽位于距地面25cm以上，又依高度分为四个亚类，即大高位芽植物（高度>30m）、中高位芽植物（8～30m）、小高位芽植物（2～8m）与矮高位芽植物（25cm～2m）。

2. 地上芽植物：更新芽位于土壤表面之上、25cm之下，多半为灌木、半灌木或草本植物。

3. 地面芽植物：又称浅地下芽植物或半隐芽植物，更新芽位于近地面土层内，冬季地上部分全部枯死，即为多年生草本植物。

4. 隐芽植物：又称地下芽植物，更新芽位于较深土层中或水中，多为鳞茎类、块茎类和根茎类多年生草本植物或水生植物。

5. 一年生植物：以种子越冬的一年生草本植物。

上述Raunkiaer生活型被认为是植物在其进化过程中对气候条件适应的结果。因此，它们可作为某地区生物气候的标志。

当将一个群落中全部种的生活型都记录下来以后，就可以构成一个生活型谱。最简单的形式就是把全部种按Raunkiaer的5种基本生活型加以分类，然后总计每一类的种数，并以占总种数的百分率来表示。

在自然界中的植物群落，都由几种生活型植物组成，但其中有一类生活型占优势。凡高位芽植物占优势的群落，反映了群落所在地气候温热多湿，更新芽暴露于外界不会遭到低温和干燥气候的危害；地上芽植物占优势的群落，反映了该地气候严酷恶劣；地面芽植物占优势的群落，反映了该地具有较长的严寒季节；隐芽植物占优势的群落，环境比较冷湿；一年生植物最丰富的群落，反映出干旱的气候特点。

另外一些学者按照植物个体形态特征划分生长型，我国在《中国植被》一书中即按植物体态划分出下列生长型类群：

Ⅰ木本植物

1. 乔木：具有明显主干，又分出针叶乔木、阔叶乔木，并进一步分出常绿的、落叶的、簇生叶的、叶退化的；

2. 灌木：无明显主干，也可按上述原则进一步划分；

3. 竹类；

4. 藤本植物；

5. 附生木本植物；

6. 寄生木本植物。

Ⅱ半木本植物

7. 半灌木与小半灌木。

Ⅲ草本植物

8. 多年生草本植物：又可分出蕨类、芭蕉型、丛生草、根茎草、杂类草、莲座植物、垫状植物、肉质植物、类短命植物等；

9. 一年生植物：又分冬性的、春性的与短命植物；

10. 寄生草本植物；

11. 腐生草本植物；

12. 水生草本植物：又分为挺水、浮叶、漂浮、沉水。

Ⅳ叶状体植物

13. 苔藓及地衣；

14. 藻菌。

4.3.2　群落的垂直结构

多数群落具有垂直结构或成层现象，它是群落中各种生物彼此间充分利用营养空间而形成的一种适应现象，陆地群落的分层与光的利用有着密切关系。在郁闭的森林群落中，林冠层吸收了大部分光辐射，地表光强不到全光的1%，随着光强渐减，依次分为林冠层、下木层、灌木层、草本层和地被层等层次。一般，温带落叶阔叶林的地上成层现象最为明显，寒温带针叶林的成层结构简单，而热带森林的成层结构最为复杂。

群落的成层性包括地上成层现象与地下成层现象，层的分化主要由植物生活型决定，因生活型决定了该种处于地面以上不同的高度和地面以下不同的深度，即陆生群落的成层结构是不同高度的植物或不同生活型的植物在空间上垂直排列的结果，水生群落则在水面以下不同深度分层排列。植物群落的地下成层现象是由不同植物的根系在土壤中达到的不同深度而形成的。最大的根系生物量集中在表层，土层越深，根量越少。

在层次划分时，将不同高度的乔木幼苗划入实际所逗留的层中，其他生活型的植物也是如此。另外，生活在乔木不同部位的地衣、藻类、藤本及攀缘植物等层外植物（或称为层间植物）通常也归入相应的层中。

成层结构是自然选择的结果，它显著提高了植物利用环境资源的能力，缓解了生物间对营养空间的竞争。如在发育成熟的森林中，上层乔木可以充分利用阳光，而林冠下被那些能有效地利用弱光的下木所占据。穿过乔木层的光，有时仅占到达树冠的全光照的1/10，但林下灌木层却能利用这些微弱的、光谱组成已被改变了的光。在灌木层下的草本层能够利用更微弱的光，草本层往下还有更耐阴的苔藓层。

4.3.3　群落的水平结构

任何群落中的主要环境因子在不同地点上所起的作用往往是不均匀的，如小地形的影响、土壤湿度、盐渍化程度、上层荫蔽等。而在群落内，各种生物本身的生态学特性、竞争能力以及它们生长、发育、繁殖和传播方式也很不同。由于这两方面因素相互作用，在群落内不同地点上很自然地存在着一些植物或动物构成的小组合。例如山地光线较强、阳光充足的地方由一些阳性植物所组成，林下的一棵倒木附近会聚集成千上万只无脊椎动物。在生物群落内形成的这些小组合，即称为“小群落”。这些小群落交互错杂地排列在一起，就形成了群落的水平结构或镶嵌性，水平结构是指群落在空间的水平分化，也即群落的镶嵌现象。

一个群落中的植物种类分布，通常是不均匀的，某些种类聚集在一起，而另一些种类则聚集在一起，各自形成不同的小群落结构，在种类数量和质量关系以及外貌上虽然都有较大的差异，但它们是整个群落的一个部分，它们的形成在很大程度上是依附于其所在的群落。因此，应当把小群落理解为植物群落水平分化的一个最小成分，它包含植物群落的所有层，因而具有一定的完整性，但这种完整性并不排除它同其他小群落在空间上和时间上的经常相互联系。

小群落或镶嵌性产生的原因，主要是环境异质性，如成土母质、土壤质地和结构、小地形和微地形、土壤湿度等的差异以及群落内部环境的不一致性等等。而动物的活动和人类的影响，以及植物本身的生态学和生物学特性，尤其是植物的繁殖体与散布特性，以及种间相互作用等，也起着重要作用。总之，群落组成在水平方向上的某种不一致性，也就是它们的镶嵌性，既依赖于自然环境，也依赖于生物群落的组成成分的生命活动。

4.3.4 群落外貌与季相

群落外貌是认识植物群落的基础，也是区分不同植被类型的主要标志，如森林、草原和荒漠等，首先就是根据外貌区别开来的。而就森林而言，针叶林、夏绿阔叶林、常绿阔叶林和热带雨林等，也是根据外貌区别出来的。

群落外貌由群落优势的生活型和层片结构所决定。

群落外貌常随时间的推移而发生周期性的变化，这是群落结构的另一重要特征。随着气候季节性交替，使整个群落呈现不同外貌的现象就是季相。

温带地区四季分明，群落的季相也十分显著，冬季是落叶和休眠期，群落外貌呈现一片光秃和灰色；春季气温回升，各种植物开始发芽、生长；入夏后，水热充沛，植物繁茂生长，百花盛开，色彩丰富，出现华丽的夏季季相；秋天植物在落叶以前由浓绿逐渐变黄、变红，群落外貌鲜艳夺目。

草原群落中动物也有十分明显的季节性变化。如大多数典型的草原鸟类，在冬季都向南方迁移；高鼻羚羊等有蹄类在此时也向南方迁移，到雪被较少、食物比较充足的地区去越冬；旱獭、黄鼠、大跳鼠、仓鼠等典型的草原啮齿类动物冬季则进入冬眠。有些种类在炎热夏季进入夏眠。此外，动物贮藏食物的现象也很普遍，如生活在蒙古草原上的达乌尔鼠兔，冬季在洞口附近积藏着成堆干草。所有这一切都是草原动物季节性活动的显著特征，也是它们对环境的良好适应。

群落由于季相更替所引起的结构变化，又称为群落在时间上的成层现象。这里顺便提一下层片的概念，一个层片是由群落中生活型相同的植物所组成。层片和层次有一定的关系，但又是两个完全不同的概念。层片的划分强调群落的生态学方面，而层次的划分着重于群落的形态。多数情况下，如按生活型类群较大单位划分层片，则与层次有一致性，如乔木层即为大高位芽植物层片，灌木层为小高位芽层片。但如使用生活型较细单位划分，则层片和层次就不一致了。

总之，对于群落的外貌分析，不仅要考虑植物形态特征，还要从生态或生理生态诸方面考虑其对所在环境各种反映的表现，才能对群落的认识更全面、更深入，这也是描述群落外貌特征重要的研究课题。

4.3.5 群落交错区与边缘效应

群落交错区（或称为生态交错区或生态过渡带）是两个或多个群落之间（或生态地带之

间）的过渡区域。如森林和草原之间有森林草原地带，软海底与硬海底的两个海洋群落之间也存在过渡带，两个不同森林类型之间或两个草本群落之间也都存在交错区。因此，这种过渡带有的宽、有的窄，有的是逐渐过渡、有的是变化突然。群落的边缘有的是持久性的，有的在不断变化。

1987年1月，在巴黎召开的一次国际会议上对群落交错区的定义是："相邻生态系统之间的过渡带，其特征是由相邻生态系统之间相互作用的空间、时间及强度所决定的。"可认为，群落交错区是一个交叉地带或种群竞争的紧张地带，这里群落中物种数目及一些种群密度比相邻群落大。群落交错区物种的数目及一些种的密度增大的趋势称为边缘效应。在群落交错区往往包含两个重叠群落中的一些种以及交错区本身所特有的种，这是因为群落交错区的环境条件比较复杂，能为不同生态类型的植物定居，从而为更多的动物提供食物、营巢和隐蔽条件。如我国大兴安岭森林边缘具有呈狭带分布的林缘草甸，每平方米的植物种数达30种以上，明显高于其内侧的森林群落与外侧的草原群落。

目前，人类活动正在大范围地改变自然环境，形成许多交错带，如城市发展、工矿建设、土地开发，均使原来景观的界面发生变化。这些新的交错带可看成半渗透界面，它可以控制不同系统之间能量、物质与信息的流通。因此，有人提出应重点研究生态系统边界对生物多样性、能流、物质流及信息流的影响，生态交错带对全球气候变化、土地利用、污染物的反应及敏感性，变化的环境中对生态交错带加以管理等。联合国环境问题科学委员会甚至制订了一项专门研究生态交错带的研究计划。

4.3.6　岛屿效应

4.3.6.1　岛屿物种数目与面积的关系

生态学意义上的岛屿强调"隔离"和独立性。广义上，湖泊受陆地包围，也就是陆"海"中的岛；城市绿地被建筑及铺装地面包围，形成城市的绿岛；低纬度中山的顶部成片岩石是山下植被"海"中的岛。一类植被土壤所包围的另一类植被和土壤斑块、封闭林冠中由于雷击、砍伐、风吹等原因使森林内部少数树木倒下而形成的林窗，都可被视为"岛"。由于"岛"的边界明确，具有相对封闭性和独立性，很多生物学家常把岛屿作为研究生态学问题的天然实验室。

由于岛屿与大陆隔离，生物种迁入和迁出的强度低于周围连续的大陆。许多研究证实，岛屿中的物种数目与岛的面积有密切关系。一般来讲，岛屿面积越大，岛屿中的物种数目越多，两者关系可用简单方程式描述为：

$$S=cA^z$$

式中　S——物种数目；

A——岛屿面积；

z、c——常数。

这种岛屿面积越大容纳生物种数越多的效应称为岛屿效应。岛屿效应是一种普遍现象，主要是生物种迁入和迁出的强度和岛屿空间上生物基础生态位的分配有关。

4.3.6.2　Mac Arthur平衡说

岛屿上的物种数目虽由岛屿面积决定，但它是物种迁入、迁出和灭亡平衡的结果，是一种动态平衡，不断地有物种灭亡，也不断地由同种或别种的迁入补偿灭亡的物种。

岛屿上物种的平衡关系可用图 4-1 说明：以迁入率曲线为例，当岛上无居留种时，任何迁入个体都是新的，因而迁入率高；随着留居物种数目增多，种的迁入率就下降；当大陆上所有种（种源库）在岛上都有留居种数时，迁入率为零。灭亡率则相反，随着留居种数越多，灭亡率越高。迁入率取决于岛与大陆距离的远近和岛的大小，近而大的岛物种迁入率高，远而小的岛迁入率低。同样，灭亡率也受岛大小影响。

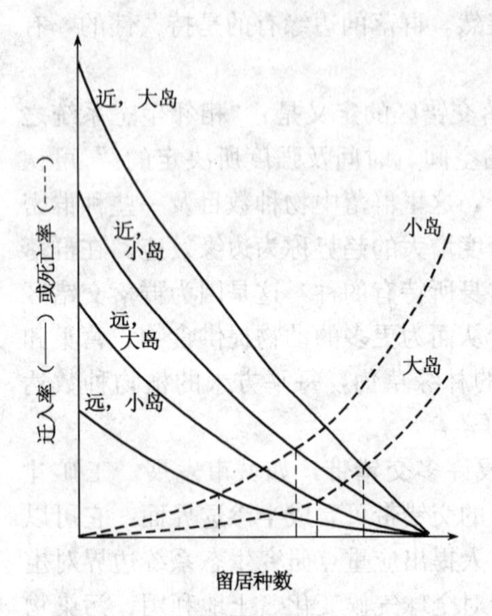

图 4-1　不同岛上物种迁入率和消失率（交点为平衡时的种数）（Krebs，1987）

该岛上预测的物种数是迁入率曲线与灭亡率曲线交点。根据 Mac Arthur 的平衡说，可说明下列四点：①岛屿上的物种数目不随时间而变化；②这是一种动态平衡，即灭亡种不断地被新迁入的种所代替；③大岛比小岛能“供养”更多的种；④随岛距大陆的距离由近到远，平衡点的种数逐渐降低。

4.3.6.3　岛屿生态与自然保护

自然保护区是具有明显边界、对某些物种进行有意识保护的相对封闭的区域。在某种意义上讲是受其周围生境“海洋”所包围的岛屿。因此，岛屿生态理论对自然保护区的设计具有指导意义。

一般地说，保护区面积越大，能支持或“供养”的物种越多，面积小，支持的种数也少。但对某具体物种而言，面积只是众多影响因素的一种，对受保护的物种有两点需要说明：1. 建立保护区意味着出现了边缘生境（如农田开发为城市后建立的农田保护区），适应边缘生境的种类受到额外的支持。2. 对于某些种类而言，小保护区比大保护区可能生活得更好。在同样面积下，一个大保护区好，还是若干小保护区好，这决定于下列情况：(1) 若每一小保护区内都是相同的一些种，那么大保护区能支持更多的种。(2) 隔离的小保护区有更好的防止传播流行病的作用。(3) 如果在一个异质性极高的区域中建立保护区，多个小保护区能提高空间异质性，有利于保护物种多样性。(4) 对密度低、增长率慢的大型动物，为了保护其遗传性，较大的保护区是必需的。保护区过小，种群数量过低，可能会因为近亲繁殖使遗传特征退化，也易于因遗传漂变而丢失优良物种。(5) 在各个小保护区之间的“通道”或走廊，对于保护是很有帮助的，它能减少被灭亡的风险，细长的保护区有利于迁入。

此外，由于人类的影响常造成景观的破碎化，如毁林开荒、围湖造田、风景区和自然保护区不合理的开发与人工景观建设等，使大区域变成小区，也造成“岛屿”。大区域变成小岛后能“供养”的物种减少，各小岛物种的灭亡率加大，从而加快物种灭绝。

4.3.7　干扰对群落结构的影响

4.3.7.1　干扰

干扰（或译为扰动）是自然界的普遍现象，就其字面含义而言，是指平静的中断，正常过程的打扰或妨碍。生物群落不断经受各种随机变化的事件，正如 F. E. Clements 指出的“即使是最稳定的群丛也不完全处于平衡状态，凡是发生次生演替的地方都受到干扰的影响”。有些学者认为干扰扰乱了顶极群落的稳定性，使演替离开了正常轨道。而近代多数生态学家认为干扰是一种有意义的生态现象，它引起群落的非平衡特性，强调了干扰在群落结构形成和动态中的作用。

连续的群落中出现缺口是非常普遍的现象，而缺口经常由干扰造成。森林中的缺口可能由大风、雷电、砍伐、火烧等引起，草地群落的干扰包括放牧、动物挖掘、践踏等。干扰造成群落的缺口以后，有的在没有继续干扰的条件下会逐渐恢复，但缺口也可能被周围群落的任何一个种侵入和占有，并发展为优势者，哪一种成为优胜者完全取决于随机因素。这种现象可称为对缺口的抽彩式竞争。抽彩式竞争出现在以下条件：①群落中具有许多入侵缺口和耐缺口中物理环境能力相等的物种；②这些物种中任何一种在其生活史过程中能阻止后入侵的其他物种再入侵。在这些条件下对缺口的种间竞争结果完全取决于随机因素，即先入侵的种取胜。当缺口的占领者死亡时，缺口再次成为空白，哪一种入侵和占有又是随机的。当群落由于各种原因不断地形成新的缺口，那么群落整体就有更多的物种可以共存，群落的多样性将明显提高。

但是，有些群落所形成的缺口，其物种更替是有规律性的。新打开的缺口常被扩散能力强的一个或几个先锋种所入侵。由于它们的活动改变了条件，促进了演替中期种入侵，最后为顶极种所替代。在这种情况下，多样性开始较低，演替中期增加，但到顶极期往往稍有降低。与抽彩式竞争不同的另一点是，参加小演替各阶段的一般都有许多种，而抽彩式竞争只有一个建群种。

4.3.7.2　中度干扰假说

缺口形成的频率影响物种多样性，据此 T. W. Connell 等提出了中度干扰假说，即中等程度的干扰水平能维持高的物种多样性。其理由是：①在一次干扰后少数先锋种入侵缺口，如果干扰频繁，则先锋种不能发展到演替中期，因而多样性较低；②如果干扰间隔期很长，使演替过程能发展到顶极群落，多样性也不高；③只有中度干扰程度使多样性维持高水平，它允许更多的物种入侵和定居。

在底质为砾石的潮间带，W. P. Sousa 曾进行实验研究，对中度干扰假说加以证明。由于潮间带经常受波浪干扰，较小的砾石受到波浪干扰而移动的频率明显地比较大的砾石频繁。因此，砾石的大小可以作为受干扰频率的指标。Sousa 通过刮掉砾石表面的生物，为海藻的再繁殖提供生长的基底。结果发现，较小的砾石只能支持群落演替早期出现的绿藻和藤壶，平均每块砾石 1.7 种；大砾石的优势藻类是演替后期的红藻，平均 2.5 种；中等大小的砾石则支持最多的藻类群落（平均 3.7 种）。因此，中度干扰下多样性最高。Sousa 进一步把砾石用水泥黏合，从而波浪不能推动它们，结果表明藻类多样性不是砾石大小的函数，而纯粹决定于波浪干扰下砾石移动的频率。

4.3.7.3　干扰理论与生态管理

干扰理论对应用领域有着重要价值。要保护自然界生物多样性，就不要简单地排除干扰，因为中度干扰能增加生物多样性。实际上，干扰可能是产生多样性的最有力的手段之一。冰河期的反复多次“干扰”，大陆的多次断开和岛屿的形成，看来都是物种形成和多样性增加的重要动力。同样，群落中不断地出现断层、新的演替、斑块状的镶嵌等，都可能是维持和产生生物多样性的有力手段。这样的思想在自然保护、农业、林业和野生动物管理等方面起重要作用。如斑块状的砍伐森林可能增加物种多样性，但斑块的最佳大小要进一步研究决定，农业实践本身就包括人类的反复干扰。

4.4 生物群落的动态

当前，我们所看到的每一个植物群落，都是处于运动发展过程中的某一瞬间；现有群落的外貌、结构，也都是群落动态过程中某一阶段的具体表现。群落动态是群落生态学中长久不衰的研究领域，特别是当今植被的变化已经直接影响到工农业生产和人类生活各个方面，程式化和不恰当的土地利用所造成的植被退化已到了非常严重的地步，植被恢复和重建已成为人类面临的首要任务，在城市地区最为迫切，以上问题的解决都必须通过对群落动态规律的掌握才能实现。

4.4.1 群落演替原因及其类型

4.4.1.1 群落演替概念

将生物群落视为一个有机单元，那么它如同生物个体一样，有其发生、发展、成熟直至衰老消亡的过程。每一个群落消亡过程中，即孕育着一个更适合当地环境条件的新群落诞生。在一定地段上，一个植物群落依次被另一个植物群落所代替，即为群落演替。从最早定居的先锋植物开始，直到出现一个稳定的群落，如经由地衣、苔藓、草本植物、灌木直到森林，这一系列的演替过程就叫一个演替系列。

4.4.1.2 群落演替原因

群落演替的自然过程，就是指地形地质相同或气候相同的地区，由于物理环境条件的改变，从一个群落转变为另一群落，逐步向稳定群落发展的顺序过程。这个过程是这一地区中的有机体和环境反复地相互作用，发生在时间、空间上的不可逆的动态变化。群落演替的主要成因包括如下五个方面：

1. 植物繁殖体的迁移、散布和动物的活动性

植物繁殖体的迁移和散布普遍而经常地发生着，因此，任何一块地段都有可能接受这些扩散来的繁殖体。从繁殖体开始传播到新定居的地方为止，这个过程称为迁移。繁殖体是指植物的种子、孢子及能起繁殖作用的植物体的任何部分。

繁殖体迁移到一个新环境时，即进入定居过程。植物的定居包括发芽、生长和繁殖三个环节。我们经常可以观察到这样的情况：植物繁殖体虽到达了新的地点但不能发芽，或发芽了但不能生长，或虽然生长但不能繁殖后代。只有当一个种的个体在新的地点上能繁殖时，定居才算成功。任何一块裸地上生物群落的形成和发展，或是任何一个旧的群落为新的群落所取代，都必然包含有植物的定居过程。因此，植物繁殖体的迁移和散布是群落演替的先决条件。

对动物来说，植物群落成为它们取食、营巢、繁殖的场所。当然，不同动物对这种场所的需求是不同的。当植物群落环境变得不适宜它们生存的时候，它们便迁移出去另找新的合适生境；与此同时，又会有一些动物从别的群落迁来找新栖居地。因此，每当植物群落的性质发生变化的时候，居住在其中的动物区系也在做适当的调整，使得整个生物群落内部的动物和植物又以新的联系方式统一起来。

2. 群落内部环境的变化

群落内部环境的变化是由群落本身的生命活动造成的，与外界环境条件的改变没有直接

关系。有些情况下，是群落内物种生命活动的结果，为自己创造了不良的居住环境，使原有的群落解体，为其他植物的生存提供了有利条件，从而发生演替。

由于群落中植物种群特别是优势种的发育导致群落内光照、温度、水分及土壤养分状况的改变，可为演替创造条件。如云杉采伐后的林间空旷地段，首先出现喜光草本植物。但当喜光的阔叶树种定居下来并在草本层以上形成郁闭林冠时，喜光草本便被耐阴草本所取代。以后当云杉伸出群落上层并郁闭时，原来发育很好的喜光阔叶树种便不能更新。这样，随着群落内光照由强到弱及温度变化由不稳定到较稳定，依次发生了喜光草本植物、阔叶树种阶段和云杉阶段的更替过程，也就是演替的过程。

3. 种内和种间关系的改变

组成一个群落的物种在其种群内部以及物种之间都存在特定的相互关系，这种关系随着外部环境条件和群落内部环境的改变而不断地进行调整。当密度增加时，不但种群内部的关系紧张，而且竞争能力强的种群得以充分发展，而竞争能力弱的种群则逐步缩小自己的地盘，甚至被排挤到群落之外。这种情形常见于尚未发育成熟的群落。

处于成熟、稳定状态的群落在受到外界条件刺激的情况下也可能发生种间数量关系重新调整的现象，使群落特性或多或少地改变。

4. 外界环境条件的变化

虽然决定群落演替的根本原因是群落内部，但群落之外的环境条件诸如气候、地貌、土壤和火等常可成为引起演替的重要条件。气候决定着群落的外貌和群落的分布，也影响到群落的结构和生产力。气候的变化，无论是长期的还是短暂的，都会成为演替的诱发因素。地表形态（地貌）的改变会使水分、热量等生态因子重新分配，反过来又影响到群落本身。大规模的地壳运动（冰川、地震、火山活动等）可使地球表面的生物部分或完全毁灭，从而使演替从头开始。小范围的地形形态变化（如滑坡、洪水冲刷）也可改变一个生物群落。土壤的理化特性对置身于其中的植物、土壤动物和微生物的生活有密切关系，土壤性质的改变势必导致群落内部物种关系的重新调整。火也是一个重要的诱发演替的因子，火烧可以造成大面积的次生裸地，演替可以从裸地上重新开始；火也是群落发育的一种刺激因素，它可使耐火的植物种类更旺盛地发育，而使不耐火的种类受到抑制。当然，影响演替的外部环境条件并不限于上述几种，凡是与群落发育有关的直接或间接生态因子都可成为演替的外部因素。

5. 人类的活动

人对生物群落演替的影响远远超过其他所有的自然因子，因为人类生产活动通常是有意识、有目的地进行的，可以对自然环境中的生态关系起促进、抑制、改造和重建的作用。放火烧山、砍伐森林、开垦土地、围湖造田等，都可使生物群落改变面貌。人还可以经营、抚育森林，管理草原，治理沙漠，使群落演替按照不同于自然的道路进行。人甚至还可以建立人工群落，将演替的方向和速度置于人为控制之下。

群落演替是植物群落动态研究的主体内容，在生态学理论研究与实践中都具有极其重要的意义。生物资源的开发利用、森林采伐更新和营造、牧场管理、农田耕作制度的改革等，一切有关天然群落或人工群落的建立都与群落演替有着密切的关系。研究演替的目的在于预见性和可控性，因为只有掌握了一个群落可能为另一个群落所演替的规律，人们在利用自然资源时，才不至于违反客观规律行事，有意识地避免“生态逆退”，或科学地恢复重建业已

退化的植被生态系统，

4.4.1.3 群落演替类型

演替存在于所有的植物群落中，按照不同的原则，可划分不同的植物群落演替类型以分析植物群落的动态演替特点，如可分别根据演替的原因、持续时间、涉及范围、发展方向以及裸地类型、基质的性质等来划分植物群落的演替类型。了解这种种演替类型将加深对演替理论的理解和实践意义的认识。

1. 按演替起点的裸地性质划分

裸地形成是植物群落演替的初始条件，按植物群落演替的起始条件即裸地类型将植物群落演替划分为原生演替与次生演替。在原生裸地和次生裸地上发生的系列演替过程分别称为原生演替系列和次生演替系列。

(1) 原生演替

开始于原生裸地上的植物群落演替称为原生演替。原生裸地是指以前完全没有植物的地段，或原来存在过植被，但被彻底消灭，包括原来植被下的土壤条件全部不存在。原生演替的基质条件恶劣严酷，演替的时间很长。

在地球陆地表面，适于植物生长的气候区内的较大面积原生裸地是很少见的，描述原生演替的实例也不多，比较典型的一例是印度尼西亚的火山岛克拉卡托（Krakatau）植被的重建过程：该岛长 8 km、宽 5 km。1883 年火山喷发后岛上火山灰和熔岩厚 30 m。消灭了岛上的所有生物，成为不毛之地（原生裸地），3 年后长出一些蕨类，14 年布满了稠密的禾本科草类，过了 48 年，即 1931 年，岛上植被发展成与附近岛相同的次生林。地处温带的美国密执安湖滨不毛之地的砂丘，经过固定，发展到黄栎林，大约需 1 000 年之久。

(2) 次生演替

开始于次生裸地上的植物群落演替称为次生演替。次生裸地是指植被曾经存在过，现在被消灭，但土壤中仍保留原来植物群落中的植物繁殖体。如森林采伐后的皆伐迹地，草原的开垦，火灾和毁灭性的病虫害，都能造成次生裸地。

原生演替和次生演替最主要的区别是裸地性质，原生演替的起点生境十分严酷，演替最初速度缓慢，经历的演替系列也比较多。次生演替的起点生境有一定的土壤和植物繁殖体，能较快地重新覆盖植被，演替速度较快，达到相对稳定状态所经历的阶段比较少。

2. 按演替起点的基质性质划分

一般划分为两大类：水生演替和旱生演替。

水生演替是在水体或湿地中发生的植物群落演替，演替开始于水生环境中，但一般都发展到陆地群落，如淡水或池塘中水生群落向中生群落的转变过程。旱生演替是以裸岩等陆生生境为基础发生的演替，演替从干旱缺水的基质上开始，如裸露的岩石、砂地等干旱基质表面上生物群落的形成过程。在水生基质和旱生基质上所形成的系列演替过程，分别称为水生演替系列和旱生演替系列。

(1) 旱生演替

裸岩表现的生态环境异常恶劣，没有土壤、光照强、温差大、十分干旱。以岩石风化形成森林为例，演替系列大致包括以下阶段：地衣植物阶段、苔藓植物阶段、旱生草本植物阶段、灌木阶段、乔木阶段。在这个演替系列中，地衣和苔藓植物群落阶段延续时间最长，它们只能随着土壤发育而发育，等待土壤形成和岩石分解。草本植物群落阶段演替速度相对最快。到了木本植物群落阶段，演替的速度又逐渐减慢，这是由于木本植物寿命长的原因。

（2）水生演替

从一定深度的淡水湖泊定居绿色植物开始到变为一个森林群落为例，依次出现下列群落：浮游藻类和浮游动物、沉水植物阶段、浮水植物阶段、挺水植物阶段、湿生草本植物阶段、木本植物阶段。水生演替系列实际上是在植物作用下填平湖泊的过程，每一阶段的群落都在抬高湖底而为下一阶段群落的出现创造条件。

水生演替和旱生演替都是在植物作用下，从极端缺水或多水条件开始，向水分适中、土壤肥沃方向发展，即向中生化方向发展，演替的终点并不总是木本植物，只有在湿润气候区才能出现森林，在干旱、半干旱地区演替停留在旱生草本植物阶段，可见，演替的终点是由水分条件决定的。

3. 按演替时间划分

按群落演替所经历的时间长短划分为：

（1）世纪演替

按地质时间计算的演替称为世纪演替。指一个区域的植被类型的发展过程，如森林与草原的替代关系，延续时间相当长久，常伴随气候的历史变迁或地貌的大规模塑造而发生，即群落的演化。

（2）长期演替

以几十年到几百年完成的演替称为长期演替。一般的森林被采伐后的恢复演替可作为长期演替的实例。

（3）快速演替

几年或十几年内完成的演替称快速演替。草原弃耕地的恢复演替可作为快速演替的例子，但要以弃耕面积不大和种子传播来源就近为条件，否则弃耕地的恢复过程就可能延续达几十年。

4. 按演替发生的主导因素划分

按植物群落演替发生的主导因素划分为：

（1）内因演替

由内因主导的群落演替称为内因演替或自发演替。内因主要包括自然界物种具有迁移扩散能力、存在迁移扩散现象，还有群落动态变化过程中群落内造成环境的改变和由此引起的种间关系的变化。自发演替是群落生活活动本身变化所发生的演替，特别是指由生物所引起的生境变化，如土壤的形成、营养物质的积累等。

这类演替的一个显著特点是群落中生物的生命活动结果首先使它的生境发生改变，然后被改造了的生境又反作用于群落本身，如此相互促进，使演替不断向前发展。一切源于外因的演替最终都是通过内因生态演替来实现，因此可以说，内因生态演替是群落演替的最基本和最普遍的形式。

（2）外因演替

由外因主导的群落演替称为外因演替或异发演替。引起群落演替的原因不是群落本身的内部，也不是同群落保持密切联系的环境内部，而在这部分环境之外，这些因素对群落的关系来说纯属外部和偶然的。外因主要有外界自然干扰、环境变化以及人类破坏因素等。群落异发演替是由群落外力所引发的演替过程，这种演替是由于外界环境因素的作用所引起的群落变化，包括由气候的变动所导致的气候发生演替、由地貌变化所引起的地貌发生演替、起因于土壤演变的土壤发生演替、由火的发生作为先导原因的火成演替和由人类的生产及其他活动所导致的人为发生演替。

5. 按演替方向划分

按演替方向，群落演替分为进展演替和逆行演替。

(1) 进展演替

群落演替由低级阶段向高级阶段（顶极群落）发展的演替称为进展演替。进展演替的总体特征为：群落结构复杂化；群落生产力高；群落生境的中生化；对外界环境有强烈的改造作用；种间竞争激烈等。

在一个地段上最早出现的群落叫先锋群落。至演替后期，演替速度越来越慢，趋于平衡，最终形成物种组成较为丰富多样、结构复杂、生态稳定性高的植物群落类型，称顶极群落。顶极群落是演替的终点，意味着演替的结束，在顶极群落中，各物种借助于繁殖维持自身的永存。顶极群落的物种成分决定于生境的特性和当地气候，每个区域生境类型的顶极群落可以靠特有的优势植物来辨认。

Daubenmire（1981）认为进展演替有如下特征：优势度从低等的小型植物朝着高等的大型植物发生变化；优势种的寿命越来越长；与区域占优势的群落外貌类型相一致；生活型的多样化；生态幅度较宽的植物种为生态幅度窄的且有互补需要的种所代替；种间相互依存增大；单位面积上生活组织与死亡有机体的体积增大；群丛间种类组成与结构的一致性加大；食物网复杂；活细胞及有机物质中的养分比率增高；小环境的极端性向中生性发展；土壤剖面发育成熟；对干扰的抵抗力增大。

(2) 逆行演替

植物群落演替由高级阶段退向低级阶段的演替称为逆行演替（或衰退演替）。逆行演替的主要特征如下：群落结构简单化；群落生产力不高；群落的旱生化和湿生化；对外界环境只有轻微的改造作用；植物与环境间的矛盾突出，生态稳定性降低等。

6. 按群落代谢特征划分

(1) 自养演替

自养演替中，光合作用所固定的生物量积累越来越多，如由裸岩—地衣—草本—灌木—乔木的演替过程。

(2) 异养演替

异养演替如出现在有机污染的水体，由于细菌和真菌分解作用特强，有机物质是随演替而减少的。对于群落生产（P）与群落呼吸（R），$P>R$ 属自养演替，$P<R$ 属异养演替。因此，P/R 是表示群落演替方向的良好指标，也是表示污染程度的指标。

4.4.2 群落演替顶极学说

任何一类演替系列，虽然发展速度不同，最终结果总是达到稳定阶段的植被，这个终点就是演替顶极或顶极群落。演替顶极学说是英美学派提出的，近几十年来，得到不断的修正、补充和发展。目前有三种关于演替顶极理论，简单介绍如下：

4.4.2.1　单元顶极学说

单元顶极论在 19 世纪末、20 世纪初就已经基本形成。这个学说的首创人是 H. C. Cowle 和 F. E. Clements。Clements 认为，在一定的地区内，按照演替的发生过程，群落相继替代，通过一系列的演替阶段，最后达到与该地区气候相适应的最稳定最平衡的状态，即气候顶极。一个气候区内，无论演替初期的条件差异多大，植被总是趋向于减轻极端情况而朝向顶极方向发展，从而使生境适合于更多的生物生长。于是，旱生的生境逐渐变得中生一些，而水生的生境逐渐变得干燥一些。演替可从千差万别的地境上开始，先锋群落可能极不相同，但在演替过程中群落间的差异会逐渐缩小，逐渐趋向一致。因而，无论水生型的生境，还是旱生型的生境，最终都趋向于中生型的生境，并均会发展成为一个相对稳定的气候顶极。一个气候区只有一个气候演替顶极，因而称之为单元演替顶极。

在一个气候区内，总是有局部的土壤或地形上的变化。这些环境因素的组合，造成和当地气候的环境有很大的差异，因而在这种生境中不可能产生单一的气候顶极，但它的演替发展结果又必然会产生与气候顶极具有同样稳定性的群落。为了和气候顶极相区别，Clements 将后者统称为前顶极，并划分了若干前顶极类型。

1. 亚顶极

是气候顶极以前的一个相当稳定的演替阶段。如美国东部的许多松林是阔叶林演替顶极的亚顶极。

2. 偏途顶极

也称为分顶极或干扰顶极，是由于某种强烈而频繁的干扰因素所引起的相对稳定的群落。如在美国东部的气候顶极是夏绿阔叶林，但因常受火烧而长期保留在松林阶段。再如内蒙古高原的典型草原，由于过牧的结果，使其长期停留在冷蒿阶段。

3. 前顶极

也称先顶极。在某一气候区域内，由于局部气候比较适宜而产生的较优越气候区的顶极。如草原气候区域内，在较湿润的地方，出现森林群落就是一个前顶极。

4. 后顶极

也称超顶极。在一个特定气候区域内，由于局部气候条件较差（热、干燥）而产生的稳定群落，如草原区内出现的荒漠植被片段。

无论哪种形式的前顶极，按照 Clements 的观点，如果给予时间的话，都可能发展为气候顶极。

关于演替的方向，Clements 认为：在自然状态下，演替总是向前发展的，即进展演替，而不可能是后退的逆行演替。

单元顶极论以其最后向着一个唯一的气候顶极群落趋同，受到多数生态学家的反对。

4.4.2.2　多元顶极学说

以英国科学家 A. G. Tansley 为代表，认为：如果一个群落在某种生境中基本稳定，能自行繁殖并结束它的演替过程，就看作顶极群落。而并不会趋同于一个共同的气候顶极终点。除了气候顶极之外，还有与它具有同等地位的土壤顶极、地形顶极、火烧顶极、动物顶极等。同时还可存在一些复合型的顶极，如地形—土壤顶极和火烧—动物顶极等。一般在地带性生境上是气候顶极，受制于大气候；其他在别的生境上可能是其他类型的顶极群落，受局部环境条件所控制。

由此可见，不论是单元顶极论还是多元顶极论，都承认顶极群落是经过单向变化达到稳定状态的群落，而顶极群落在时间上的变化和空间上的分布都是和生境相适应的。两者的不同点在于：①单元顶极论认为，只有气候才是演替的决定因素，其他因素都是次要的，但可以阻止群落向气候顶极发展；多元顶极论则认为，除气候以外的其他因素，也可决定顶极的形成。②单元顶极论认为，在一个气候区域内，所有群落都趋同发展，最终形成气候顶极；而多元顶极论不认为所有群落最后都会趋于一个顶极。

4.4.2.3 顶极格式假说

Whittaker 等人主张植物种群的分布决定于环境的变化，由于环境条件在时间上和空间上的不断变化，植物种类组合也随之不断改变，因此群落在时间和空间上都是连续变化的，彼此之间难以彻底分界。通过对环境梯度、种群梯度以及群落梯度所作的梯度分析，对群落演替和顶极群落给予一些新的解释，并提出顶极格式假说。该学说认为：在顶极群落阶段种群结构、能量流动、物质循环以及优势种替代的稳定状态不同于演替阶段群落，在顶极群落中种群的相互作用围绕着一种稳定的、相对不变化的平均状况的波动。

Whittaker 认为：多元顶极接近于顶极格式的解释。一个顶极是一种稳定状态的群落，其特征决定于它本身生境的特征。在一个地区中，多个顶极群落间的关系不是单纯的“镶嵌”，而是随着环境梯度的变化，各种类型的顶极群落如气候顶极、土壤顶极、地形顶极、火烧顶极等呈现连续变化，因而形成连续的顶极类型，构成一个顶极群落连续变化的格局。在这个格局的中心或分布最广泛的群落类型，就是占优势的顶极（优势顶极）或气候顶极，它最能反映该地区气候特征的顶极群落，相当于单元顶极论的气候顶极。

4.5 地球上的生物群落

4.5.1 陆地生物群落的分布格局

4.5.1.1 影响陆地生物群落分布的因素

陆地生物群落分布受多种因素影响，其中起主导作用的是海陆分布、大气环流和由于各地太阳高度角的差异所导致的太阳辐射量的多少及其季节分配的不同，亦即与此相联系的热量和水分以及二者的配合状况。

1. 纬度

太阳高度角及其季节变化因纬度而不同，太阳辐射量及与其相关的热量也因纬度而异。从赤道向两极，每移动一个纬度，气温平均降低 0.5～0.7 ℃。由于热量沿纬度的变化，出现生态系统类型有规律的更替，如从赤道向北极依次出现热带雨林、常绿阔叶林、落叶阔叶林、北方针叶林与苔原，即所谓纬向地带性。

2. 经度

在北美大陆和欧亚大陆，由于海陆分布格局和大气环流特点，水分梯度常沿经向变化，因此导致生态系统的经向分异，即由沿海湿润区的森林，经半干旱的草原到干旱区的荒漠。有人把这种变化与纬度地带性并列，称为经度地带性。实际上，两者是不同的，前者是一种严格的自然地理规律，后者是在局部大陆上的一种自然地理现象，而在其他大陆如在澳大利亚，这种经向变化就不大相同。

3. 海拔

海拔高度每升高 100m，气温下降 0.6 ℃左右，或每升高 180m，气温下降 1℃上下。降水量最初随海拔高度的增加而增加，达到一定界线后，降水量又开始降低。由于海拔高度的变化，常引起自然生态系统有规律地更替，有人称此现象为垂直地带性。

此外，地形与岩石性质对陆地生物群落的分布也有重大影响。如我国青藏高原的隆起，改变了大气环流，使我国亚热带出现了大面积常绿阔叶林。又如在同一地区范围内，酸性岩石与碱性岩石分布着性质不同的生物群落。

4.5.1.2　陆地生物群落的水平分布

如果把地球上所有的大陆排在一起，而不改变它们的纬度，那么生物群落带大致与纬线平行，说明纬度地带性的存在，但南半球没有与北半球相对应的北方针叶林与苔原，而且在北纬 40°和南纬 40°之间由于信风的影响，东南两侧不对称，西侧为干旱地区，而东侧为湿润的森林（图 4-2）。

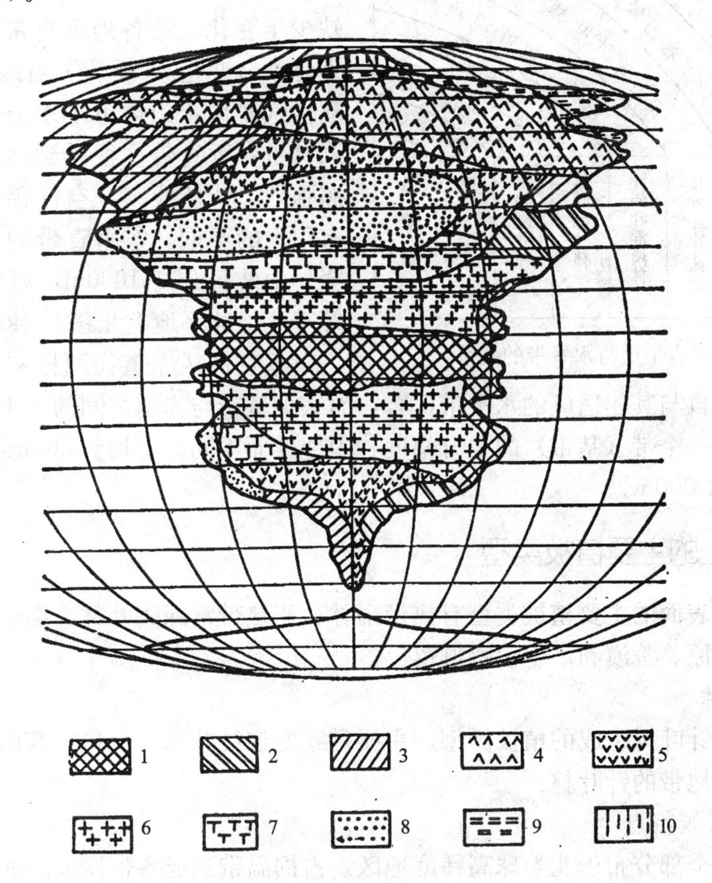

图 4-2　理想大陆植被分布模式（南北两半球非对称）（引自 H. Walter，1979）

1—热带雨林及其变体；　2—常绿阔叶林及其变体；
3—落叶阔叶林；　4—北方针叶林；
5—温带草地；　6—萨王纳及疏林；
7—干旱灌丛及萨王纳；　8—荒漠；
9—冻原；　10—冻荒漠

4.5.1.3 陆地生物群落的垂直分布

如前所述，在山地上，随海拔的升高，气候发生有规律的变化，从而导致山地垂直带的出现。随着海拔的升高依次出现的生物群落的具体顺序，称为山地垂直带谱。

由于山体所处的地理纬度、山体的高度、距海远近以及坡向、坡度等方面的差异，在不同山系上形成不同的特点的垂直带谱。一般而言，在山麓分布着当地平原上的生物群落类型，更高一些，为对温度要求较低的类型所代替，垂直带谱大致反映了不同生物群落类型沿纬度向北交替分布的规律。它们与水平带的关系如图 4-3 所示。

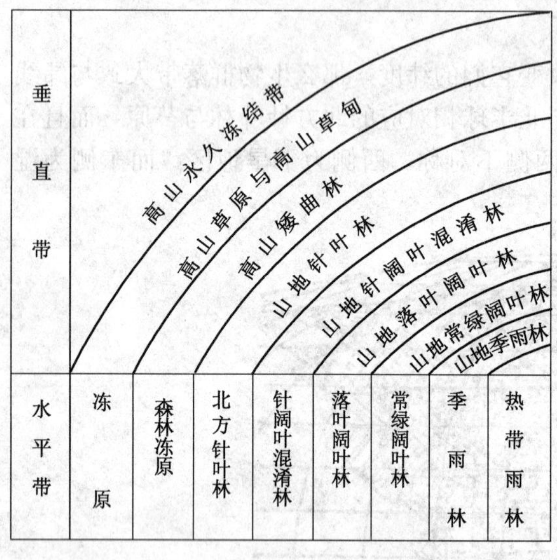

图 4-3 垂直带谱与水平带的关系

最理想的山地垂直带谱是热带岛屿上的高山，这里可以看到从赤道至两极的所有生物群落类型。应指出的是，垂直带永远不能完全符合于水平带。其原因是：①最理想的垂直带是热带岛屿山地，但这里的温度条件缺少年变化。②各地垂直带的降水状况（特别是季节变化），反映了当地降水特点。③大陆性气候区，山体下部水分缺乏，不会出现森林带，垂直带往往受到破坏。④高山上光照强烈，紫外线多，空气稀薄，与极地条件有很大的不同。⑤垂直带的厚度远较水平带窄。山地每升高 1000m，温度下降 5～6 ℃，等于北半球平地上北移 600km。

垂直带从赤道往两极移动时，所有各带的界线下降，各自与其相适应的水平带汇合，而缺少基带与赤道之间的水平带。

关于山麓第一个带（基带）的上升幅度，因地区而不同。平均约 500m，极地为 0m，赤道地区达 800～1 000m。

4.5.2 地球上的主要植被类型

覆盖在地球表面的主要植被类型有热带雨林、亚热带常绿阔叶林、温带落叶阔叶林、寒温带针叶林、草原、荒漠和水生植物群落等。

4.5.2.1 针叶林

针叶林是由针叶树组成的植被类型。主要是寒温带针叶林，也包括高山面积很小的针叶灌木群落和其他地带的针叶林。

1. 分布及气候特点

针叶林几乎全部分布于北半球高纬度地区，占据温带到亚寒带广大的面积。在欧亚大陆的北部和北美洲分布最为普遍。此外，中纬度和低纬度亚高山地带也常有针叶林的片段分布。气候特点是夏季温暖而短暂，冬季严寒，并且很长；年降水量多为 300～600mm，都集中在夏季。以大陆性气候为特点，属于大陆型的针叶林。

2. 群落特征

（1）物种组成：针叶林树种组成简单，通常是以云杉、冷杉或落叶松占优势，常组成大面积的纯林。

(2) 外貌特征明显：多呈圆锥形或尖塔形树冠，除落叶松落叶外，其他针叶林是常绿的。在外貌色泽表现单调一致，一般冷杉为暗绿色，云杉林为灰绿色，松林为深绿色，而落叶松呈鲜绿色。由于云杉和冷杉都是较为耐阴的树种，它们所组成的林分郁闭高，林内阴暗故称为阴暗针叶林。落叶松和一些阳性松树，林内透光度大，又称为明亮针叶林。

(3) 结构简单：针叶林的层次也较简单，林下有灌木层、草本层和苔藓层。由于生境冷湿，凋落物分解不良，林地上积累有很厚的死地被物层。

4.5.2.2　落叶阔叶林

落叶阔叶林是温带气候条件下生长的群落。由于冬季落叶，夏季绿叶，又称为夏绿林。

1. 分布及气候特点

落叶阔叶林分布于北纬 30°～50°的温带地区。一年四季分明，夏季炎热多雨，冬季寒冷。

2. 群落特征

(1) 物种组成：乔木多由落叶树种组成，夏季叶茂，冬季凋落。常见的树种有山毛榉、栎树、椴、槭、榆等树种。并混生有若干针叶树种。

(2) 外貌特征明显：这类森林中的乔木树种都具有较宽的叶片，其质地一般较薄。落叶是适应冬季严寒和生理干旱的一种表现，季相变化非常明显；粗厚的树皮和具鳞片、树脂的冬芽也是对冬季低温的一种保护适应。群落垂直结构层次简单清晰。

4.5.2.3　硬叶常绿阔叶林

1. 分布及气候特点

这类群落主要分布在亚热带夏季干燥炎热，冬季温和多雨的气候区域内。在各大洲都有或多或少的分布，但以地中海沿岸最为典型。

2. 群落特征

干燥炎热的夏季气候使那里的树木产生与此相适应的旱生结构。如叶片通常不大、常绿、坚硬、常被毛茸，呈灰绿色。另一些旱生适应是叶子退化呈刺状，茎为绿色，代替叶子进行光合作用。

4.5.2.4　亚热带常绿阔叶林

亦称为常绿阔叶林或照叶林。

1. 分布及气候特点

主要分布于南北纬度 25°～40°之间的亚热带地区，如我国长江流域、朝鲜、日本南部，美国东南部、智利、阿根廷、玻利维亚、巴西的一部分，以及新西兰、非洲的东南沿海等地。分布区域由于受季风的海陆交替影响，四季分明，夏季高温湿润，冬季降水较少，有时出现霜雪，但无严寒。

2. 群落特征

(1) 物种组成：这类群落因为组成的优势树种，叶片大小中等，椭圆形、渐尖、革质、表面有光泽而无毛茸，叶片排列方向与阳光垂直，故有照叶林之称。组成该群落的大都是一些亚热带常绿树种，以壳斗科、樟科、木兰科、山茶科、金缕梅科为典型代表。

(2) 外貌与结构：在群落外貌上，林冠比较平整，色彩比较一致，常年以浓绿色为主。群落内部结构比较简单整齐，乔木通常只有 1～2 层，其下有较发达的灌木和草本层，有一定种类和数量的层间植物。

4.5.2.5 季雨林

分布于东南亚地区，以印度、缅甸中部以及巽他群岛的东部岛屿为典型。我国云南南部也有零星分布。气候特点是降水较多，达到1000～2000mm，但干湿季分明，有2～6个月干旱期。

该群落的特点是：植物种类较雨林贫乏，季相变化比较明显。大多数乔木树种于旱季落叶，雨季来临时大部分乔灌木和草本植物又陆续发叶开花，故有"雨绿林"之称。群落结构比雨林简单，林内的藤本和附生植物数量也较少。

季雨林通常多为混交林，其中含有不少名贵树种如：黄檀、紫檀、蔷薇木等。下层中常有很多丛生竹类和棕榈科植物。柚木林是季雨林中的另一种类型，具有大型叶片的柚木，高达25～30m，居于上层，形成单纯林。柚木于旱季落叶，林下常有合欢属和金合欢属的一些种类。柚木是著名的造船和建筑用材树种，目前在热带比较干旱地区多用以大面积造林。

热带降雨量更少和土壤更为干燥的地区，则依水分缺乏的程度，分别发育着热带旱生疏林、稀树干草原和多刺灌丛。稀树干草原是热带草原上具有稀疏立木的特殊类型，它在非洲热带分布最广，亦见于澳洲，南美和亚洲南部干燥地区。

4.5.2.6 热带雨林

热带雨林是指热带高温高湿地区茂密高耸而常绿的植被类型。

1. 分布及气候特点

集中分布在地球赤道及其南北的热带湿润区域，集中在印度—马来区域、非洲刚果盆地和南美洲亚马孙盆地三个区域。水热条件充沛，而且分布均匀。全年平均温度在25～30℃之间，最冷月平均温度也多在20℃以上，年降水量通常超过4500mm，相对湿度常达90%，常年多云雾。

热带风化过程强烈，母岩崩解层深厚，深达几米；土壤类型以砖红壤为主，土壤强烈淋溶，碱性离子和硅酸被冲走，留下氧化物，称为砖红壤化过程；土壤养分极为贫瘠，呈强酸性（pH4.5～5.5）；枯枝落叶腐烂快，很快矿质化；森林所需要的几乎全部营养成分贮备在地上部分植物中。

2. 群落特征

(1) 生物多样性丰富：热带雨林与其他群落迥然不同，这里的植物种类繁多。据统计，组成热带雨林的高等植物在45000种以上，而且绝大部分是木本植物，以龙脑香科、蝶形花科、梧桐科、紫金牛科、茜草科等植物为主。

(2) 垂直结构复杂：乔木树种多，高低不平，使雨林乔木层多达3～4个层次；上层乔木树种高达50～55m，上层稀疏，由少数巨大的、彼此孤立的树木组成；中层高20～30m，树冠彼此交错，相互连接，形成密集的林冠；下层由幼小的乔木组成，林中剩下的空间差不多为它们的树冠所占据，较为空旷。林内阴暗，多是耐阴的大灌木和乔木树种的幼树，灌木、草本植物稀少。由于有机质分解快，地面枯枝落叶层很薄。

雨林中的层间植物异常丰富，大的木质藤本种类很多，通常是以相邻的乔木为支柱，攀缘于林冠层。附生植物除大量的藻类、苔藓、地衣外，还有丰富的兰科植物及其他有花植物和蕨类。半寄生的桑寄生科植物和榕属的一些"绞杀植物"也很常见，这也是热带雨林中所特有的现象。

雨林中几乎没有一年生植物，除上层乔木树种偶有少数落叶成分外，几乎全是常绿的。乔木树种大都是中型叶片或大型羽状复叶，下层植物中常具滴水叶尖和花叶现象。雨林各种植物的花期远不像温带森林那样集中和引人注目，花多位于树冠内层，靠昆虫或鸟类来覆粉。老茎生花也是雨林中特有的现象，这一现象多限于一些中、小乔木，常见的如可可树、菠萝和榕属的一些种类。

（3）生产力高：热带雨林内不仅物种丰富，而且生长极为迅速。在爪哇，含羞草科金合欢属植物10年便达35m高，而我国东北云杉要150年才能达到这样的高度。雨林内的空间几乎被植物占满，林缘经常被藤本、灌木植物密集封闭。热带雨林里的树木几乎都是速生树种。群落的地上部分生物量可达300t/hm^2以上，净第一性生产力平均为20t/（hm^2·a），据不完全测算，全世界热带雨林的净生产量高达34×10^9t/a。

4.5.2.7　红树林

1. 分布与气候特点

红树林是热带海岸潮间带的木本植物群落，主要分布在热带亚洲、热带非洲和热带美洲的海岸、河口，由红树植物组成。红树植物为特有的“胎生植物”，这种盐生植物分布范围很广，凡新旧大陆热带沿海地区都可生长，但特别喜欢生长在风平浪静、淤泥深厚、潮水涨落淹没的海滩上。我国的红树林分布于海南岛、广东、广西、福建及台湾沿海。

2. 群落特征

（1）物种组成：我国的红树林植物有12科27种，往往由其中的一种组成单优群落或数种混生在一起。群落一般高6～15m，呈深绿色，枝叶密布，气生根丛生，密集难以通行。在淤泥深厚的海滩上，只有红树林首先生长，成为裸地上的先锋群落。当涨潮的时候，海水淹没了红树林，露出在水面上的很像是一个绿色的岛屿。

（2）适应特征：红树的“胎生现象”最为引人注目。红树植物的果实成熟以后不离开母株，也不开裂抛撒种子，而是存留在母株上开始萌芽。形成幼苗后，借助自身的重量脱离母体插入淤泥中。未能立足的幼苗则被海水漂浮传播到远方。

由于长期被海水淹没，红树具有聚盐和泌盐适应，且叶片具旱生结构；通气性极差的淤泥缺乏氧气，红树的根从淤泥里伸到空气中进行呼吸，成为呼吸根。红树还具备支柱根，即从树干上长出根，呈拱形进入泥中，以抵抗海风的袭击和海潮的冲击。

4.5.2.8　温带草原

1. 分布与气候特点

草原是在辽阔的黑钙土或栗钙土上发育起来的，分布在南北半球的中纬度地带。在欧亚大陆上，从黑海沿岸往东，横贯中亚细亚，经蒙古而至我国。在我国境内包括东北平原、黄土高原、内蒙古以及宁夏和甘肃的中北部地区，连成一条连续而宽大的草原地带。中国的草原可分为草甸草原、典型草原、荒漠草原和高寒草原四大类。草甸草原以贝加尔针茅、羊草和线叶菊为代表；典型草原以大针茅、克氏针茅为代表；荒漠草原由小针茅、小半灌木等组成；高寒草原以嵩草、紫花针茅、硬苔草为代表。

在草原带，夏季温和，冬季寒冷，年平均温度常在0℃以下；年平均降水量为100～500mm，每年雨量变动较大，有的年份多暴雨，有的年份几乎无雨。降雨集中在春末夏初，在春季或晚夏有一明显的干旱期。

2. 群落特征

草原可分为干草原和草甸草原。干草原区域由于低温少雨，植物低矮，地上部分高度不超过1m，以耐寒的旱生禾草为主，土壤中以钙化过程和生草化过程占优势。干草原群落以禾本科的针茅、羊草、芨芨草和菊科蒿属植物、唇形科百里香等为主。它们成丛分布，根扎得很深，几乎都是旱生类型的植物，叶片狭窄，有茸毛，卷叶或具蜡质等抗旱结构。

草甸草原是温带半湿润、半干旱气候条件下，多年生丛生禾草及根茎性禾草占优势的植被类型。草甸草原是疏林草原与干草原之间的过渡类型。它比疏林草原含有更多的中旱生植物，只有少量的一年生植物混生其间。在一般情况下，阴坡可能自然成林，阳坡及平地因水分不足，不能自然成林，这是草甸草原与疏林草原的明显区别之一。

4.5.2.9 热带草原

分布在热带、亚热带，其特点是在高大禾草的背景下常散生一些不高的乔木，故又被称为稀树干草原或萨瓦纳。分布在非洲东部、南美、圭亚那、巴西、大洋洲和印缅一带。

热带草原不同于温带草原，温带草原上完全没有乔木，而热带草原上稀疏地分布着乔木。这里终年温暖，雨量常达 1000mm 以上，但一年中有一到两个干旱期，加上频繁的野火，限制了乔木的发展。这类群落的特点是草本层构成了群落的背景，其上生长着旱生型的、非常分散的、甚至单株生长的矮生乔木，这些乔木以相思树为优势，最醒目的特点是树冠扁平、伞状，这是热带草原的独特景观，是对热带干旱地区的强风和干燥的一种适应。

4.5.2.10 沼泽

沼泽是在土壤水分过多或过度潮湿的条件下形成的以沼生植物占优势的生物群落。沼泽在全世界均有分布，主要分布在加拿大、俄罗斯和我国。沼泽分为森林沼泽、草本沼泽和藓类沼泽三种。但真正的湿生草本群落是草本沼泽，其优势植物有嵩草、芦苇等，沼泽的特殊生境为各种迁徙禽类、游禽提供了丰富的食物来源和营巢避敌的良好条件，因此，沼泽中水鸟繁多，而且多为候鸟。鹤类是典型的沼泽鸟类，白鹳、天鹅、野鸡、苍鹭、大雁、鸿雁常在沼泽地繁殖。沼泽中鱼类、两栖类、昆虫也都不少。

我国沼泽面积约 14 万 km^2，集中分布在三江平原、东北山地、若尔盖高原等地，以多种苔草、落叶松—泥炭藓、嵩草—苔草为主。

4.5.2.11 水生草本群落

水生草本群落由水生植物组成，分布于河流、湖泊和海洋等各种水生环境中。环境的最大特点是水分饱和、弱光、缺氧，以致多数水生植物沉没于水中生活，或根固着水底，仅花露出水面或浮于水面，有的甚至根部脱离土壤，漂浮水中生活。

沉水植物群落以各种眼子菜为优势，还有苦草以及各种藻类植物。浮水植物群落以莲、睡莲、水鳖、菱角以及热带地区的王莲为优势，通常形成单优势的根生浮叶固定生长的植物群落。飘浮植物群落以浮萍、满江红、槐叶萍、大藻、水葫芦为优势，植物体飘浮在水面，根悬垂于水中，营不固定的漂泊生活。

水生植物遍布于全世界，由于水生生境的一致性，水生植物群落类型都非常相近。

4.5.2.12 荒漠

荒漠是地球上最耐旱的，它由超旱生的灌木、半灌木或半乔木占优势的地上不郁闭的生物群落。主要分布在亚热带干旱区，往北延伸到温带干旱区。

这里生态环境条件异常苛刻，降水稀少，年降水量不超过 200mm，有的地方还不到 50mm，甚至无雨，而蒸发强烈。因此荒漠生境具有极端干旱、湿度低、日照强烈、风大、盐碱度高、土壤贫瘠等特征。

在这样恶劣的条件下，主要有三类植物适应荒漠区生存：(1) 荒漠灌木及半灌木：这类植物具有高度忍耐干旱能力，旱生结构非常明显。发达的根系能伸到地表下 10～15m 的地方去吸取水分；而地上部分的叶小而厚，甚至叶片退化成刺，以茎进行光合作用。(2) 肉质植物：为景天酸代谢型（CAM），夜间气孔开放，吸收 CO_2，以苹果酸的形式储存在体内。白天气孔关闭以适应干旱，体内苹果酸放出 CO_2，供植物光合作用。这样肉质植物获得 CO_2 的同时，保持了其体内的水分平衡。肉质植物如仙人掌科、大戟科和百合科的一些植物等。(3) 短命植物与类短命植物：前者为一年生，后者为多年生，它们在有限的降雨到来时，迅速完成生活周期，干旱季节到来时，种子或营养器官已进入休眠状态。

上述 12 个群落类型都是非常大的单位，按照群落分类的原则，还可以划分出若干细小的群落单位。

4.5.3　中国植被的分布与特点

我国幅员辽阔，地形十分复杂，气候条件更是多种多样，不但具有寒、温、热三带而在同一地区内也常因山体的高低而有显著的差异。因此我国的植被类型也格外丰富。我国东南部因受海洋性季风影响，夏季高温多雨，是我国的主要农林业区域；西北部因远离海洋，大陆性气候极为强烈而以草原和荒漠为主，也是我国的主要牧区，由此可知我国的植被在地理分布上并不均匀。

为了对植被的开发利用和经营措施制定科学的规划，就必须掌握植被的地理分布特点和规律，从而进行植被区划。植被区划的原则是以地理地带性和植被地带性、尤其是水平地带性作为基准，并结合考虑非地带性规律。各区在地图上应自成一片，原则上不能在不同地理位置上重复出现，垂直带应从属于水平带。

《中国植被》(1980) 将我国植被划分为八个植被地区。

4.5.3.1　寒温带针叶林区域

位于大兴安岭北部山地，是我国最北的植被区域。该区山势不高，一般海拔 300～1100m，整个地形相对平缓，全部呈丘陵状台地，几无山峦重叠现象，亦无终年积雪山峰，由于气候条件比较一致，从而大大降低了植被的复杂性。

本区为我国最寒冷地区，年平均温度在 0℃以下，冬季长达 8 个月。生长期仅 90～110 天，全年降水量为 400～550mm，80%集中降落在 7、8 月。由于温度和水分条件配合较好，有利于一些耐寒林木的生长。本区较普遍的土类是棕色泰加林土，低洼地为沼泽土，且常有岛状永冻层。

由于气候条件严酷，本地区植物种类较少，代表性的植被类型是以兴安落叶松为主所组成的明亮针叶林，兴安落叶松适应力很强，其分布几乎纵贯全区，可自山麓直达森林上限，广泛成林，但以 500～1000m 山地中部，土壤较为肥沃湿润的阴坡生长最好，树高多达 30m，常常形成茂密的纯林，其主要特征是群落结构简单，林下草本植物不发达，下木以具旱生形态的杜鹃为主，其次为狭叶杜香、越橘等；乔木层中有时混生樟子松，尤其是在本区西北部较为普遍，甚至形成小面积樟子松林。在山地中部还有广泛分布的沼泽，其处生长有柴桦，下层为苔草、莎草等草本植物。

在本区地势较低的东南部，在海拔 450～600m 以下的山麓部分，深受毗邻的温带针阔混交林地区的影响，在以兴安落叶松为优势的林内常混生一些温带阔叶树种，以耐旱的蒙古栎为主，其次为黑桦、山杨、紫椴，这些阔叶树种数量不多，生长不良，构成第二层林冠；林下灌木和草本植物十分发育，主要种类有胡枝子、榛子、苍术等，在山地上部兴安落叶松的生长显著衰退，林内常混生有少量的花楸、岳桦以及红皮云杉的更新幼苗，林下藓类发育好，盖度可达90%以上，从而在外貌和组成上多少具有阴暗针叶林的特征，到了山顶落叶松已无法生存，而以偃松所组成的矮曲林为主，偃松多平卧地面匍匐生长，主干常蜿蜒达5～10m，树冠倾斜上升，高不超过1.5～1.8m。

落叶松林皆伐或火烧后，多形成各类次生阔叶林，如蒙古栎林、桦木林或山杨林等，若破坏严重则形成灌丛。在山的中部如破坏则仅形成白桦林或白桦与落叶松混交林，并向落叶松纯林方向发展。

本区是我国主要用材林基地之一，兴安落叶松木材是工业上有名的良材。

4.5.3.2 温带针阔混交林区域

本区包括东北松嫩平原以东，松辽平原以北的广阔山地，南端以丹东为界，北部延至黑河以南的小兴安岭山地，全区成一新月形。本区范围广大，山峦重叠，主要山脉包括小兴安岭、完达山、张广才岭、老爷岭及长白山。这些山脉大部分为东北至西南走向，海拔大多不超过1300m，从全区看，长白山的主峰白云峰最高，海拔为2691m，向北、向南逐渐降低，且坡度平缓。

本区受日本海的影响，具有海洋性温带季风气候的特征。但由于所在纬度较高，故年平均气温较低，表现为冬季长而夏季短。冬季长达5个月以上，最低温－35～－30℃。生长期约为125～150天。年降水量一般多在600～800mm之间，由南向北逐步递减，70%～80%的降雨多集中在6～8月，有利于植物生长。山地土壤以暗棕色森林土为主。低地为草甸土和沼泽土。

本区地带性典型植被是以红松为主构成的温带针阔混交林，一般称为阔叶红松林。它与俄罗斯远东的阿穆尔和沿海地区以及朝鲜北部相接，连成同一植被区，而以本地区为其分布中心。

这类温带针阔混交林种类组成极为丰富，针叶树种除了红松外，在靠南的地区还有沙松以及少量的紫杉和朝鲜崖柏。阔叶树种非常丰富，其中大型乔木如紫椴、枫桦、水曲柳、花曲柳、黄菠萝、糠椴、千金榆、胡桃球、春榆及各种槭树等。林下层灌木有毛榛、刺五加、暴马丁香、猕猴桃、山葡萄、北五味子等。草本植物也有不少本地特有种，如人参、山荷叶等。上述植物中有不少是典型的南方种类，从而使这类温带针阔混交林多少带有南方（亚热带）植物成分。

本区北部地带则与上述情况有所不同，虽说仍以红松为主组成了地带性的针阔混交林，但林内则混生有北方（亚寒带）的一些针叶树种，如鱼鳞云杉、红皮云杉、兴安落叶松、臭冷杉，而阔叶树种和藤本植物在种类上也较南部少。与红松混交的阔叶树种主要是紫椴和枫桦等。

除上述地带性的温带针阔混交林外，在小兴安岭（700～1100m）、张广才岭（900～1500m）、长白山（1100～1800m）等山地还分布着山地寒温针叶林带，其树种组成单纯，以阴性常绿针叶树种云杉和冷杉为主。在这一带的下部，由于针阔混交林带的红松在垂直分布上能超越所伴生的阔叶树种，而与鱼鳞云杉、红皮云杉和臭冷杉混生，构成独特的红松、云杉、冷杉混交林。由此再上，红松亦不能生长，从而又形成了冷杉云杉混交林，林内阴暗，藓类植物发达。在山地寒温针叶林带之上即个别高峰上还有亚高山矮曲林带，组成这一林带的主要树种是岳桦，有时还混生有偃松。岳桦是喜光和喜湿的树种，对土壤要求不严，且能自基部分枝，具有较强的抗风能力。

本区低湿的谷地，均有小面积隐域性的兴安落叶松林存在（南部为长白落叶松）。由于本区其他树种很难适应这一生境，因此落叶松林在这一地区还相当稳定。

长白山小兴安岭一带是我国的木材生产主要基地之一。高大通直的红松、云杉都是优良的建筑用材；水曲柳、色木、胡桃楸、黄檗、桦木、椴树等又都是制作家具和胶合板的上等材料。林内还有宝贵的毛皮兽类和人参、刺五加等名贵药材，从而更增加了这地区的森林的价值。

4.5.3.3 暖温带落叶阔叶林区域

本区位于北纬 32°30′～42°30′之间。北与温带针阔混交林地区相接，南以秦岭、伏牛山和淮河为界，东至渤海和黄海之滨，西自天水向西南经礼县到武都与青藏高原相分。本区东为辽东、胶东半岛，中为华北和淮北平原，西为黄土高原南部和渭河平原以及甘肃的成徽盆地，大致呈东宽西窄的三角形。整个地区西高东低，明显地可分为山地、丘陵和平原。山地分布在北部和西部，高度平均超过 1500m。丘陵分布在东部包括辽东和山东丘陵，海拔多在 500m 以下，少数如泰山、崂山则超过 1000m。西部山地与东部丘陵之间就是华北大平原以及辽河平原，其海拔不到 50m。山地和丘陵是落叶阔叶林的主要分布区，由于人为干扰而以次生林为主，平原是主要农业区，天然林已不存在。目前仅在村庄、河岸、渠旁、路边散生和人工栽培的一些树种如杨、柳、榆、槐、臭椿、泡桐、栾树、侧柏、梧桐、梓树、楝树等，经济林木有枣、桑、香椿、桃、梨、柿、核桃、板栗、苹果、杏、李、石榴、葡萄等亦极普遍。

华北区的气候具有暖温带的特点，夏季炎热多雨，冬季严寒而干燥，年平均气温一般为 8～14℃。年降水量平均在 500～1000mm 之间。由于一年当中有 6 个月以上的温暖天气，而降水又多集中于 5～9 月之间，另外受到海洋湿气的影响，这都给落叶阔叶林的生长和发展创造了有利条件。本区地带性土壤是褐色和棕色森林土，平原低洼地分布着盐渍土和沼泽土。

本区地带性植被是落叶阔叶林，主要建群种是栎属的一些落叶种类。由于地区不同，在种类上有一些差异。辽东栎分布于北部的辽东半岛并沿燕山向西到冀、晋、豫、陕、甘各省，麻栎主要分布于辽东半岛南部以及鲁、豫、皖、苏等省，栓皮栎在西部各省多于东部，锐齿栎、槲栎亦多见于西部海拔较高处，其他各省均为零星分布。除栎类外各地还有以桦木科、杨柳科、榆科、槭树科等树种所组成的各种落叶阔叶林。在次生林中，松属植物往往形成纯林或与落叶阔叶树种混交，从而居于重要地位。赤松分布于辽东半岛南部、胶东半岛及其南部沿海丘陵并至苏北云台山一带，油松分布于整个华北丘陵山地，华山松分布于西部各省，白皮松则多零星存在。组成针叶林另一树种为侧柏，此外在山区还可见到以云杉、冷杉和落叶松所组成的针叶林。灌木草丛是森林破坏后出现的一种面积最大，分布最广的次生植被。灌木中以酸枣、荆条为主，草本则以黄背草、白羊草占优势。

本区人口比较集中又是少林地区，今后以恢复森林为主，并在已有基础上大力发展经济林。

4.5.3.4 亚热带常绿阔叶林区域

本区域是我国面积最大的一个植被区，占全国总面积的 1/4 左右。北起秦岭—淮河一线，南达北回归线南缘附近，与热带北缘相接，西止于松潘贡嘎山、木里、中甸、碧山、保山一带；东迄东海之滨，包括台湾和舟山群岛等一些弧形列岛在内；长江中下游横贯于本区中部。地势是西高东低，西部包括横断山脉南部以及云贵高原大部分地区，海拔多在1000～2000m；东部包括华中、华南大部分地区，多为 200～500m 的丘陵山地。

本区气候温暖湿润，最冷月平均气温在 0～15℃，无霜期约 250～350 天；年降水量一般高于 1000mm，最高达 3000mm 以上，总的规律是由东、南向西、北逐渐减少。土壤以酸性的红壤和黄壤为主，在北部则为黄棕壤。

常绿阔叶林是本带代表性的植被类型。这类植被上层是由常绿阔叶树种所组成，其中以壳斗科、樟科、木兰科，山茶科、金缕梅科为主。在林内通常都有一至数个优势种，并常分为两个乔木亚层。乔木以青冈属、栲属、石栎属、桢楠属、楠木属等常见。灌木中也多为常绿种类，常见的有鹅掌柴属、冬青及柃木属、杜鹃等。草本中有常绿的蕨类如狗脊、瘤足蕨、金毛狗和苔草等。林内一般都有藤本和附生植物，在山地背阴或迎风面，树干上附生的苔藓非常普遍。

我国亚热带高等植物种类特别丰富，不但具有多种区系成分而且还富有热带起源的古老性以及含有一些特有属和遗留种如银杏、水松、水杉、银杉和珙桐等。

常绿阔叶林破坏后常为针叶林所代替，在东部马尾松为代表，在西南则为云南松和思茅松。这些树种往往形成大面积次生纯林。马尾松在东部东南季风区分布最广，在丘陵低山其上限为 800～1000m，但在南岭山区可达 1500m，除纯林外亦常与栎类、木荷、化香、枫香等相混交。

针叶林中除上述松林外，在本带低中山还广泛分布或栽培着杉木、油杉、黄杉、柳杉、柏木、肖楠、福建柏、竹柏，水杉、水松林；中山有华山松、铁杉林；亚高山以冷杉、云杉、落叶松所组成的天然纯林或混交林。这些亚高山针叶林在我国西南高山分布十分普遍，为木材重要供应基地。与其伴生的阔叶树种有高山栎、红桦等，下木有各种杜鹃、花楸以及箭竹等。

亚热带地区竹林也占有一定的比重和具有较高的经济价值。在南亚热带是以丛生竹类为主，且多为人工栽培，如慈竹属、刺竹属、单竹属的一些种类。中部和北部亚热带的东侧，则以散生、耐寒力较强的刚竹属为主，以及苦竹属、箬竹属的一些种类，其中毛竹在长江流域栽培最广，为本带经济价值最高的竹种。到了西部云贵高原和四川盆地则以丛生的慈竹栽培最为普遍。西南山区有大面积的天然竹林，其中都是中小型散生的竹类。主要的有方竹属、筇竹属、华桔竹属、刚竹属和箭竹属等许多种类。

我国川西、滇北和藏东南的中高山山地，还分布着较大面积的以硬叶栎类为主的硬叶常绿阔叶林。主要树种有川滇高山栎、黄背栎、光叶高山栎、藏高山栎等。它们一般都分布于阳坡和土质瘠薄处，都具有旺盛的萌蘖能力，故一旦遭受破坏均呈现萌生灌丛或呈灌丛状。

4.5.3.5 热带季雨林、雨林区域

我国最南的一个植被区。东起台湾省东部沿海的新港以北，西至西藏亚东、聂拉木附近，东西跨越经度达 32°30′；南端位于我国南沙群岛的曾母暗沙（北纬 4°），北面界线基本

在北回归线以南（北纬21°～24°之间），但到了云南西南部，因受横断山脉影响，其北界升高到北纬25°～28°，到藏东南的桑昂曲附近更北偏至29°附近。在该区域内除个别高山外，一般多为海拔数十米的台地或数百米的丘陵盆地。

本区气候属于热带季风气候类型，高温多雨。年平均温度约在22℃以上，没有真正的冬季。年降水量一般在1200～2200mm，降雨量的分配多集中在4～10月，此期为雨季，其余为少雨季节或称为干季，表现出干湿分明的特点。典型的土壤为砖红壤，在丘陵山地随着海拔的增高逐步过渡为山地红壤、山地黄壤和山地草甸土等。

由于季风气候以及地形土壤的影响，本区森林类型多种多样。其中具有地带代表性的是热带雨林和季雨林。具有垂直地带性的植被则有山地季风常绿阔叶林和山顶苔藓常绿矮林。在原有森林被毁地区则广泛分布着次生植被，如常绿阔叶灌丛和稀树灌木草丛。在海滨及珊瑚岛上因基质条件特殊，分布着红树林，海滨沙生植被和珊瑚岛植被。

热带雨林在我国分布面积不大，仅见于台湾南部、海南岛东南部、云南南部和西藏东南部。在垂直分布上由东部500m以下向西到云南西南部上升到1000m左右。到了西藏境内则又下降到1000m以下。雨林在我国一般不视为地带性的典型植被，特别是西部地区多数是在地形影响下局部生境的产物，一般仅出现于迎风坡面的丘陵低地或坡脚沟谷地段。又因地势北高南低，河流向南开口，因而雨林又常呈犬牙状顺河谷延伸到更北的地方。云南可到北纬25°，西藏达27°～28°。

热带雨林也是我国所有森林类型中植物种类最为丰富的一种类型。在区系上与东南亚热带雨林有一定联系，并具有东南亚典型热带雨林的结构特征。但是木本附生植物很少，具滴水叶尖的植物不多，龙脑香科树木的种类和数量有限。一些常绿树种在干季有短暂集中的换叶期，而这种旱生反映具有从东到西逐步加重的趋势。这一切说明，我国雨林是东南亚热带雨林最北缘的一种特殊类型。

热带季雨林在我国热带季风地区有着广泛的分布。在广东分布于湛江、化州、高州和阳江一线以南，海南岛西北部和西部；在广西分布于百色、田东、南宁、灵山一线以南全部低海拔地区；云南主要分布于1000m以下的干热河谷两侧山坡和开阔的河谷盆地，以德宏自治州和南汀河下游面积最大，是具有地带性的一种类型。分布区的年平均温度是20～22℃，年降雨量一般在1000～1800mm，但有干湿季之分。每年5～10月降雨量占全年总量的80%，干季雨量少，地面蒸发强烈，在这种气候条件下发育的热带季雨林是以阳性耐旱的热带落叶树种为主，并且有明显的季相变化。

我国热带季雨林中主要的落叶树种约有60多种，它们或零星分布于林中，或以优势种出现，其中最常见的有攀枝花（木棉）、第伦桃属、合欢属、黄檀属等。

珊瑚岛常绿林类型见于我国南海诸岛，组成树种简单，只有十余种。不同岛屿或同一岛上的不同地段，常有自己的单优势树种。目前生长较好和比较完整的是麻枫桐和海岸桐单纯林。

4.5.3.6　温带草原区域

我国温带草原地区是欧亚草原区的组成部分，包括松辽平原、内蒙古高原、黄土高原，以及新疆北部的阿尔泰山区，面积十分辽阔。地貌上除西部为山地（阿尔泰山）外，大部分以开阔平缓的高平原和平原为主体，气候为典型大陆性气候。本区包括半湿润的森林草原区，半干旱的典型草原区和一部分荒漠草原区。地带性植被主要是以针茅属为主所组成的丛生禾草草原，但在半湿润区和山地垂直分布带上也常有森林带的出现。

4.5.3.7 温带荒漠区域

我国西北部的荒漠区域，包括新疆准噶尔盆地与塔里木盆地、青海省的柴达木盆地、甘肃与宁夏北部的阿拉善高平原以及内蒙古鄂尔多斯台地的西端，约占我国国土面积的1/5。整个地区是以沙漠与戈壁为主。气候极端干燥，冷热变化剧烈，风大砂多，年降水量低于200mm。

本区有一系列巨大山系如阿尔泰山、天山、昆仑山、祁连山、阿尔金山等。山坡上分布着一系列随高度而有规律地更迭的植被垂直带。天山北坡由于受西来湿气流影响，气候比较湿润，随海拔高度上升降水量逐步增加，在海拔2000～2500m范围内，年降水量可达600～800mm，森林带出现在海拔1500～2700m的坡面上，形成山地寒温带针叶林，由雪岭云杉组成优势种。在西部较干旱的博乐—精河一带，云杉林与草原群落相结合，形成山地森林草原。天山北坡最东端的哈尔里克山地，由于受蒙古—西伯利亚高压气旋影响，也较其西部山地干燥，森林带升高到海拔2100～2900m，下部为雪岭云杉占优势的暗针叶林，中部(2400～2600m)为云杉、落叶松混交林，上部则为西伯利亚落叶松纯林。

伊犁山地由于水湿条件较好，低山区有以新疆野苹果和野杏为主组成的落叶阔叶林及野胡桃丛林。在海拔1500～2600m的中山带形成以雪岭云杉为主的暗针叶林。

祁连山海拔一般都在3500m以上，最高峰达5564m。由于山体高大，植被垂直带明显。在东部海拔2500～3300m的阴坡、半阴坡比较湿润的生境下，分布着寒温带针叶林，阳坡则以草原为主，二者组合成特殊的森林草原景观。

4.5.3.8 青藏高原高寒植被区域

青藏高原位于我国西南部，平均海拔4000m以上，是世界上最高的高原。包括西藏自治区绝大部分、青海南半部、四川西部以及云南、甘肃和新疆部分地区。青藏高原主要由高山、山塬、湖盆和谷地组成，各大山脉多呈东西走向，山峦重叠且多六七千米以上的高峰。东南部的横断山脉是南北走向，山高谷深，相对高度多在800～1500m。本区东北部呈宏大的山原地貌，地形起伏不大，河谷宽平，还有不少盆地，藏南谷地海拔高度为3500～4500m，宽谷地貌发育较好。

青藏高原由于海拔高，寒冷干旱，大面积分布着灌丛草甸、草原和荒漠植被。但在东部，尤其是东南部亦即横断山脉地区，由于水热条件较好，发育着以森林为代表的大面积针阔混交林和针叶林，局部地区还分布着亚热带常绿阔叶林。

横断山脉地区包括藏东、川西、滇西北，地势西北高，东南低，西北部基准面约在4000～4500m，东南部则在3000m左右，北部河谷高3600m；南部降至1800m，山高谷狭坡陡，高山狭谷相间为这一地区地貌的特点。本区因受东南和西南季风影响，降水较多，年降水量400～900mm，且多集中在6～9月。年平均温度0～8℃，年较差大。地形对各地气候影响很大，由于焚风效应形成的干热河谷较为普遍，其蒸发量大于降水量约三倍，相对湿度50%左右，沿谷两岸发育着旱生的草坡和落叶灌丛，顺坡向上，随着温度下降而湿度和降水逐步增加，到了海拔3000～4200m高度内就出现了山地寒温性针叶林。

本区四川西部，即折多山以东、邛崃山以西的大渡河流域，分布着大面积的针叶林和片段化的常绿阔叶林。该地植被垂直带谱结构复杂，1800m以下为干热河谷，普遍分布着多刺肉质灌丛，在阴湿沟谷出现栾树、黄连木、苦枥木等组成的小片落叶林。1800～2400m

残存有小片湿性常绿阔叶林，以青冈、石栎、栲为主并有樟科、木兰科的一些种类，以及水青树、连香树、槭、桦等落叶成分。现面积较大的则为云南松、麻栎、栓皮栎、槲栎等组成的次生林。2400～2800m的阳坡为高山松林和松类灌丛；阴坡和沟谷为铁杉、多种槭、桦所组成的山地针阔混交林。华山松林面积有限，但分布较普遍。2800～3600m阴坡为大面积的阴暗针叶林所覆盖，本区也是我国冷杉、云杉种类最丰富的地区，包括冷杉、鳞皮冷杉、岷江冷杉、黄果冷杉、云杉、四川云杉、紫果云杉、油麦吊云杉等。阳坡以硬叶高山栎类林及灌丛为主。3600m以上则为亚高山灌丛和草甸。

由于经济建设、工农业发展、城市化，大面积的天然森林、草原已不复存在。以森林为例，在历史上，天然林面积曾达331.58km^2，截至1991年，天然林与人工林面积为合计128.63km^2，占国土面积的13.4%，天然林主要保存在各种类型的自然保护区内和局部未受到严重破坏的边远山区，估计面积在50km^2上下，仅占国土面积的5%左右。生物多样性的保护主要依赖于较大面积的天然植被，因此区域社会和经济的可持续发展必须考虑天然植被的保护及部分人工林、农田、牧场等向天然植被的恢复。

4.6 城市植被

植被是地面上生长的植物总称。城市地表聚集着众多的人口以及为了生产和生活建造的大量人工建筑物，这一切必然改变植被的原来面貌，并形成具有特色的城市植被。城市植被是指城市内一切自然生长的和人工栽培的植被类型。它包括城市里的公园、校园、寺庙、广场、球场、医院、街道、农田以及空闲地等场所拥有的森林、灌丛、绿篱、花坛、草地、树木、作物等所有植物总和。

城市化过程对植被的影响起决定作用的因素是人类活动。一方面将植被生存空间改成建筑区，使植物受到人为干扰以及城市环境污染等不利因素影响，从而处于动荡状态；另一方面，城市里出现了各类城市植物群落，在用地紧张的情况下最先消失的是绿地，而在新辟的公共场所或道路两旁，树木和花卉又被栽上，其种类组合均因人的喜好而决定，如伴人植物群落和人工植物群落等。我国承德市1703～1949年森林覆盖率从85%降到6%，新中国成立后沟谷及部分河滩地改造成建房区，连避暑山庄内也建造了大量房屋。人口增加造成植被退化，由森林退化成非常脆弱的灌草丛或裸岩，用于绿化的土地则很少。

城市植被是在不断的人为干扰作用下形成的，干扰因素主要包括城市地区土地利用结构改变所决定的人类生产活动、城市居民的日常生活活动以及各种人类活动所带来的城市环境污染或环境变化。城市地区特定的干扰因素或影响是有意识或是无意识的，直接的或是间接的，最终使城市植被具备一些与自然植被完全不同的性质和特点，其植物区系成分和植物群落类型变化很大，多呈孤岛状分布，总的特征是自然群落比例小，人工、半人工群落的比例增加。同时出现一些城市中特有的群落类型，如耐践踏的植物群落、一年生宅旁杂草群落、多年生宅旁高秆杂草群落、草坪群落以及屋面屋顶群落等。因此，总的来说，城市植被应属于以人工植被为主的一个特殊的植被类群。

但城市绿地不能与城市植被等同，更不宜取代植被这一科学术语。绿地是极为流行、常见的一个术语，常见于报刊、杂志以及城市生态与环境方面的科学文献中，而且绿地的人均面积已成为城市环境和城市生态好坏的一个评价指标。

城市绿地是指以自然植被和人工植被为主要地表覆盖类型的城市土地。广义上包括城市景观中作为城市生态建设的重要场所的所有开放空间。由相互联系、相互作用的各类城市绿地所组成的有机整体就是城市绿地系统。

4.6.1 城市植被的特点

1. 城市植被环境的变化

城市化的进程改变了城市环境，也改变了城市植被的生境。由于受城市建筑、废弃物、城市气候条件及人为活动等的影响，城市土壤的物理、化学性状与自然发育的土壤有很大的差异。一般表现为城市土壤的自然剖面严重破坏，并伴有大量人工杂物；土壤板结，并有较多的地面铺装和地下设施，通气透水性差；土壤腐殖质缺乏，养分含量低，pH 较高；土壤污染也相当严重等。因此，城市土壤限制了土壤微生物活动，影响植物根系分布和植物对土壤养分、水分的吸收，并直接影响城市植物的生长发育。而城市内部由于建筑物、给排水系统、大气污染及地面铺装等，改变了光、温、水、湿、气、风等条件。特别是不同走向及狭窄度的街道两侧、建筑物的不同朝向以及地面铺装造成的不同下垫面的性质，均导致这些地段的光照、温度、湿度等气候因子明显改变，城市植被处于完全不同于自然植被的特化生境中。

2. 城市植物区系成分的变化

城市植被的区系成分与原生植被具有较大的相似性，尤其是残存或受保护的原生植被片断，建于森林带、草原带甚至荒漠带的城市，其行道树及其他人工绿地多少具有相似性，但其灌木、草本和藤本植物远较原生植被少。另一方面，人类引进的或伴人植物的比例明显增多，归化率即外来种对原植物区系成分的比率越来越大，已成为城市化程度的标志之一，或被看做是城市环境恶化的标志之一。而对当地种或地带性优势种不重视，这就混淆了城市植被的本来面目。在我国北方城市里，常可见到雪松、油松、云杉、法国梧桐、银杏、冬青、丁香、美人蕉、野牛草等来自不同气候带和地理环境的植物栽植在一起，在城市中受到驯化。

城市化对植物区系的影响包括两方面。一方面乡土植物种类的减少，另一方面是人布植物的增多。人布植物是指随着人类活动而散播的植物，如农作物和杂草等，也包括人类有意或无意引入、后来逸出野化了的植物，这类植物也称归化植物。早期人类活动范围有限，人布植物分布也很有限，自从工业革命以来，世界范围内的交通和商业活动迅速增长，城市化迅速发展促使人布植物分布范围也不断扩大。一般认为城市化程度越高，人布植物在植物区系总数中所占的比例越大，因此，可以把人布植物所占百分率作为评判城市化程度的一个指标。

植物对城市环境具有不同的适应能力。Witting 等人（1985）在研究 13 个中欧城市植物分布的基础上，曾按植物对城市环境的适应能力把植物划分为以下五类：极嫌城市植物、中度嫌城市植物、中性城市植物、适生城市植物和极适生城市植物。

3. 城市植被格局的园林化

城市植被在人为规划、设计、布局和管理下，大多形成了乔木、灌木、草本和藤本等各类植物配置的园林化格局。如城市森林、树丛、绿篱、草坪或草地、花坛亦是按人的意愿和周边环境的相互关系配置和布局，都是人类精心镶嵌而成，并在人类的培植和管理下形成的园林化格局。因此，城市园林的研究是城市植被研究的主要内容之一。

尽管我国园林素有“世界园林之母”之誉，对世界各国园林的发展有着广泛的影响。但现代社会，人们对园林事业的要求已经有了根本性的改变，不再是少数人显示财富追求享乐的手段，而是为全社会提供良好城市生存环境，并向全社会服务的社会福利事业，是显示城市环境和社会繁荣进步的手段。因此，园林的建设实际上就是城市植被建设及城市生态建设的一个重要的组成部分。

4. 城市植被结构单一化

城市植被结构分化明显，并趋单一化。除了残存的自然森林或受保护的森林外，城市森林大都缺乏灌木层和草木层，藤本植物更为罕见。林木的胸高直径分布曲线呈“L”形，而非自然林为倒“J”形。

5. 城市植被偏途化演替

城市植被的形成，更新或是演替均在人为干预下进行，植被演替是一条按人的绿化政策发展的偏途途径。

4.6.2 城市植被类型及分布

有关城市植被的分类系统不尽相同。Detwyler（1972）划分为间隙森林公园和绿地、园林、草坪或间隙草地；Chsawa 等（1988）划分为城市化前保留下来的自然残留群落、占据城市新生环境的杂草群落和人工栽植的绿色空间；黄银晓（1990）分为行道树和街头绿地、公园绿地、草地、水体绿地等；蒋高明（1993）认为自然植被、半自然植被和人工植被是城市植被的主要类型，其中伴人植物群落是城市半自然植被的主要组成部分，是与城市人为干扰环境密切相关的一类植物，在城市中有重要的作用；人工植被尚可划分为行道树、城市森林、公园和园林以及街头绿地植物等。

从城市植被的概念出发，结合城市植被特点，按蒋高明（1993）的方法划分城市植被为自然植被、半自然植被和人工植被三大类型是比较合理的。其中自然植被一般是在城市化过程中残留下来或被保护起来的自然植被，很少受到人类的破坏，植物群落保存着自动调节的能力，多数是人类有意识保留下来的城市森林、城市周边自然防护林和在特殊生境中残留下来的特殊自然植被类型；半自然植被为侵入人类所创造的城市生境中的伴人野生植物群落和在城市化过程中保留下来的，但是在植物群落中各自然要素之间的基本联系已经遭到一定程度的破坏，植物群落的整体自动调节功能受到很大破坏的植物群落；人工植被为按人的意愿和周边环境条件的要求，在城市化过程中人工创建起来的植物群落，多为行道树林、公园和庭园、街头绿地植物等园林植被。

以上自然植被和半自然植被可分别划分为森林、灌丛和草地；人工植被分为农田作物、人工林、人工灌丛和人工草地。农田作物是指在城市化过程中，人类在城市市区范围内，仍保留着的农田里种植的农作物，包括大田作物和果园等；人工林在建造、经营和利用城市范围内，以乔木为主体的人工建造的城市植物群落，即包含在城市范围内以乔木为主体的人工绿化实体；人工灌丛可定义为在建造、经营和利用城市范围内，以灌木为主体的人工建造的城市植物群落，即包括在城市范围内以灌木为主体的人工绿化实体；人工草地是在建造、经营和利用城市范围内，以草本植物为主体的人工建造的城市植物群落，即包括在城市范围内以草本植物为主体的人工绿化实体，但不含城市农田作物。

Bornkamm（1988）用栽培度来表示人类对植被的影响程度，并借此确定城市的生境类型（表4-1）。

表4-1　温带森林气候区栽培度（Bormkamm，1988）

等级	名称	栽培影响	土地利用	基质	植被	新植物（区系%）
1	未栽培的（ahemerobic）	未受影响	未受影响的各种自然植被地段及自然保护地	自然状态	自然植被	0
2	弱栽培的（oligohemerobic）	低度放牧和少量砍伐的森林，多少保存	粗放林业形成的茂密森林以及影响较小的盐生草甸、固定沙丘、发展着的沼泽	几乎没有什么改变	近自然植被	＜5
3	半栽培的（mesohemerobic）	受到传统林业或粗放农业周期性的或较轻的影响	牧场、草场、人工林和大田	未彻底改变、接近于自然	非自然植被	5～12
4	β-真栽培（β-euhemerobic）	受到传统农业或集约性林业强烈的或持续性的影响	农田、饲料地、果园	已经改变	远自然植被	13～17
5	α-真栽培（α-euhemerobic）	使用杀虫剂、大量施肥、人工排水的工业化农业和园艺	工业化农田、园艺场	已经改变	远自然植被	18～22
6	强栽培的（polyhemerobic）	受到机械和化学因素的强烈影响	休耕地，宅基地（不生产植物产品）	已被强烈地改变	结构组成非常简单的植被	23
7	后栽培的（metahemerobic）	完全清除了植被	建筑物、道路	完全改变	特殊的人工植被	—

用这种等级可以半定量地确定植被因人为影响而远离自然植被的程度。植被的栽培度愈高，它们愈不遵循自然演替规律，因此就需要更多的能量输入才能维持它们的存在。这里所指的能量是广义的，包括能量、劳力、金钱和物质。在上述等级系列中，变化最剧烈的是5级和6级，到6级时已不打算再栽培任何植物了。从1级发展到4级、5级，出现了许多新的生境，种数是增加的，但在进一步发展，种数就减少了。新植物种数则是稳定地从1级到6级逐渐增多。自然植被从1级到7级逐渐减少以至最后消失。在栽培度变化的同时，物理、化学因子也在发生变化，物理因子的变化是由于树木砍伐、火烧，其次是翻耕、挖掘、除草、践踏、车辆行驶以及其他类似活动引起的结果。最大的影响是由于建筑房屋和铺路完全破坏了生境，封闭了土壤，在城市中心封闭的地面可达90%以上。其结果使得第一性生产者生物量减少，从而改变了城市的气候和水文，化学因子的变化则是重金属污染以及有害气体污染造成的。在高纬度城市，冬季撒在路面的盐类是一大问题，如柏林市内20%行道树都因此而受到不同程度的伤害。在自然和人为因子共同作用下，城市植被的分布格局与城市的同心圈层结构相叠置。

4.6.3 城市植被的功能

尽管城市植被的第一性生产者的作用属于次要地位，而城市植被的功能仍是诸多方面，随着科学工作者对城市植被的功能的不断深入研究，公众对其认识也日益加深。从目前的研究状况来看，城市植被的功能可概括为美化环境、保护环境、净化环境、调节小环境气候条件的生态效益，保护生物多样性及创造经济价值的绿化产业。

4.6.3.1 城市植被绿化美化环境的文化功能和社会效益

城市植被是一座知识宝库，并将深化自然美学的进一步发展。一所公园，一条林带或一处公共绿地，就含有许多种类、不同形态的特征、生态个性、艺术效果，以及养护管理等方面的知识，足够各代各层次的人学习、研究和探索。在文学艺术方面，城市植被除了为文学家、艺术家提供安静、舒适、优美的创作环境外，还为他们产生“灵感”创造了条件。国际保护自然与自然资源联盟（UCN）把“灵感”写入国家公园的定义中，作为国家公园的主要内容。北京香山红叶，自开辟以来吸引了无数作家、诗人、画家撰文、吟诗、作画，赞颂它的美丽和精神，至今不断，魅力无穷，同时它也为森林文化发展、普及创造了条件。

城市植被美化市容，为人类提供一个心情舒畅的环境。在美化市容方面，城市植被起着举足轻重的作用，一是以树木和绿色为基调的五颜六色，春天的花、夏天的绿、秋天的色和果实，无不展示其丽姿，为城市增添自然美；二是森林和树木有丰富的线条，艺术讲究曲线美，城市植被是曲线美的典型，丰富的林际线，多变的树冠外形，形成各异的片林轮廓，都是由曲线构成的。因此，它们都是构成城市美的主要内容；三是树木打破了建筑物僵硬的棱角，烘托建筑物的美，从而展示城市的美。也就是城市绿化实体能把某一建筑群或单个建筑体的功能体现出来，或者说在某一建筑区里开展绿化建设，首先应考虑的问题之一是：如何根据建设区的功能特点，去进行绿化设计和树种选择。例如儿童公园的绿化设计和树种选择，就应符合儿童天真活泼的性格特点，烈士陵园、公墓的绿化，应体现出来园中肃穆庄重的气氛和特点，但又不能过于阴沉；医院的绿化，就要把医院的宁静、干净等气氛特点给予充分的体现等。

总之，城市绿化对于美化人民生活环境的功能是非常显著的。如果城市植被与城市其他自然条件、城市街道和建筑群体配合得体，就可以增添景色、美化街道、市容，给城市带来活泼和生机。

4.6.3.2 城市植被保护和净化环境的生态效益

城市植被具有显著的保护和净化环境的生态效益，也是城市植被的主要功能之一。包括降温增湿、吸收有害气体、滞尘净化空气、降低环境噪音和杀菌效益等。

1. 城市植被的降温增湿效应

国内外的研究表明，城市植被形成明显的小气候效应，尤以炎热的热带、亚热带地区更为明显。在温带地区的夏天亦有明显的作用，如当夏季城市气温为27.5℃时，草坪表面温度为22～24℃，比裸地低6～7℃，比柏油路表面低8～20.5℃。有垂直绿化的墙表面温度为18～27℃，比一般砖墙表面温度低5.5～14℃。

测定表明，在炎夏季节里，林地树荫下的气温较无绿地低3～5℃，而较建筑物地区可低10℃左右。茂盛的树冠能挡住50%～90%的辐射热。经辐射温度计测定，夏季树荫下与阳光直射的辐射温度可相差30～40℃之多。

除局部绿化所产生的不同气温、表面温度和辐射温度的差别外，大面积的森林覆盖对气温调节更明显。一般来说，在炎热的气候中，它能降低环境温度1～3℃，最高可达7.6℃。大片树林再加上水面对改善城市气温有明显的作用。如杭州西湖、南京玄武湖、武汉东湖等，其夏季气温比市区要低2～4℃。可见，在城市及其周围地区大力进行绿化，尽量考虑建筑物的屋顶和墙面的垂直绿化，对于改善城市气温有重要意义。

种植树木不仅能够改善城市气温，而且对改变小环境的湿度状况有很大意义。例如，一株中等大小的杨树，在夏季的白天，每小时可由叶面蒸腾25kg水到空气中，一天的蒸腾量达0.5吨之多。如果在一个地方有1000株树，就有相当于每天在该处洒水500t的效果。成丛状大面积种植的树木，其改善小环境湿度的效果更显著。一般在树林中的空气相对湿度要比空旷地高7%～14%。湿度的差别，随季节而不同。一般来说，冬季较小，夏季较大。森林不仅影响林内湿度，对周围的影响也是较大的。试验证明，在林外10倍于树高的距离内，空气相对湿度有一定的提高，而蒸发量有所降低。

因此，绿化区气温和相对湿度分别明显低于、高于未绿化的街区。当然，不同的绿化实体调节小气候条件的能力亦有一定的差别（参见表4-2、4-3、4-4）。

表4-2 海口市不同绿化实体的降温效应测定结果

绿化实体	木麻黄纯林	小叶榕、椰树人心果、草地	草地	椰子树街道树	南洋杉、小叶榕黄槐、草地
白天平均气温（℃）	26.5	25.4	29.3	29.8	26.0
白天最高气温（℃）	28.0	27.5	34.0	35.0	27.5

注：引自符气浩等，1996.

表4-3 北京市五种类型绿地平均每公顷日蒸腾吸热、蒸腾水量

绿地类型	绿量（平方公里）	蒸腾水量（吨/天）	蒸腾吸热（千焦/天）
公共绿地	120.707	214.420	526
专用绿地	90.387	159.252	391
居住区	89.775	120.402	295
道路	84.669	151.060	371
片林	23.797	43.912	108

注：引自陈自新等，1998.

表4-4 海口市不同绿化实体的增温效应测定结果（树温度%）

绿化实体	校园区木麻黄纯林	公园区乔、灌、草混合体	商业区乔、灌、草混合体	商业区椰树纯林	公园区草地	公园区旷地
三天平均值	74.4	89.3	85.3	64.6	66.1	66.4
最高值	93	92	91	81	85	86
最低值	68	83	78	54	54	54

注：引自符气浩等，1996.

2．城市植被吸收 CO_2 和释放 O_2 的生态效益

大量研究表明：自从工业革命开始以来，人们已从地球中取出煤、石油和天然气等多种形式的碳素，经过燃烧放出 CO_2 等气体。大气中的 CO_2 含量已从按体积估算的 280×10^{-6} 上升到现在 330×10^{-6} 以上。从世界不同地区的记录来看：上升的趋势是显而易见的。预测提示：21 世纪中期可能会再增加一倍（700×10^{-6}），而城市是工业和人口集中的地方，这种作用将会更加明显，尤其是无风时，城市局部地区氧气不足，CO_2 浓度偏高的可能性是存在的。特别是在一些高楼大厦的院子里无风时段较长，城市植被吸收 CO_2 和释放 O_2 的平衡作用仍是明显的。例如，北京城近郊建成区的植被日平均吸收 $CO_2$3.3 万吨（表 4-5），扣除一年中植物生长季的雨天日数，北京建成区植物进行光合作用的有效日数为 127.7 天，该区植被全年吸收 CO_2 为 424 万 t，释放 O_2 为 295 万 t。年均每公顷绿地日平均吸收 $CO_2$1.767t，释放 $O_2$1.23t。其中乔木树种占总量的比例最大。

表 4-5　北京市建成区植被日吸收 CO_2 和释放 O_2 量

类型	株数（株）	绿量（m^2）	吸收 CO_2（吨/天）	释放 O_2（吨/天）
落叶乔木	1	165.87	2.91	1.99
常绿乔木	1	12.6	1.84	1.34
灌木类	1	8.8	0.12	0.087
草坪（平方米）	1	7.0	0.107	0.078
花竹类 1	1	1.9	0.0272	0.0196

注：引自陈自新等，1998.

城市植被吸收 CO_2 和释放 O_2 的生态功能由植被面积、植被组成和结构所决定。1998 年，在北京城近郊八个区的植被情况不一样，区之间差异很大，近郊四个区（朝阳、海淀、丰台和石景山）值较高，其中朝阳区最高，其值分别为吸收 $CO_2$6654 吨/天，释放 $O_2$4618 吨/天；老城区（东城、西城、崇文和宣武）值较低，其中崇文区最低，其值仅为吸收 $CO_2$348 吨/天，释放 $O_2$246 吨/天（表 4-6）。

表 4-6　北京城近郊八个区植被状况和吸收 CO_2、释放 O_2 评价值

	东城区	西城区	崇文区	宣武区	朝阳区	海淀区	丰台区	石景山区
植被面积（hm^2）	601	263	533	313	4967	4752	2813	1835
绿量（m^2）	285×10^5	403×10^5	216×10^5	232×10^5	390×10^5	372×10^5	365×10^5	240×10^5
吸收 CO_2（吨/天）	473	601	348	376	6654	6172	4188	4016
释放 O_2（吨/天）	332	465	246	365	4618	4326	4307	2822

注：引自陈自新等，1998.

3．植物对大气污染的净化作用

植物对大气污染的净化作用主要是滞尘、吸收有害气体和杀菌作用。

（1）滞尘：树木对粉尘有明显的阻挡、过滤和吸附的作用。一方面是由于树木具有降低

风速的作用，随着风速减慢，空气中携带的大粒灰尘也全随之下降；另一方面是由于树叶表面不平，如叶表面沟状结构，多绒毛，且能分泌黏性油脂及汁液，吸附大量飘尘。据测定，一株165年的松树，针叶的总长度可达250km；一公顷松树每年可滞留灰尘36.4t，1hm^{2}的云杉林每年可吸滞灰尘32t。各种树木的滞尘能力有一定的差异（表4-7）。

表4-7　哈尔滨市部分主要乔灌木的滞尘能力　　g·m^{-2}

植物类型	树种名	第一周滞尘	排序	第二周滞尘	排序	平均滞尘
乔木	白桦	0.8605	4	1.1964	4	1.0285
	糖槭	1.1187	3	1.9558	2	1.5373
	榆树	1.3199	2	1.5708	3	1.4454
	垂柳	0.4771	6	0.9120	6	0.6946
	银中杨	1.6087	1	2.2343	1	1.9215
	紫椴	0.5622	5	1.0796	5	0.8209
	平均	0.9911		1.4915		
小乔木	山桃稠李	2. 1918	1	2.7092	1	2.4505
	垂枝榆	0. 8108	2	0.9246	3	0.8677
	野梨	0. 6784	3	0.9518	2	0.8151
	文冠果	0. 5465	4	0.6251	5	0.5858
	稠李	0. 4838	5	0.8625	4	0.6732
	平均	0. 9423		1.2146		
灌木	忍冬	1. 5485	1	2.5083	1	2.0284
	树锦鸡儿	1. 2928	2	2.1224	2	1.7076
	接骨木	1. 3376	3	1.5523	3	1.4449
	毛樱桃	1. 1075	4	1.3488	5	1.2282
	连翘	0. 7962	5	1.2159	7	1.0061
	榆叶梅	0. 7153	6	1.3099	6	1.0126
	紫丁香	0. 7053	7	1.3786	4	1.0119
	暴马丁香	0. 6465	9	0.7517	8	0.6991
	金焰绣线菊	0. 6375	10	1.0847	11	0.8611
	水蜡	0. 6231	11	0.7456	9	0.6844
	金山绣线菊	0. 6033	12	1.0234	10	0.8134
攀缘植物	五叶地锦	0. 5638	8	0.7305	10	0.6472
	平均	0. 8815		1.13143		

注：引自柴一新等，2002.

据研究表明，滞尘能力强的城市绿化树种，在中国北部地区有：刺槐、沙枣、国槐、家榆、核桃、构树、侧柏、圆柏、梧桐等，在中部地区有：家榆、朴树、木槿、梧桐、泡桐、悬铃木、女贞、荷花玉兰、臭椿、龙柏、圆柏、楸树、刺槐、桑树、夹竹桃、丝棉木、紫薇、乌桕等；在南部地区有构树、桑树、鸡蛋花、黄槿、刺桐、羽叶垂花树、黄槐、小叶榕、黄葛榕、高山榕、夹竹桃等，表4-7反映了不同植物的滞尘量的差异。

树木滞尘效果非常明显。据广州市测定，种有五爪金龙的居住墙面与没有绿化的地方比较，室内空气含尘量减少22%；在用大叶榕树绿化地段含尘量相对减少18.8%。南京林业大学在南京一水泥厂测定，绿化片林比无树空旷地空气的粉尘量减少37.1%～60%。

（2）吸收有害气体：污染空气中的有害气体很多，主要是二氧化硫、氯气、氟化氢、氨等。虽然这些有害气体对植物生长不利，但在一定浓度下，几乎所有植物都能吸收一定量的有害气体而不受到危害。即植物具有吸收和净化有害气体的作用。

植物吸收有害气体的能力除因园林植物种类不同而异外，还与叶片年龄、生长季节、大气中有害气体的浓度、接触污染时间以及其他环境因素，如温度、湿度等有关。一般老叶、成熟叶对硫和氯的吸收能力高于嫩叶。在春夏生长季节，植物的吸毒能力较大。在这些有害气体中，以SO_2的数量最多，分布较广，危害较大。在燃烧煤、石油过程中都要排出SO_2，所以，工业城市上空SO_2的含量常比较高。据研究，空气中的SO_2主要是被各种物体表面所吸收，而植物叶片的表面吸收SO_2的能力最强。硫是植物必需的元素之一，所以，正常的植物体内都含有硫，但是，当植物处于被SO_2污染的大气中时，含硫量常为正常含量的5～10倍。

观测表明，绿地上空的二氧化硫的浓度低于非绿化地区的上空。如北京市园林局对空气中二氧化硫日平均浓度测定表明，居民区二氧化硫浓度最高，为$0.223mg \cdot m^{-3}$，工厂区为$0.115mg \cdot m^{-3}$，绿化区为$0.121mg \cdot m^{-3}$。绿化区二氧化硫浓度比居民区低54.3%。污染区树木叶片中的含硫量高于清洁区数倍。在植物可以接受的限度内，其吸收量随空气中的SO_2的浓度提高而增大。煤烟经过绿地后，其中60%的SO_2被阻留。松林每天可以从$1m^3$空气中吸收20mg SO_2。每公顷柳杉林每天能吸收60kg的SO_2。此外，一般来讲，阔叶树对SO_2的抗性比针叶树强。

实验也表明，不少园林植物对氟化氢、氯以及汞、铅蒸气等有害气体也具有吸收净化能力和抵抗能力。如在广州对化工厂Cl_2污染状况进行测定，结果表明，在污染源附近有一段由榕树、高山榕、黄槿、夹竹桃等组成，宽15m，高7m，郁闭度为0.7～0.8的林带。林带前空气中Cl_2浓度年平均为$0.066mg \cdot m^{-3}$，林带后仅为$0.027mg \cdot m^{-3}$，经过林带后，空气Cl_2浓度下降了59.1%。特别在植物生长旺盛的夏季，净化效果更为显著（表4-9）。据上海园林局的测定，女贞、泡桐、刺槐、大叶黄杨等有较强的吸氟能力，其中女贞吸氟能力比一般树木高出100倍以上；构树、合欢、紫荆等则具有较强的抗氯和吸氯能力；喜树、梓树、接骨木则具有吸苯能力；樟树、悬铃木、连翘具有良好的吸臭氧能力；夹竹桃、棕榈、桑树等能在汞蒸气下生长良好，不受危害。而大叶黄杨、女贞、悬铃木、榆树、石榴等在铅蒸气条件下都未有受害症状。

表4-8　林带净化空气中Cl_2的效应

位置	空气中平均含量Cl_2（$mg \cdot m^{-3}$）					全年检出率（%）	经林带后Cl_2降低率（%）
	春	夏	秋	冬	全年		
林带前 距污染源南约20 m	0.064	0.057	0.058	0.083	0.066	82.6	59.1
林带后 距污染源南约50 m	0.032	0	0.037	0.037	0.027	31.8	

注：引自冷平生，1995.

因而，在有害气体的污染源附近，选择吸收和抗性强的树种进行绿化，对于防止污染和净化空气是有益的。

(3) 杀菌作用：城市人口密集，空气中散布着各种细菌等微生物，其中不少是对人体有害的病菌。城市植被可以减少空气中的细菌含量。这是由于植物吸滞粉尘，减少了黏附其上的细菌；另外植物由芽、叶和花所分泌的挥发性物质，具有杀死细菌、真菌与原生动物的能力。据调查，城镇闹市空气中的细菌数比绿化区多 7 倍以上。表 4-9 为不同植被类型空气中的含菌量。

从表 4-9 可见，城市中各类地区，因人流、车辆多少及绿化状况的不同，对空气含菌量有明显影响。各类地区中公共场所的空气含菌量最高，街道次之，公园、机关又次之，城郊植物园最低，相差可达几倍至 25 倍。

表 4-9　南京城市不同地点空气中的含菌量　　个/立方米

样地编号	用地类型	地　　点	菌落平均数（个/立方米）	清洁度
1	绿地	省林科所疏林 （距市中心约 100 公里）	1.0	清洁
2	绿地	宝华山林地 （距市中心约 50 余公里）	2.0	清洁
3	绿地—水体—开敞地 农田绿地—水体	安基山水库 （距市中心约 40 余公里）	6.0	清洁
4	水体—开敞地段	七乡河—九乡河间 （距栖霞—龙潭工业区较近）	16.5	清洁
5	水体—开敞地段	玄武湖北岸湖滨地带	6.5	清洁
6	居住小区—开敞地段	长江南岸白云石矿开采地	77.0	界线
7	住宅楼—开敞地	新建的莫愁公寓	15.0	清洁
8	居住区—开敞地段	三元巷	281.5	轻度污染
9	居住区—绿地	九华山山麓居住区	6.5	清洁
10	第三产业集中地段	新街口	96.5	界线
11	第三产业集中地段	三山街	432.0	严重污染
12	工场作业区—绿地	梅山钢铁厂	14.5	清洁
13	堆放垃圾的开敞地段	高桥门公路旁	35.5	较清洁

注：引自董雅文、赵荫薇，1996.

各类树种杀菌作用有所不同。松、柏、樟等的灭菌能力较强，可能与它们叶子散发某些挥发性物质有关（表 4-10）。

表 4-10　哈尔滨市主要绿化树种杀菌能力

树种名称	群落类型	含菌量	对照值（个/皿·5 分钟）	除菌量	除菌率（%）
樟子松 *	1	11	18	7	38.89
油松 *	1	6	163	157	96.32
红皮云杉 *	1	12	18	6	33.33

续表

树种名称	群落类型	含菌量	对照值（个/皿·5分钟）	除菌量	除菌率（%）
红松	1	13	145	132	91.03
兴安落叶松	2	13	48	35	72.92
圆柏*	1	7	17	10	58.82
杜松	1	10	29	19	65.52
旱柳	1	14	32	18	56.25
银中杨	1	23	28	5	17.86
白桦	2	8	11	3	27.27
蒙古栎	1	79	94	15	15.96
榆树*	1	12	18	6	33.33
垂枝榆*	1	35	64	29	45.31
山梅花	1	7	39	32	82.05
野梨	1	9	39	30	76.92
稠李	1	22	63	41	65.08
山桃稠李	1	20	59	39	66.10
杏*	1	13	16	3	18.75
李	1	12.7	20	7.3	35.00
山楂	1	8	20	12	60.00
花楸	1	12	42	30	71.43
山丁子	1	13	145	132	91.03
珍珠梅	1	17	42	25	59.52
榆叶梅	1	21	63	42	66.67
毛樱桃	1	7	63	56	88.89
黄刺玫*	2	80	127	47	37.01
绣线菊	1	5.3	19	13.7	72.11
紫穗槐	1	14	42	28	66.67
山皂荚	1	28	32	4	12.5
树锦鸡儿*	1	18	26	8	30.77
黄菠萝	1	72	94	22	23.40
火炬树*	2	58	79	21	26.58
糖槭	1	13	48	35	72.92
五角槭	1	18	42	24	57.14
文冠果	1	21	44	23	52.27
华北卫矛	1	12.3	20	7.7	38.33
紫椴	1	19	39	20	51.28
红瑞木	1	22	145	125	84.83
水曲柳	2	24	94	70	74.47

续表

树种名称	群落类型	含菌量	对照值（个/皿·5分钟）	除菌量	除菌率（%）
连翘	1	4	39	35	89.74
辽东水蜡	1	12	29	17	58.62
暴马丁香	1	36	145	109	75.17
紫丁香*	2	11	23	12	52.17
梓树*	1	11	20	9	45.00
金银忍冬	1	18	42	24	57.14
接骨木*	1	10	11	1	9.09
锦带花	1	34	345	111	76.55
天目琼花	1	6.3	19	12.7	66.84

注：在群落类型中，1为单株树种，2为同种树种构成的20～50m^2的小群落；
*杀菌能力参考相关文献，其他均为实测。

（4）指示和监测环境污染作用：城市植被在指示和监测环境污染方面有重要的作用。有些植物对大气污染的反应，要远比人敏感得多。例如，在SO_2浓度达到1～5ppm时，人才能闻到气味，10～20ppm时才会受到刺激引起咳嗽、流泪，而敏感植物在0.3ppm浓度下几小时，就会出现受害症状。有些有害气体毒性很大（如有机氟），但无色无臭，人们不易发现，而某些植物却能及时做出反应。因此，利用某些对有害气体特别敏感的植物（称为指示植物或监测植物）来监测有害气体的浓度，指示环境污染程度，是一种既可靠又经济的方法。例如利用紫花苜蓿、菠菜、胡萝卜、地衣监测SO_2，唐菖蒲、郁金香、杏、葡萄、大蒜监测氟化氢，早熟禾、矮牵牛、烟草、美洲五针松监测光化学烟雾，棉花监测乙烯，向日葵监测氨，烟草、牡丹、番茄监测臭氧，复叶槭、落叶松、油松监测氯和氯化氢。女贞监测汞，都是行之有效的好方法。

监测植物有很多优点，但也有不足之处。例如，同一种植物的不同个体，对同一种污染物的抗性和适应能力不同；不同污染物所引起的症状，虽然大多数可以区别，但也有不少共同之处，不少污染物引起的伤害症状，常和其他因素（低温、干旱、营养元素缺乏、病毒感染等）所引起的伤害症状有显著的一致性。这样就增加了植物监测的复杂性。

但是，只要我们根据污染源的类别，通过各种试验，筛选出适合当地的监测植物。在试验中还要找出空气污染物的浓度和植物受害症状的关系，综合考虑当时环境条件和其他特点，就能找出规律。利用植物监测环境污染，为保护环境、保护人类健康服务。

4. 防风沙作用

城市植被带状绿化，包括城市与滨水绿地是城市绿色的通风渠道。特别是带状绿地的方向与该地夏季主导风向一致情况下，可以将城市郊区的气流趁着风势引入城市中心地区，为炎夏城市的通风创造良好的条件。而在冬季，大片树林可减低风速，发挥防风作用。故在垂直冬季寒风的方向种植林带，可减低风速，减少风沙。

大风可造成土壤侵蚀，增加土壤蒸发量，降低土壤水分，并携带沙土埋没城镇和农田。园林树木的种植，有巨大的防风沙作用，因此，一般均设计成防风防沙林带种植。实践证明，合理的搭配高矮和适度疏密的林带，有较大的防护效果，其效果是树高的15～20倍。树种选择，以生长迅速，树干具韧性，根系深广，寿命长又有一定经济效益者为好。

5. 蓄水保土作用

大量资料证明，大面积种植林木对保持水土、涵养水源有巨大作用。在城市绿化中，为了达到涵养水源目的，应选择树冠厚大、郁闭度大、截留雨量能力大、耐阴性强、生长稳定并能形成富于吸水性落叶层的树种。

6. 安全防护作用

森林绿地的防震防火作用，直到 1923 年 1 月日本关东地区大地震，同时引发大火灾，城市公园意外成为避难和保护城市居民生命财产的有效公共设施，才引起人们的关注。1976 年北京受唐山地震的影响，15 处公园绿地总面积 400 多公顷，疏散居民 20 余万人。同时，一般地震情况下，树木不致倒伏，还可搭盖临时避震的生活环境。

许多树木枝叶含有大量水分，一旦发生火灾，可防止蔓延形成隔离带。如珊瑚树、厚皮香、山茶、泡桐、槐树、白杨等都是很好的防火树种。因此，城市规划中，应把绿化地作为防止火灾蔓延的隔离带和居民的避难所来考虑。

绿色植物能过滤、吸收和阻隔放射性物质，减低光辐射的传播和冲击波的杀伤力，阻挡弹片的飞散，对重要建筑物和军事设施等可起隐蔽作用，尤其密林更为有效。如二次大战时，欧洲某些城市遭到轰炸，凡绿化林木比较茂密的地段，所受损失较轻。所以森林也是防御放射性污染和战备防空不可少的技术措施。

7. 减弱噪声作用

凡是干扰人们休息、学习和工作的声音，即不需要的声音，统称为噪声。噪声污染的危害主要包括降低听力；影响人们的休息和工作，降低劳动生产率；干扰语言通讯联络等方面。

当前城市环境噪声污染相当严重。噪声主要来源于工厂的机械设备，地面的汽车、火车，空中的飞机等交通运输工具，建筑施工和社会生活等。为了保护环境，通过城市植被建设，减少噪声是十分必要的。

（1）城市植被减弱噪声的机理简述：城市植被可以减弱噪声，主要是植物对声波的反射和吸收作用，单株或稀疏的植物对声波的反射和吸收很小，但当形成郁闭的树林或绿篱时，则犹如一道隔声板，可以有效地反射声波，对降低噪音有一定的效果，现概述如下：

① 树木枝叶茂盛，它的柔枝嫩叶具有轻、柔、软的特点，一排排的树木枝叶相连，构成了巨大的绿色“壁毯”，反射出去的声波大为减弱。

② 树木的枝叶纵横交错、方向不一，声波遇到这种不规则的表面后，就会产生乱反射，使声波化整为零，越来越小。树干是一个圆形的粗糙表面，声波遇到这种表面后，一部分被吸收了，一部分向各个方向反射出去，这也减弱了声波的强度。

③ 树木的枝叶轻软，在风吹下经常摆动，摆动的枝叶对声波有着扰乱和消散作用。

④ 结构复杂的绿化实体是一个群体结构，株数较多，层次复杂，当声波进入这种结构后，往往要经过一个吸收、反射一再吸收、再反射，这样地多次反复，以使声波的能量逐渐消失。

⑤ 草坪的声衰减也主要是由于草的声吸收作用，一般接收点的声波包括直达声波和地面反射声波两部分。由于草坪的声吸收、乱反射使地面反射系数变小，从而降低了反射声的能量，使接收点的噪声有所降低。

（2）减弱噪声作用：综合国内外有关这方面的研究结果表明，一般城市绿化实体的声衰减效果具有一定的共性：郁闭度0.6～0.7，高9～10m，宽30m的林带可减少噪声7dB；高大稠密的宽林带可降低噪音5～8dB，乔木、灌木、草地相结合的绿地，平均可以降低噪音5dB，高者可降低噪音8～12dB；草坪的减弱噪声作用也比较明显（表4-11）。

表4-11　各种混合绿化实体消减噪声的效果

绿化结构	声源距绿带（m）	声源高度（m）	传声器距绿带位置（m）	传声器高度（m）	减噪效果（m）
A	13	0.5	1	0.5	5
B	10	2	0.5	1.2	5
C	14	2	5	1.2	4.5
D	4	0.9	2	0.9	7.5

注：引自符气浩等，1996.

A. 为三板四带结构中快慢车道的分车绿带，宽5m，由两行桧柏绿篱和乔灌木组成，绿篱高1.1m，厚1m，中间乔木为油松，高6m，株距3m，间种丁香、连翘灌木，高1.5m；

B. 为一板二带结构中人行道旁绿带，宽4m，两行桧柏绿篱高1m，厚1m，中间1行油松高5m，株距5m，间种黄刺玫，高2m；

C. 为一板二带结构中人行道绿带，宽12m，靠快车道一侧为侧柏绿篱，高1. 2m，厚1m，向南1m种植元宝枫，高6m，株距4m，分枝点高1.8m，中间人行道。该道北侧为丁香、珍珠梅、黄刺玫组成的灌木丛，高2m，宽3m，南侧为边界林，由大桧柏组成，高7m，株距3m；

D. 为两行桧柏绿篱，宽17m，每行绿篱高1. 7m，厚2. 2m，中间植两行灌木，株行距为3m×3m。

在热带、亚热带地区，最好种植常绿树种，而树叶密集、树皮粗糙、叶形较小且表面较为粗糙的树种，是隔音效果较好的植物；多层复合结构的绿化实体比少层复合结构或单优结构的绿化实体的声衰减效果好；在重噪声周围配置绿化实体时，应提倡梅花点形种树，不适宜井字形种树，如建防护林的话，防护林不能离声源太远，并且林带尽可能地宽些。

4.6.3.3　城市植被的经济效益

尽管城市植被的直接经济效益功能不是主要的，但不可忽视城市植被的经济效益，也就是新发展起来的城市绿色（化）产业。应该说城市植被的经济效益是非常巨大的。有城市园林产品等本身的收入，还有改善环境、美化城市，促进其他行业如旅游业增值的效益。

1993年，北京市生产果品3.6亿公斤，价值1.8亿元，特别是44个景区，接待游客116万人次，总收入1214万元，创纯利润718万元，这与城市植被的建设是分不开的。完善的城市防护林体系，可使粮食、蔬菜增产10%～15%，降低能源消耗10%～15%，降低取暖费10%～20%。在纽约州房屋周围有较好的植被覆盖，房价可提高15%；在公园、公共绿地附近的住宅价值高15%～20%。因此，城市植被在促进人民健康和社会效益方面所产生的间接经济效益是巨大的。

4.6.4　城市植被覆盖率与城市建设的关系

城市植被的功能多种多样，而城市植被覆盖率是表达城市绿化规划目标或所取得成果的总概念上的指标，城市绿化规划目标是指在城市范围内，单位土地面积上规划城市植被所覆盖的面积，绿化所取得的成果是指在城市范围内，单位土地面积上城市植被所覆盖的面积。

4.6.4.1　城市化与城市植被覆盖率的动态关系

20世纪以来，随着城市化的加剧，原有的城市植被（原生植被、农田植被）所在地绝大多数被占用，自然植被、农田作物覆盖的面积则大量减少，尽管新的人工植被面积也在不断增大，但城市植被覆盖率都徘徊不前，甚至减少。因此，如何在有限的土地上，紧跟城市化的进程，提高城市植被覆盖率是摆在城市建设者面前的课题。

4.6.4.2 人的活动强度与城市植被覆盖率的关系

城市环境是由自然环境和人工环境组成。一般来说，自然环境含有太阳辐射、大气、水、土地等因素；人工环境含有居住环境、工作环境、业余活动环境、道路交通环境等因素。绿化实体是人们依据多方面的科学知识和以艺术为手段，结合城市自然环境条件，作用于社会环境的实践结果。因此，任何一个绿化实体或绿化单元都和人的活动性质有着极其密切的关系。人的活动性质或人的活动强度可以通过人的分布、土地使用的性质、能源与资源消耗等方面来表示。一般来说，土地使用强度的顺序是：工厂＞文化教育＞党政机关。绿化现状与人的活动强度关系的内涵是比较复杂的，有待于人们去作进一步的深入研究。

人的活动强度在一个城市范围内的分布变化很大，表4-12反映了海口市不同行业人口的分布情况，但它所反映的是人们的行业分布情况。从各行各业和人口分布来看：从事工业人数最多，占23.3%。若把建筑业、交通运输业、邮电通讯业的人口也归入工业人口，那么，工业人口则占人口总数的38.7%；党政机关和文化教育所占的人口比例分别8.1%和6.5%

表4-12 海口市不同行业的人口分布情况

	农、林、牧、渔、水利业	工业	建筑业	交通运输邮电通讯	商业	文化教育业	国家机关党政机关	其他
人口数量（人）	69298	95542	30344	32804	84060	26653	33214	38135
比例（%）	16.9	23.3	7.4	8.0	20.5	6.5	8.1	9.3

注：引自符气浩等，1996.

一般来说，在工业人口集中分布的地区，或者说是工业用地比例大的地区，环境质量较差。从表4-13可得出海口市部分土地的使用性质和绿化覆盖率相互之间的基本关系。土地使用的强度越大，实际绿化覆盖率越低，相应的数据是工厂11.4%，文化教育单位为23.3%，党政机关为31.9%；而表4-12和表4-13却反映了土地使用强度越强，人口分布越多。因此，目前海口市的绿化状况是：土地使用性质不同，绿化覆盖率的差别较大。土地的使用强度高、环境质量差的工业地区，除个别厂区的绿化覆盖率较大外，整个工业地区的实际绿化覆盖率仅有11.4%，而分布于工业区的人口总数却居于全市各行业之首。这个区域里的人们，不论是实际上还是心理上所能享受到的绿化效益都是较小的。若要改变这种现状。除了在绿化设计和种植上下工夫之外，还需下力气宣传，让更多的人认识到环境绿化的重要意义，才有可能收到较好的效果。

表4-13 海口市不同的行业面积和绿化覆盖率统计表

	文化教育	党政机关	工厂
随机统计单位数（个）	14	13	11
总面积（平方米）	208756	208353	1042838

续表

	文化教育			党政机关			工厂	
各个单位面积（平方米）	38662	666	20000	600	3000	7947	3000	2920
	16000	6526	28001	19255	1200	5000	10000	11600
	627	1000	33135	3000	4000	12350	18667	373352
	14000	34300	34400	12000	10000		20000	400000
	1934	7000		11000	20001		67000	22000
							9900	
平均面积（平方米）	14911.2			16027.2			94803.5	
各个单位相应的绿化覆盖率（%）	21.4	11.5	17	8.5	25.0	4.3	5.6	6.0
	43	28.8	6.0	29.6	71.2	40.0	25.3	10.4
	6.2	10.0	25.0	25.0	30.2	25.5	60	3.9
	26.0	14.6	25.0	7.9	9.0		19.3	9.0
	7.3	5.7		40.0	29.3		29.7	20.8
							7.5	
平均绿化覆盖率（%）	17.7			26.6			22.9	
实际绿化面积（平方米）	48640			66464			118883	
实际绿化覆盖率（%）	23.3			31.9			11.4	

注：引自符气浩等，1996.

4.7 群落生态学原理在建筑领域的应用

良好的生态环境是建设生态城市，实现城市可持续发展的重要基础。为此，必须大幅度提高植被覆盖率，营建城市森林、隔离林带、大面积绿地。由于城市环境与自然环境存在很大差异，城市植被的恢复与配置有其固有的规律，这也是受到普遍关注和亟待解决的问题。在城市及建筑内外的绿化过程中，除了考虑生态因子对植物个体存活、生长的影响之外，还应该重点考虑由各种植物种类配置的群落类型，只有充分利用群落生态学原理才能使植物群落发挥应有的生态和美化功能。

4.7.1 城市植被恢复与配置的生态学原理

城市植被恢复必须以生态学理论为指导，遵循以下几个主要原则：

1. 以群落为基本单位

自然界中生长的植物，无论是天然的或是栽培的，既没有一株孤立生长着的个体，也没有一个完全孤立的种群。在一般情况下，植物总是成群生长，出现在有联系的种类组合中，植物与植物、植物与环境间相互影响、相互作用，形成一个有机整体，即植物群落。植物群落是自然植被存在的基本形式。因此，在城市植被建设中应以群落为单位，尽可能把乔木、灌木、草本以及藤本植物因地制宜地配置在群落中，达到种间相互协调和群落与环境的协调。在城市植被建设中，应充分考虑物种的生态位特征，合理选配植物种类，避免种间直接竞争，形成结构合理、功能健全、种群稳定的复层群落结构，以利于种间相互补充，既充分利用环境资源，又能形成优美的景观。

2. 地带性原则

任何一个群落都是在一定的环境条件下发育而成。因而每一个群落都有一定的分布区。如红松林只能分布在东北长白山、小兴安岭一带，蒙古栎林和辽东栎林只分布在华北地区，青冈栎林、甜槠林只分布在长江以南，而青皮栎林仅见于海南岛热带雨林。换言之，每一个气候带都有其独特的植物群落类型：高温、高湿的热带是热带雨林，季风亚热带是常绿阔叶林，四季分明的湿润温带是落叶阔叶林，气候寒冷的寒温带则是针叶林等，这就是所谓的地带性原则。因此城市植被建设应根据城市所处的气候带选择当家树种和主要群落类型，即把乡土植物作为城市植被建设的主题。地处温带地区的城市不可能建设分布在亚热带地区的以常绿树为主的绿地系统，同样，地处亚热带地区的城市也不可能建造以落叶树为主的绿地系统。

3. 生态演替原则

生态演替是在某一地段上，一个群落被另一个群落所代替的过程。这一过程在城市中到处都在进行。在废弃的建筑工地上，首先定居的是一年生杂草，然后是多年生草本植物和小灌木，接下来则出现了乔木的幼苗，任其发展之后可能成为当地普遍分布的“杂木林”。一块草坪和一块湿地，如果没有人工管理，也会进行同样的过程，最后终将形成与当地气候条件相适应的相对稳定的顶极群落。因此，掌握了这一规律后，就可对此加以利用：如果我们希望在城市植被中建立稳定的顶极群落，可以通过改善生境条件，改变种类组成，直接建立顶极群落和顶极群落的前期阶段，以缩短演替进程；而当我们希望保持某一种演替阶段时(如草坪或湿地群落等)，则又可通过人工措施，以阻止演替发展，让这一过程长期停留在某一阶段。

4. 以潜在植被理论为指导

城市是被人类强烈改造了环境因子的生境，特别是在人口密集、历史悠久的大城市中，地带性的自然植被可能已不复存在，广泛分布的大都是衍生的或人工的临时性的植被类型。如果以这些植被类型为主体构成城市植被，既不经济又不稳定，更不能充分发挥绿地的生态效益。在这种情况下要进行城市植被建设，需要找出在这个地区的气候和土壤等自然条件下可能发展的自然植被类型，即所谓的“自然潜在植被”，亦即在所有的演替系列中没有人为干扰，而在现有的气候与土壤条件（包括那些在人为创造的条件下）能够建立起来的植被类型，它可以是这个地区的气候顶极，也可以是该地区的土壤顶极或地形顶极。由于潜在植被是在人们研究了该区域的植被现状和历史以及自然条件的基础上确定的，它反映了该地区现状植被的趋势，因此，按照潜在植被类型进行城市植被建设更能适应该地自然条件，获得稳定的发展。

5. 保护生物多样性原则

生物多样性一般被理解为基因多样性、物种多样性、生态系统多样性及景观多样性。物种多样性是生物多样性的基础，生态系统多样性和景观多样性是生物多样性存在的条件，而基因多样性则是生物多样性的关键。保护生物多样性经常是从保护该物种生存的群落着手，从而达到保护基因的目的。由于城市生境的改变，一些物种数量减少甚至消失，一些物种扩展或被引入。城市中的生物多样性与周围地区的物种多样性是不同的。在城市绿地建设中要注意保护生物多样性，对城市里留下来的自然植被、池塘以及动植物区系都应加以保护，维持已经建立的稳定的植物和动物区系，尽可能保存下来的不同的生境条件可为特殊的种类提供生育地。即使对“杂草”也要按情况分别对待，只要它们不生长在不该生长的地点（如农田、果园和人工的纯种草坪），都不必一概铲除，通过适当管理（如定期修剪），不仅保护了城市生物多样性，而且可以发挥绿化效益并无需大量投资。在城市绿地建设中应尽量模拟自然群落结构，形成丰富的植物、动物和有益的微生物在内的物种多样性。在物种多样性高的绿地群落中，不仅有丰富的植物和鸟类，其群落的稳定性也高，生物群落与自然环境条件相适应，在群落的时空条件、资源利用方面都趋向于互相补充和协调，而不是直接竞争。因此，在城市绿地建设中应尽量多造针阔混交林，少造或不造纯林，对引进外来植物应持慎重态度，以避免它们造成基因混交或变成有害种类。

同时要遵守景观多样性原则。这里对景观的理解是指一定地面上的无机自然条件和生物群落相互作用的综合体。景观是由相互作用的斑块所组成，在空间上形成一定的分布格局。城市景观既包括自然形成的，也包括经过人工改造的或主要是由人工建造的景观。自然界中景观的稳定性与景观的多样性相联系，即多样性可以导致稳定性。城市植被的建设也必须强调景观的多样性，这不仅涉及城市的美化，而且也涉及绿地系统的稳定。

6. 整体性和系统性原则

生态学十分强调生态系统的整体性和系统性，把自然界一切都看成是相互联系、相互影响的。在绿地建设中既要注意各种植物的相互关系，也要注意植物与动物的相互关系以及绿地与人的关系。要把绿地建成系统，需把城市开敞的绿色空间连接成网络，减少绿地孤立状态，同时也要注意保留并建设大块绿地，一个大的没有分割的绿地，其生态作用是许多分散的绿地所无法代替的，这是由于较大的绿地具有较大的抗干扰能力和边缘效应。

4.7.2 植物种类选择

必须遵循一定的生态学与绿化植物栽培学规律和要求，不仅从观赏美化的角度考虑问题，还要关心植物正常完成其主要生长发育过程。为此，选择绿化植物种类中应遵循以下基本生态学原则：

1. 以乡土植物为主

在选择城市绿化植物时，首先应重视当地分布的乡土植物，因为乡土植物往往是长期适应当地气候和土壤条件，能够正常生长发育的植物，而且在多数情况下也是当地的特色植物，或者能反映当地景观风貌的植物，可以保证植物的生态学适应性。

与此同时，要积极引进一些引种驯化成功的外来优良种类，特别是在类似自然地理条件下分布的植物和已经证明能适应当地条件的植物，以丰富绿化植物的组成。还可以利用局部小地形和小气候进行引种栽培。实践已经证明，很多外来植物能够适应城市局部环境条件，在城市绿化中发挥巨大作用。

2. 适地适树

在全面掌握目的城市自然地理条件的基础上，分析主导性立地条件因素和限制性立地条件因素，从气候、土壤、水文、地质、现有植被等方面，分析与植物的关系，确定植物最适条件和极限条件，因地制宜地选择适生的植物种类。因此不仅要了解城市景观的整体自然地理条件，也要掌握局部小气候、地形、土壤、水文等条件，并了解哪些是比较稳定的因素，哪些是可以改造的，可以改变的程度如何等，以便加以利用。由于城市建设对改变城市局部地形、土壤、水文等条件，特别是土壤属性会发生很大变化，要给予充分注意，必要时采取人工改造措施。还要特别重视城市景观中由大型建筑或建筑群形成的局部小气候环境，有些局部环境会更加恶化，有些地方能形成良好的局部环境，可以充分利用。

3. 以主导性绿化植物营造特色

在城市植被建设过程中，要确定若干个主要栽培的绿化植物，常常还要确定一个基调绿化植物，但要注意主导性骨干植物的确定与物种多样性间的辩证关系。既要保证有明确的骨干绿化植物，将当地生长良好而又深受广大市民喜爱的绿化植物作为当地的特色，体现城市绿化的地域特色，为突出城市景观特色服务；又要保持和提高城市绿化植物多样性，以保证绿化景观的异质性，为实现四季常青，同时也为保护城市生物多样性提供条件，特别是保护当地特有物种及其栖息环境。

4. 符合群落学要求，实现多类型搭配

城市绿化植物搭配要符合群落学的要求，在适应当地条件的基础上选择群落生态习性有所差异的植物，如阳性植物、耐阴性植物和阴性植物，针叶树种和阔叶树种，高大乔木、中乔木、小乔木、灌木和藤本植物，都要有合理的搭配，以便为人工植物群落的科学配置提供多种选择，形成稳定而优美的群落结构和外貌，实现绿化建设的多重目标。

4.7.3　群落设计及实例

植物生态配置是利用乔木、灌木、藤本和草本等植物通过艺术的手法充分发挥植物形体、线条、色彩等自然美，创造自然景观，供人们观赏，使植物既能与环境很好地适应和融合，又能使各植物之间达到良好的协调关系，最大限度地发挥植物群落的生态效应。

因此群落设计除应强调结构、功能和生态学特性的相互结合外，还应特别注意绿化地点的特点及其环境条件，使植物群落不仅具有景观价值，而且根据生态环境的保护效应，以适应不同绿地地区的特殊要求。

4.7.3.1　户外群落的生态配置

1. 居住区植物群落的生态配置

(1) 居住区植物群落配置的作用

居住区是为居民提供生活居住，从事社会活动的场所，包括居住建筑、公共建筑、居住区公园绿地、居住区附属绿地、生活性道路等居住设施。居住区环境的优劣直接影响人们生活环境质量，居住区绿地一方面要满足居民对生活空间的生态效应的需求，包括提高居住区空气质量、绿地小气候的形成、安静祥和的环境和改善光环境等；另一方面，还要满足人们休闲娱乐、调节心理和陶冶情操等方面的社会需求。

(2) 居住区植物配置及管护

① 居住区植物种类的选择

居住区植物配置的首要原则是确保人类健康。植物选择以对人体健康无害，并对环境有较好的生态作用为基础，在此基础上选择具有良好特性的植物。具体来讲，要选择那些无飞絮、无毒、无刺激性、无污染、易生长、耐旱、耐贫瘠、树冠大、枝叶茂密、易于管理的植物种类，在儿童容易触及的地方尽可能不用带刺的玫瑰、黄刺玫等植物。针对当地的污染状况选择适宜的抗性植物，以净化空气，这对于居住区来讲非常有意义。

具有各种防护作用的植物种类应适当采用，特别是具有多种功能的植物应加大栽植比例。居住区植物对环境要有防护作用。如防火植物银杏、棕榈、榕树等；强滞尘植物榆、朴、木槿等；强降噪植物梧桐、垂柳、云杉等；如表 4-14 所示。

表 4-14　防风、防火、防湿和防烟的树种

作用	树种选择要求	主要树种
防风	树群内部的风速根据树冠的密度而变化，树木越密，减速效果越明显。针叶常绿树木的密度大，在阻止空气流动方面非常有效。但由于枝叶过密，易遭风害故不适于作防风树	1. 最强：圆柏、银杏、木瓜、柽柳、楝 2. 强：侧柏、桃叶珊瑚、黄爪龙树、棕榈、梧桐、无花果、榆树、女贞、木槿、榉、合欢、竹、槐、厚皮香、杨梅、枇杷、榕树、鹅掌楸 3. 稍强：龙柏、黑松、夹竹桃、珊瑚树、海桐、核桃、樱桃、菩提树、女贞
防火	常绿、少蜡、表面质厚、叶富水分的树木，除观赏外，兼有防火的能力，还可以降低风速。一旦发生火灾，可以蔓延。针叶树的防火效果一般比阔叶树低。	1. 常绿树：珊瑚树、厚皮香、山茶、罗汉松，蚊母、海桐、冬青、女贞、黄爪龙树、构树、棕榈 2. 落叶树：银杏、麻栎、臭椿、金钱松、槐、刺槐、泡桐、柳树、白杨
防湿	湿气较大的居住区很容易发生疾病，为防湿气，所选树种具有的条件：①适合于水湿地中生长；②叶面蒸腾作用较显著；③叶面大的落叶植物；④水分吸收作用较显著。	桉树、垂柳、赤杨、桦树、白杨、樟、泡桐、水青冈、水松、水杉、楝、枫香、梧桐、木棉、水曲柳、白蜡、三角枫、七叶树
防烟	树木净化大气的能力主要是由于树叶的性质，并由树种、树叶质量、树叶年龄、环境条件等而不同。常绿树木四季常青，对煤烟抵抗力较落叶树大。	1. 常绿树：青冈栎、榧树、樟树、黄爪龙树、黄杨、冬青、女贞、珊瑚树、桃叶珊瑚、广玉兰、厚皮香、夹竹桃 2. 落叶树：银杏、悬铃木、刺槐、皂荚、榉木、榆树、梧桐、麻栎、臭椿

另外，要注重生物多样性。在满足以上要求的基础上，尽可能增加植物的种类，选择不同类型的植物。一方面可以较好地保持群落的稳定性，另一方面，也可以增加植物群落的观赏效果和生态功能。

② 居住区植物的时空配置

居住区植物的配置应灵活运用群落的垂直结构，采用乔、灌、草、花卉等相结合，根据具体地段进行不同的植物配置。

居住区的开敞空间应适当增加乔木数量，形成开放空间，以供休闲、娱乐之用，多余空间散植灌木，地表适当覆盖草坪，留出人们行走或活动的空间，其间小游园可采用规则式几何配置，也可采用与地形等相协调的自由式配置，或二者结合。对于古树或名贵树种应加以保护，以原有树木为中心进行植物配置，既保护了宝贵资源，又减少了费用，还能形成特色。适当增加花卉和藤本等植物的使用，如多年生宿根花卉或各类观叶植物等，可形成稳固的景观效果，并辅以不同季节开花的花卉类型，形成错落有致的异时景观。如在暖温带、亚热带地区可选择香樟和银杏、广玉兰混交种植，其下选用桂花、小叶女贞、大叶黄杨、八角金盘、海桐、紫酢浆草、麦冬等组成复合型群落，如槭树—杜鹃以及水杉—八角金盘群落。槭树、水杉树干高大直立、根深叶茂，可以吸收群落上层较强直射光和较深层土壤的矿质养分；杜鹃和八角金盘是林下灌木，吸收林下较弱的散射光和较浅土层中的矿质养分，可以较好地利用林下的阴生环境。两类植物在个体大小、根系深浅、养分需求和季相色彩上差异较大，既可避免种间竞争，又可充分利用光和养分等环境资源，保证了群落的稳定性。

宅旁庭院应选用季节性强的树木花草，通过季相的变化，使宅旁绿化具有浓厚的时空特点；宅旁绿化应充分发挥空间配置的优越条件，与建筑物相结合，进行墙面绿化或其他形式的绿化，大力发挥居民的积极性，形成多种配置形式，既可增加绿量，又可陶冶人们的情操；在宅旁庭院内的休息活动区，注意选用遮阳能力强的落叶乔木进行配置，在夏季既可为居民提供良好的遮阴场所，冬季又可获得充足的阳光；在建筑物等的遮阴区域要适当选择较为耐阴的植物进行配置，以保证植物的良好生长，注意对区域内不雅设施或景观的遮掩，这样既增加覆盖率，又形成良好的视觉效果。

③ 生态管护

居住区一般具有建筑密度高、土质和自然条件差等特点，良好的植物群落离不开精细的生态管护。保持居住区内植物良好的生长条件是必需的，喜湿的草坪要适时浇灌，而规则的配置要定期修剪等等。

2. 单位附属绿地植物配置

单位附属绿地是指企业、事业单位机关大院内部的绿地，如工厂、矿区、仓库、公用事业单位、学校、医院等单位内部的附属绿地。单位附属绿地的群落配置结合具体单位的性质和需求既能体现本单位特色，又要适于员工工作。

（1）单位附属绿地植物配置的作用

单位附属绿地的作用主要体现在生态效应和社会景观效应两方面。前者包括为单位办公区域提供相对清新、洁净的空气环境，安静的工作场所，小范围内适宜的小气候和改善生物环境空间等；后者是改善员工的心理机能和精神状态，保证员工的工作活力，提高注意力；有助于确立单位良好形象，提高单位的信誉和知名度等。

（2）单位附属绿地的植物配置

① 植物种类的选择

该类绿地上的植物选择应根据单位的性质进行。

对于生产型单位，特别是制造各种污染物的单位，实际是以改善和净化环境为主，应根据工厂的性质、环境污染状况、立地条件设计组成群落的植物种类，确定种植方式。在植物选择上，一方面选择能在该地段上成活的类型，保证发挥生态和社会效应；另一方面，要尽可能选择抗污吸污、滞尘、防噪的树种和草皮为主，构成厂区绿地的“基调”。达到净化空气，减轻污染的目标。

对于流动人口较多，或含菌量较高的医院等场所，要侧重选用杀菌素较强的植物种类，如松、樟、椴等。

对于仓库等区域，适当选择树冠浓密，结构较为复杂的植物群落类型进行遮盖，形成良好的景观特征。

② 植物的时空配置

单位附属绿地的植物配置要针对不同位置进行不同的配置。

在污染较为严重的生产区，应根据污染程度进行植物配置。在污染严重的地段，要首先保证植物的成活，因此，应首选抗性较强的类型，形成合适景观即可，当然，此区域内要避免过密的植物配置，以利于各种污染物的疏散，减轻污染伤害。

在污染中等的地段，能够生长的植物类型相对增多，可配置较为复杂的植物群落类型，一定程度上可防治污染；而在污染较轻的地段，植物生长已不成问题，在达到良好的植物配置时应注重防治污染，达到较为理想的净化作用。

对于污染较轻或基本上没有污染的单位，可按照各单位要求灵活进行植物配置，其配置风格可与公园绿地以及居住区附属绿地的配置风格相似。即要体现单位的特色，形成或气派、或舒适的配置模式。

③ 生态管护

单位附属绿地的生态管护要求较高，特别是气势恢宏的类型，要更加精心的进行护理，才能保持最好的效果。

3. 道路附属绿地

随着城市化进程的快速推进，道路绿化的类型多种多样，功能增多，逐渐发展为特殊的景观，与整个大环境绿化融为一体，在改善城市环境，发挥生态效益方面表现得越来越突出。

(1) 道路景观的作用

道路不仅是重要的交通运输通道，也是人们户外活动的重要空间。因此，道路景观不但具有景观方面的美感表现，还兼有良好的生态效应。

① 保证道路畅通、交通安全

植物在确保道路交通安全方面有极为积极的作用。首先，它可以沿着车道引导视觉，帮助司机准确判断对面车辆行驶的速度和距离，在有坡度的地方植物的这种作用尤为重要；在车速较高时，伴随视野的缩小，树木可帮助司机更准确地了解街道的走向，有行道树的街道比没有行道树的街道更易为人们所识别。

道路景观可给予司机持续的轻微刺激，如利用树木的外形和颜色配置成富于变化的美丽景观，可减轻疲劳和厌倦情绪，从而保证行驶安全。

树木对交通安全的正效应有赖于合理的设计。Thedic (1959) 调查发现，在紧靠道路边沿植树的地方，车祸发生率最高。但如果路边沿和树木之间的距离超过 1m 的地段，车祸发生率却低于无树的地段。合理的植物配置则可较好地避免道路景观的负效应。一方面要考虑树木距离路沿的距离，据调查研究和发表的资料表明，普通路面的距离为 2m，而在高速公路上，德国认为 4.5m 足够了，如果距离太远，树木对交通的正效应则会减小；另一方面是树木与树木之间的距离，距离太近犹如一堵墙一样影响视线，一般树木之间的距离最小为 10m。

② 美学效应

道路景观可弥补建筑物色彩、质感的单一。绿色作为一种生命色可增加建筑物的活力感；通过园林植物对各种设施的分割，配合园林植物的外部形态，如乔木、灌木、草本、花卉和藤本等所形成的绿化隔离带、行道树、绿篱、草地等，可以使道路景观更加充实、流畅，避免各种混凝土的生硬之感，起到很好的缓冲作用，满足人们的视觉享受，从而丰富道路景观的观赏性和生命力。

道路景观的季相美。由于植物的外部形态、色彩等随时间而变化，利用不同植物种类所形成的道路景观也随时间形成不同的景象，特别是伴随着各种新技术的广泛利用，开花期的延长，多种开花方式，叶色的多变等，使得不同季节甚至不同时间间隔都会有不同的道路景观表现，人们所能观赏到的各种植物景观也越来越丰富。

另外，植物群落还将各种不雅物品进行遮盖，避免人们受到各种视觉污染。

③ 生态效应

首先，道路绿化能够形成遮阴效应，使行人免受夏日的炎热之苦，植物可增加环境湿度使行人倍感凉爽。再者，植物可以减弱风力、减弱噪声、阻滞灰尘等，对周围环境起到了良好的保护作用。而且，道路绿化植物可以较好地吸收各种污染物质，特别是汽车尾气，能够净化空气。因此道路绿化植物是道路建设的重要组成成分，不但可以降温增湿，改善小气候，而且大范围的道路景观对整个大环境的改善尤为重要。

(2) 道路绿化植物的生态配置

① 植物种类的选择

一般来说，道路绿化植物要求无飞絮、无毒、无臭、耐践踏、耐瘠薄土壤、耐旱、抗污染、生长快、寿命长等特点。而树木应具有冠大荫浓、主干挺直、树体洁净、落叶整齐等特性。除此之外，在选择道路绿化植物时还要考虑以下方面：

首先，应选择适合道路环境的植物。保证植物的健壮生长是发挥其生态作用的前提和基础。这就要选择能够适应该环境的植物类型。道路环境的差别较大，植物的适应性也随之改变。有的区域岩石较多，土壤瘠薄，相对干旱，因此要选择耐瘠薄干旱的植物类型，如重庆属该类型，且具高温、污染严重的特性，所以重庆的道路绿化树种可选择川楝、构、臭椿、泡桐等；有的区域地下水位较高，如天津，属碱性土，可选择白蜡、绒毛白蜡、槐、旱柳、垂柳、侧柏、杜梨、刺槐、臭椿等。

再者，应突出特色，尽可能选用乡土植物。乡土植物最能适应当地环境，且具有地方特色。华南可考虑香樟、榕属、桉属、木棉、台湾相思、红花羊蹄甲、洋紫荆、凤凰木、木麻黄、悬铃木、银桦、马尾松、大王椰子、蒲葵、椰子、扁桃、芒果等；华东、华中可选择香樟、广玉兰、泡桐、枫杨、悬铃木、无患子、银杏、女贞、刺槐、合欢、榆、榉、薄壳山核桃、柳属、枇杷、鹅掌楸等。华北、西北及东北地区可用杨属、柳属、榆属、槐、臭椿、栾、白蜡属、复叶槭、元宝枫、油松、华山松、白皮松、红松、樟子松、云杉属、落叶松属、刺槐、银杏、合欢等。

植物群落的配置在不影响交通的前提下，应尽量形成复层结构。因此应选用合适的下层植被，特别是底层应选择较为耐阴的植物，如山茶、竹柏、桂花、大叶冬青、君迁子、大叶黄杨、锦熟黄杨、栀子、杜鹃属、丁香属、珍珠梅、太平花、金银木、胡枝子属等。

② 街道植物景观的空间配置

街道绿地按功能分为分车道绿地和人行道绿地。分车道绿地是指车行道之间的绿地；人行道绿地是指从车行道边缘至建筑红线之间的绿地。分车道绿地一般具有快、慢车道3块路面，共有2条分隔绿地或具有上、下行车道2块路面一条分割绿地等。国内外的绿地宽度不一致，窄者仅1m，宽可达10m。

分车道绿地首先要满足交通安全的要求，不能妨碍司机及行人的视线，一般窄的分车道绿地仅栽种低矮的灌木及草皮，或枝下高较高的乔木。再者，该绿地上植物的配置要考虑增加景观特色，可采用规则式的简单配置为等距离的一层乔木，也可在乔木下配置耐阴的灌木和草本植物；或采用自然式配置，利用植物不同的姿态、线条、色彩，将常绿、落叶的乔、灌木、花卉及草坪配置成错落有致的树丛、树冠饱满或色彩艳丽的孤立木、花地、岩石小品等各种植物景观，以达到四季有景，富于变化。在温带地区，冬季寒冷，为增添街景色彩，可多选用些常绿树木，如雪松、油松、樟子松、云杉、桧柏、杜松等，地面可用砂地柏、匍地柏及耐阴的藤本植物地锦、金银花等，为增加层次，耐阴的丁香、珍珠梅、金银木、连翘等可以作为下木。北方宿根等花卉资源丰富，如鸢尾类、百合类、地被菊等，以及自播繁衍能力强的二月兰、孔雀草、波斯菊等可点缀草地。许多双色叶树种如银白杨、新疆杨以及秋色叶树种如银杏、紫叶李、紫本小檗、栾树、黄栌、五角枫、红瑞木、火炬树等都可配置在分车道绿地上，更能增加景观特色。

人行道绿地包括行道树绿地、步行道绿地及建筑基础绿地。

人行道绿地的空间配置既为行人提供一个舒适、休闲的步行环境，又要对道路边的建筑物起到防止噪声、污染等进入的隔离作用。当然，靠近建筑物的区域植物不要太高或太密，防止阻挡阳光进入或空气的流通等。

行道树绿地是指车行道与人行道之间种植行道树的绿地。其功能主要是蔽荫、美化、改善环境等生态效应。我国夏季普遍炎热，因此行道树利用广泛且形式多样。如南京、武汉、重庆 3 大火炉城市都喜欢用冠大荫浓的悬铃木、小叶榕等，吐鲁番某些地段在人行道上搭起葡萄棚，青海西宁用落叶松及宿根花卉地被，呈温带高山景观。随着人们对环境生态效应要求的提高，行道树的配置已逐渐向乔、灌、草复层混交形式发展，并取得了良好效果。但应注意的是，在较窄的，没有车行道分隔带的道路两旁，不宜配置较高的常绿灌木或小乔木，防止树冠郁闭后，导致汽车尾气扩散不畅，从而加重道路空间的大气污染。步行道绿地和行道树绿地一起既可起到为行人遮阴的目的，又可阻止噪声和污染等从而为行人提供安静、优美、舒适的步行环境。

建筑基础绿地国内常用地锦等藤本植物作墙面垂直绿化，用直立的桧柏、珊瑚树或女贞等植于墙前作为分隔，如绿带宽些，则以此绿色屏障作为背景，前面配置花灌木、宿根花卉及草坪，但在外缘常用绿篱分隔，以防行人践踏破坏。

③ 园路植物景观的空间配置

风景区、公园、植物园中道路除了交通功能外，主要起到导游作用。园路的宽窄、线路乃至高低起伏都是根据园景中地形以及各景区相互联系的要求来设计。一般来讲，园路的曲线都自然流畅，两旁的植物配置及小品也宜自然多变，不拘一格。游人漫步其上，远近各景可构成一幅连续的动态画卷，达到步移景异的效果。

主路是沟通各活动区的主要道路，往往设计成环路，宽 3～5m。平坦笔直的主路两旁常用规则式配置。最好栽植观花乔木，并以花灌木作下木，丰富园内色彩。主路前方有漂亮的建筑作对景时，两旁植物可密植，使道路成为一条通道，以突出建筑主景。入口处也常为规则式配置，可以强调气氛。如庐山植物园入口两排高耸的日本冷杉，给人以进入森林的气氛。蜿蜒曲折的园路，不宜成排成行，而以自然式配置为宜，沿路的植物景观在视觉上应有挡有敞，有疏有密，有高有低。景观上有草坪、花地、灌丛、树丛、孤立树，甚至水面、山坡、建筑小品等不断变化。

次路是园中各区内的主要道路，一般宽 2～3m，小路则是供游人漫步在宁静的休息区中，一般宽仅 1～1.5m。次路和小路两旁的种植可更灵活多样，充满丰富的设计空间。

④ 道路植物景观的时间配置

道路植物的时间配置对于景观和生态效应同样重要，这主要体现在季节变化和长期效应两方面。

一方面，在配置道路植物景观时要考虑季节变化。由于植物随季节变化而具不同的景观效应，因此，充分利用植物种类多样性、植物季节变化多样性进行多层次搭配来实现观赏景观的动态变化。在北方，特别是纬度偏高的区域，由于常绿阔叶树极少，因此在道路的配置上应考虑常绿针叶树所占的比重。另外，要达到良好的季节景观效应，还应充分利用各种灌木及花卉草本植物等，特别注意利用新技术培养出的抗性植物。

另一方面，还要考虑道路景观的长期效应。随着植物年龄的增长，植物的高度及外部形态都会发生较大的变化，这些变化对交通及景观欣赏会有哪些影响应考虑在内。选择合适的植物，形成良好的配置，一方面可以减少管理的投入，还可以保持景观的持续性和生态效应的累积性。

⑤ 道路植物景观的生态管护

要保持道路植物配置的美学效应、生态效应的长期性，以及不影响交通及行走，就必须进行连续的生态管护。保持植物的旺盛生命力，是发挥景观效应和生态效应的基础。植物，特别是城市道路植物，必须进行人工管理，如浇水，防治病虫害、冻害等，在植物生长过程中，还要采取修枝、修剪等措施，保持植物的外部形态美，以达到最初设计时的效果，并可根据实际情况，组建更适合的植物景观，充分发挥生态效应、美学效应和社会效应。

4. 公园绿地

公园绿地是指向公众开放，以游憩为主，兼具生态、美化和防灾作用的绿地。主要包括各种类型的公园、动物园、植物园、纪念性园林等，以及沿道路、沿江、沿湖、沿城墙绿地和城市交叉路口的小游园等。公园绿地是城市的重要组成部分，其配置的好坏，直接影响到城市市容，而且对整个城市的生态平衡起着重要的作用。

(1) 公园绿地植物配置的作用

① 生态效应

改善城市空气环境　公园绿地是城市的重要成分，对于改善城市的空气环境具有重要作用。该类绿地植物配置的好坏直接影响到周围环境质量，包括空气中的碳氧平衡，空气中的污染物浓度，空气中的各种病原菌类的多少等等。良好的植物配置可大大提高该绿地内及周围环境的空气质量，被人称为“绿色的过滤器”。

改善声环境　相对繁华的地段附近，也是噪声的发源地，此处配置良好的公园绿地特别是配置较复杂的植物群落，可阻挡噪声传播，减弱噪声，营造相对安静的空间，被称为“绿色消音器”。

营造小气候　公园绿地，特别是面积较大的公园或植物园，形成相对复杂的植物群落，有的甚至具有典型的森林特征，可以明显在其内部形成相对稳定的小气候，并会向周边区域延伸，形成相对大范围的稳定小气候，对于城市或其他人类较为集中区域的环境改善具有促进作用。

改善水环境　公园绿地，特别是面积较大、相对复杂的植物配置形成的植物群落，能较好地净化进入其内的各种工矿废水或生活污水，保持水体的相对洁净，改善周围水质，减少污染的进一步蔓延。

改良土壤　公园绿地可吸收土壤中的有害物质，净化土壤，从而改善土壤质量，提高土壤蓄水和净水功能，促进整个大环境的改善。

② 社会美学效应

美化环境，提高环境景观欣赏水平。公园绿地是城市的脸面，良好的植物配置可提高城市的景观效应，与气势恢宏的高楼大厦相互融合，高低错落，刚柔相济，形成城市独特的景观，为城市注入新的活力和魅力。

自我宣传，提高环境知名度。公园绿地是一种自我宣传，是对以城市为中心的环境的一种无声的表白。良好植物配置的公园绿地可增加城市的知名度。我国的大连、张家界、深圳等就是很好的例证。

休闲娱乐，陶冶情操，促进人们的身心健康。公园绿地是人们利用率较高的区域，良好的植物配置可为人们提供休闲、娱乐、游戏和学习等场所，使人们参加各种活动，满足人们的感情生活，提高道德修养，激发对大自然的热爱之情，从而可以促进人们的身心健康。

弘扬文化，提高全民知识层次。各种公园绿地，如植物园、公园、纪念性园林等，不仅为人们提供休闲、娱乐、欣赏的场所，还能供人们进行相关的研究和开发，并通过相应途径进行知识文化的传递和普及，从而提高公众的知识层次和全民素质。

防灾避难，提高环境安全度。各种绿地可以阻止灾害的蔓延，减弱灾害的破坏和杀伤能力，保护人们生命和财产的安全，提高环境的安全水平。

（2）公园绿地植物配置

① 公园绿地植物种类的选择

首先要保证植物成活，特别是在环境条件相对较差的区域，要选择适应性较强，容易成活的植物种类。一般应考虑乡土植物种，因为乡土植物种能较好地适应当地环境，并能形成鲜明特色，且省时省力，效果明显。

在公园绿地上进行植物配置，要选择对人体无伤害的种类，如无毒、无刺、无异味、不易引起过敏或具有刺激作用等。

同时，选择植物时应尽可能增加植物种类，促进植物多样性，是形成多种景观效果，随时间变化仍能保持良好的景观效果的重要保证。在此基础上协调季节变化所带来的景观差异，尽可能保持四季景观的可视性和观赏效果。

选择植物还要从色彩、形态等方面着手，保证与大环境相适应，并要满足人们休闲、娱乐等的需求。

以上是对公园绿地植物种类选择的总原则，对于具体地段，可根据绿地功能和性质进行具体选择。如儿童玩要的地方应选择色彩鲜艳，奇形怪状的植物类型以引起儿童的兴趣，注意选择枝下高较高的乔木以避免影响儿童的玩要或对儿童造成伤害；对于植物园或综合性的大公园，应侧重增加植物种类的丰富性和植物群落类型的多样性，特别是对一些珍稀或濒危植物类型的收集；在庄重肃穆的场所如烈士陵园可选用松柏类、雪松等常绿针叶树种来营造气氛。

② 公园绿地植物的时空配置

公园绿地的植物配置要结合当地的自然地理条件、文化和传统等方面进行合理配置。尽可能使用乔、灌、草、花卉等合理搭配，使其保证成活的前提下进行艺术景观的营造，既使其发挥良好的生态效应，也要满足人们对景观欣赏、遮阴、防风、森林浴、日光浴等方面的需求，而要达到这种要求，往往要分区进行植物配置。

街头小游园等小型绿地可进行简单明了的植物配置，既美观大方，又能满足基本的休闲需求，而对于较大的类型要就其功能和特点进行细致的配置。

各种大型公园绿地的出入口，特别是主要的出入口或正门的植物配置，一方面要与建筑协调一致；另一方面，要保证视野开阔，防止阻碍视线。可铺设草坪或种植花灌木，在门前停车场及四周可用乔、灌木搭配，起到夏季遮阴和隔离周围环境的作用。在主干道可根据绿地性质配置整齐的乔灌木以营造庄严肃穆的气氛，或以鲜艳色彩营造生动活泼的氛围等。

在广场或开敞区域，既要形成良好景观，又要不影响交通。可根据实际情况进行植物配置，或在周边栽植乔、灌木，在中间种植草坪，以便于游人休闲娱乐，或适当栽种高大乔木，但不要密集，且要保证树冠枝下高高些，以形成良好的视角，或便于行走，或便于停车等。

在儿童玩耍区域，要根据儿童的心理，满足好奇心而营造各种植物。如可选用大量的鲜艳花卉，或选择各种观叶植物，或选择一些具有奇形怪状的树体，或选择不同的奇异观果植物，相互搭配，精心配置，既可配置成较密的森林景观，也可在内搭建一些森林小屋等相配合，以吸引儿童去探索，也可形成开敞的活动空间，供儿童集体活动，还可利用各种植物建设各种植物雕像，形成生动活泼的氛围，以满足儿童的直觉审美心理。这样既培养儿童对植物的热爱之情，又可培养儿童热爱自然，热爱生活的情趣。

在具有纪念性的区域通常要营造庄严、稳重氛围。常用松、柏来象征革命先烈高风亮节的品格和永垂不朽的精神，也表达了人民对先烈的怀念和敬仰。配置方式一般采用对称等规则式，也可根据具体内容灵活配置。

对于相对大型的公园绿地，其主要组成部分可按照本身的性质进行植物配置。如植物园在满足其性质和功能的前提下，增加艺术构图方式，并使全园具有较高的绿色覆盖，形成稳定的植物群落，在配置上应以自然式配置为主，形成密林、疏林、树群、树丛、草坪、花丛等各种类型，并要满足乔、灌、草的合理搭配。而在动物园，应考虑各种动物的生存习性和原产地的地理景观，来配置适合动物生存的景观，或可增加某种气氛进行配置，在此基础上再考虑普通公园所应具备的植物配置方式。

公园绿地的植物配置更要注意季相所带来的景观变化和相应生态效应的发挥。首先随着季节的变化应配置出不同的季相景观。公园绿地的季相变化会给游人或休闲者很深的印象，如春天的樱花，秋天的枫叶，冬天的大雪压青松，充分利用季节的变化可大大丰富景观变化，提高欣赏水平。在季节变化的基础上可营造具有地方特色的景观，既可增加景观多样性，又可提高环境的整体水平。要想实现景观的多样性和欣赏水平的提高，增加植物种类是必需的，合理的配置乔、灌、草、花卉等植物，利用其颜色的变化，形态的变换以及香味的变化等，达到时间变化景观各异的水平。

5. 风景名胜区植物配置

风景名胜区是指凡具有观赏、文化和科学价值，自然景物、人文景物比较集中，环境优美，具有一定规模和范围，可供人们游览、休息或进行科学、文化活动的地区。风景名胜区是人们理想的旅游、疗养、休闲等场所，而该地区的植物配置则与其他区域有所不同。

（1）风景名胜区植物配置的作用

① 发挥风景名胜区植物群落的生态效应

防止水土流失，涵养水源作用。许多风景名胜区，特别是山岳类型，由于游人众多，往往具有现实的或潜在的水土流失现象。因此，应通过合理的植物配置，减少水土流失，保持原有的景观。同样，对于许多风景名胜区，水源面临污染，加强水源涵养已是势在必行。

营造清新的空气环境。这对于风景名胜区非常重要，虽然大多数区域空气环境很好，但由于游人众多，往往会减弱这种效应。因此，通过合理的植物配置，维持原有的良好空气环境，对于植被覆盖较少的区域，更应该加强这方面的工作。如广州的白云山改变了原有的以马尾松等针叶树为主的状况，取而代之的是以木荷石栎、木荷、中华锥、大顺相思等阔叶树为主，有效地改善了风景区的释氧量，营造了一个清新的空间。在游人众多的区域，特别是植被覆盖较少的区域，还要侧重配置杀菌能力较强的植物，减少空气中的含菌量。

防风固沙，降低噪声。对于处在风沙比较严重的风景名胜区，要考虑设置防护林，阻止风沙的侵入。同时，通过合理的配置，削弱噪声的传播，营造安静的氛围也是风景区需要考虑的问题。

为野生动植物栖息、生长、繁衍等提供条件。在许多风景区内有非常宝贵的动植物资源。通过合理的植物配置，为其提供栖息和生长的场所，既可以保护生物多样性，又可促进风景区的整体发展。

② 促进风景名胜区的社会景观效应发挥

风景名胜区是人们集中游览的区域，其本身的社会景观效应较强，但通过合理的植物配置，可大大加强这种效应。在各风景名胜区内通过植物重新营造出许多景观，既丰富了风景区的美学效应，也促进了风景区社会效应的发挥。有的风景区通过增加空气负离子为特征，成为其风景区的一个重要特色，而有的则以植物香味为特色，也形成独特的景观，有的以果为特色，有的以茶、药为特色等等，在风景区内通过合理的植物配置，并充分发挥想象力，则可大大促进风景区社会景观效应的发挥。

（2）风景名胜区植物配置

① 风景名胜区植物种类的选择

该区植物的选择首先要与风景名胜区的风格或特色相一致，在此基础上，按照具体需求进行植物种类的选择，尽可能选用乡土植物，以充分发挥其效应，具体植物种类的选择可参考其他类型。

② 风景名胜区植物配置

首先要在保护的前提下进行配置。风景名胜区集中了大量珍贵的自然遗产和文化遗产，因此，植物配置要维持原有景观的完整性和不削弱其历史文化价值，进行植物配置是为了更好地发挥风景名胜区的价值，使风景名胜区更加完美，而不是以完美的植物配置取代其历史、文化等价值。

风景名胜区的植物配置必须按照具体地段特点进行，以保证自然景观的完整风貌和人文景观的历史风貌，突出自然环境为主导的景观特征。

在风景名胜的水湿地，如沼泽地、泥炭地、水草地等，要保持原貌，维持其天然状态。在该范围内的道路和易受破坏的区段可通过配置合理的植物以起到保护作用。

在风景名胜区的周围要增大绿化幅度，增加森林覆盖率，以达到涵养水源、保持水土、防风固沙等要求，起到保护风景名胜区的作用。

在易受污染的水体附近，可适当配置一些涵养水源、净化能力强的植物，以净化水质，保持水的洁净，保持风景名胜的自然价值。

在易受病虫害侵袭的区域，可根据原有植物群落类型进行植物补充配置，形成多种植物共存的植物群落，有效地提高植物的自我免疫能力和自我调控能力，减少病虫害的侵袭和蔓延，保证风景名胜的观赏价值不被破坏。

在风景名胜区的空旷地或闲置区域，应结合风景区的本身特色和性质进行配置，尽可能营造多树种、乔灌草结合、季相分明、花果飘香的效果，以吸引游人兴致，也可配置特有的观叶、观形、观花、观果类型风景林，或兴建茶园、药园、竹园、果园、花园等能让游人体验一下观赏、采摘、品尝等实际感觉，增加旅游的内涵和游人兴致。

在风景名胜区内有野生动物存在时，应充分考虑其生活习性，为其设计合理的生存生活场所。如果是珍稀动物，应考虑设置自然保护区或与自然保护区相似的管理，适当限制游人加以保护。

在风景名胜区的道路以及各功能区域可按照同类型的绿地进行配置，在保证风景名胜区本身的观赏和历史文化价值的基础上，丰富风景区本身的景观，做到锦上添花。

③ 风景名胜区生态管护

风景名胜区的生态管护尤为重要。首先是要保持风景林原有的自然风貌，维持风景名胜的特色。同时，对一些有文物价值的区段，要仔细斟酌植物对文物的影响，做到既保护文物，又绿化和美化空间。要达到该要求，精细合理的管护是必需的。其实，风景名胜区破坏因素随游人增加而增加，对生态管护的要求更高。如我国著名的风景名胜区“中国第一瀑”——黄果树瀑布面临断流危险。其主要原因是上游严重的水土流失导致森林涵养水源能力下降，周边荒山达 10 万亩而植被稀少，石漠化突出，水土流失严重，则很能说明生态管护的重要性。

6. 特殊区域植物配置

在园林绿化过程中，往往会有一些不太引人注意，但对环境产生重要影响的区域。在该类区域进行合理的植物配置，能够提升整个园林空间的生态功能和观赏价值。

(1) 庇荫地植物配置及其原则

庇荫地是指光照被全部或部分遮盖的区域。庇荫地可分为自然庇荫地和人工庇荫地两类，自然庇荫地如植物群落内或大树下，而人工庇荫地如房屋、高架桥下、建筑物的背光面等。

庇荫地的植物配置，一方面可以发挥植物本身的生态效应，改善环境质量；另一方面，庇荫地的植物配置对于改善庇荫地的景观效应非常显著，特别是在钢筋混凝土和水泥沥青路面上进行植物配置，就显得势在必行。轻微的遮阴对植物配置的影响不大，可选择耐阴或半耐阴的植物，而遮阴严重的区域，超过一定限度，植物配置就相对困难些。保证植物成活是庇荫地植物配置的先决条件。一般来说，庇荫地植物配置要注意以下几方面：

考虑太阳照射状况。一方面，要取决于庇荫地所能接受的太阳辐射强度；另一方面，还要取决于所接受的太阳照射时间，这是决定植物能否在该区域正常生长的重要前提条件。一般认为，耐阴性的地被植物的最适相对照度（测定点的照度与同区域开旷地的照度比值）是 10%～50%。对于特定植物，其适应光照的能力会有所差别。如杜鹃是耐阴植物，但配置在相对照度为 3%的环境中会全部死亡。因此，在自然庇荫地上配置植物时，调节好植物群落上下层之间的光照状况，可以使庇荫地植物较好地生长。在人工庇荫地，选择耐阴植物时要取决于植物所处的太阳照射状况，如相对光照强度、所能接受的照射面积和照射时间。在太阳照射状况较好时，可采用灵活的配置方式，而在照射状况较差时，需慎重选择植物。同时，可以采取一些人工措施来补充该区域光照不足的状况，如建立采光系统或通过反射系统等来满足，但要以保证不造成新的光污染为前提。

考虑庇荫地的水分状况。由于庇荫地，特别是人工庇荫地，往往在阻止太阳辐射的同时，也会阻止水分的进入，造成干旱。因此，在人工庇荫地上配置植物，选择较为耐阴植物的同时，还要注意选择一些较为耐旱的植物。

一般在人工庇荫地上，土壤由于建筑等原因非常瘠薄，对植物的成活会造成很大限制，注意选择耐瘠薄植物是庇荫地植物配置的重要原则。

在人工庇荫地，特别是在交通频繁、污染物聚集的高架桥下，也会对植物的生长发育造成一定影响。选择抗污染及净化能力强的植物不但具有视觉效应，而且具有生态效应。

（2）水体及周边环境植物配置

水景是环境美学的重要部分，因为水不仅是生命的存在形式，也是环境的灵魂。水和植物之间相互联系、不可分割。良好的植物配置可以净化水体，使美景更持久，更耐人寻味。水体和植物的结合，特别是有喷泉的水体和植物共同作用，可以增加环境中的空气负氧离子，能大幅度提升环境质量，促进身心健康。水体及周边环境植物配置应遵循以下原则：

① 植物的适应性：在保证植物正常存活的基础上，根据在水体的位置及具体的环境条件选择植物。同时，还要根据景观美学的要求，选择合适的植物类型，而在周边环境下配置植物要具备一定耐水湿的能力。我国常见的水边绿化植物从南到北有：水松、蒲桃、小叶榕、高山榕、水翁、紫花羊蹄甲、木麻黄、椰子、蒲葵、落羽松、池杉、水杉、大叶柳、垂柳、旱柳、水冬瓜、乌桕、苦楝、悬铃木、枫香、枫杨、三角枫、重阳木、柿、榔榆、桑、梨属、白蜡属、海棠、香樟、棕榈、无患子、蔷薇、紫藤、南迎春、连翘、夹竹桃、桧柏、丝棉木等。

② 选择除污净化能力强的植物：随着工业化进程的推进，越来越多的水体被污染。由于水中污染物除了一些易分解的有机化合物外，还含有氮、磷等植物营养物，在污染的水体内种植水生维管束植物，并定期清理，能够提高水体对有机污染物和氮、磷等无机营养物的去除效果。在水体污染较重，或淤泥较多地段，首先要考虑植物的抗污能力，如在淤泥中生长良好的香蒲、荷花、梅花藻等；能耐水中高营养物的凤眼莲、荇菜、龙须眼子菜、竹叶眼子菜、穗状狐尾藻、金鱼藻等，而不选用不耐污浊的类型，如大茨藻、豆瓣菜等；在此基础上，选择那些净化污水能力强的植物，如凤眼莲、水葱、浮萍、狐尾草、眼子菜、茭白、灯心草、芦苇等。据估算，凤眼莲的产量约为 5～10kg/m^2 水面，按凤眼莲含氮 1.2%、含磷 0.79%计，每平方米凤眼莲的氮和磷去除负荷分别为 0.06～0.12kg/a 和 0.04～0.08kg/a；对于那些明确污染物的水体，可选择净化某种污染物能力强的植物，如凤眼莲对氮、磷、铅、锌，苦草对砷、铜、铅、锌，狐尾藻和芦苇对钼，茭白对磷，荇菜对氮的净化能力颇高。但需要控制水生植物的种植密度，以防过渡繁殖，适得其反。

③ 选择涵养水源、防止水土流失的植物：在自然水体周围，由于水由高到低处流，往往会对周边的土壤产生冲刷作用。不仅造成水土流失，还会对水体质量产生影响。而通过配置一些根系发达，固土能力强的植物，可较好地改善水土流失状况。

④ 水体及周边植物配置的多样性：选择与整体环境相适应、相协调的植物类型。如我国传统的配置方式：荷花与垂柳，既能较好地适应各自环境，又能使岸上婀娜多姿的柳条与水面浑圆碧绿的荷叶协调得体，相映成趣。同时，在水体中要保持水生植物的适度生长，不可过度疯长，或配置植物时保持适度密度。如西双版纳植物园湖中种植的王莲、睡莲密度

高，岸边优美的大王椰子的树姿以及蓝天、白云的倒影无法展望，甚是可惜。因此，在岸边若种植有优美树姿、色彩艳丽的观花、观叶树种，或有亭、台、楼、阁、榭、塔等园林建筑，则水中的植物配置切忌拥塞，必须予以控制，留出足够空旷的水面来展示倒影。不同的植物配置，会营造出不同的氛围。同时，水边植物配置切忌等距种植及整形式修剪，以免失去画意。应结合地形、道路、岸线进行配置，有近有远，有疏有密，有断有续，曲曲弯弯，自然有趣。在变化中有统一，在协调中有突出，保持植物的韵律和节奏与周边相一致。在配置过程中还要注重季节的变化对景观效应的影响。尽可能保持不同季节有不同的美丽景观出现。上海动物园天鹅湖畔及杭州植物园山水园湖边的香樟，春色叶色彩丰富，有的呈红棕色，也有嫩绿、黄绿等不同的绿色，丰富了水中春季色彩，并可以维持数周，再植以乌桕、苦楝等耐水湿树种，则秋季水中倒影又可增添红、黄、紫等色。

（3）墙壁植物配置

① 墙壁植物配置的作用

欧美等西方发达国家的墙壁绿化已形成很好的发展局面，在我国绿地紧张的局势下，如何充分发挥各种形式的墙壁绿化、增加环境绿量就显得尤为重要。墙壁是一个重要的植物配置阵地，墙壁绿化除具美化作用外，还有重要的生态效应和社会效应。

墙壁植物配置可明显减少光污染。各种白色建筑墙面、混凝土墙、石墙等的反光作用，既影响人的健康，又增加交通事故发生率，通过墙面绿化，则可减弱或去除这种影响。墙壁植物配置可改善墙内温度。在夏季墙壁植物可以阻挡强烈的阳光照射，降低墙内环境温度。同样，在冬季，没有落叶的植物覆盖墙面，可减少墙内热量的散失，起到保温作用。

墙面植物配置可节约墙内环境的空调使用费用。有关实验证明，有墙面植物配置的建筑物比同样类型没有墙面植物配置的建筑物可节省电力约30%左右。各种墙壁植物减少阳光对混凝土墙壁的直接照射和雨水的直接冲刷，防止混凝土表面龟裂，起到保护、节约维护费用等作用。

② 墙壁植物配置

墙壁绿化多为一些藤本植物、或经过整形修剪及绑扎的观花、观果灌木，极少数乔木，辅以各种球根、宿根花卉作基础栽植。常见的如紫藤、木香、蔓性月季、地锦、五叶地锦、猕猴桃、葡萄、铁线莲属、美国凌霄、凌霄、金银花、盘叶忍冬、华中五味子、五味子、素方花、钻地风、鸡血藤、禾雀花、绿萝、崖角藤、西番莲，炮仗花、使君子、迎春、连翘、火棘、银杏、广玉兰等。

墙壁植物配置灵活，通常表现为攀缘型、悬垂型和随意型三种类型。

攀缘型：在墙体的下面种植攀缘植物，如爬墙虎、常春藤、日本蔓榕、紫藤、攀缘性月季等，从下往上生长，最终覆盖墙体，这是墙壁绿化应用最为广泛的类型。该种植物配置要求墙壁不能太光滑，对于混凝土墙、砖墙等较为粗糙的墙面效果显著。该种类型还可以配置树墙，也就是在墙面栽植各种树木，通过各种方式将其枝条固定在墙面上，并做成各种形状以形成各种景观。常用的植物有紫杉、无花果、迎春花、山茶、火棘、紫荆、贴梗海棠、四照花、连翘等。

悬垂型：在墙体上方设置容器等，使植物茎叶由上往下自然下垂的悬垂型配置，也具有较高的使用频率。该种配置为防止植物摇动，可在墙外设置一些供植物攀爬的物体，保证植物的稳定性，这对于墙面光滑的攀缘型同样适用。

随意型：墙壁的植物配置还可在墙体的各个位置设置容器进行墙面绿化。通过各种花盆固定在墙体的某个位置，按照一定的配置方式进行摆放，也会取得较好效果。

（4）屋顶植物配置

① 屋顶植物配置的作用

城市绿化的高度重视和相对绿化面积的缺乏使屋顶花园建设逐渐兴起。屋顶花园有较高的生态效应，对缓解城市热岛效应，净化空气，吸滞尘埃，维持碳氧平衡，改善环境质量，特别是城市中心区绿地严重缺乏的地段下，对中心区环境的改善具有巨大的推动作用。

屋顶花园的社会景观效应首先可以丰富建筑物的美感，增加建筑物的整体魅力；其次可为居民提供更多的休闲娱乐场所，减少市内大公园的压力。最后，通过经营和管理屋顶花园，可以增加人们对环境的热爱，提高自身素养，保持身心健康。

② 屋顶植物配置

配置屋顶花园的植物应选择耐旱、耐寒，浅根性，树姿优美，花叶美丽的植物，并根据具体的环境进行适当选择。进行屋顶花园建设和植物配置前要充分考虑对建筑的影响。首先，建设屋顶花园对建筑物的质量提出更高要求，对建筑物的承重、防止漏水方面提出了特别要求，要在保证建筑物安全、正常使用的前提下进行花园建设和植物配置。

由于屋顶花园土层较薄，在选用植物时尽量避免高大的乔木或灌木，以防大风将其连根拔起，既影响景观美，还会带来安全隐患。

屋顶植物配置要考虑地区性及特殊性。我国南方气候温暖，空气湿度较大，所以，许多植物可作为屋顶花园进行配置。因此，可以选择观赏性强的植物进行配置，可以在上面铺设草坪，然后选择各种花灌木进行配置，会取得较好效果。在北方地区，由于冬季寒冷，早春干旱，夏季炎热，限制了很多植物的存活。因此，在植物配置时尽量选择阳性、抗寒和抗旱性较强的草本、宿根、球根花卉以及乡土花灌木。抗寒性较差的植物可用盆栽或桶栽，以便冬季移至室内。

4.7.3.2 室内园林植物的生态配置

室内园林起源很早，在我国发现的新石器时代化石中就有刻着盆栽植物花纹的陶块。西方室内园林早在17世纪也已萌芽，一夜兰和君子兰就已被选作室内绿化植物，19世纪开始被逐渐认识，仙人掌植物、蕨类植物、小仙花属等相继采用，种类愈来愈多，到20世纪，特别是在近几十年，随着人们对室内植物要求的不断提高，以美国为首的各发达国家，把室内园林的建设推向高潮，使室内园林由简单的室内装饰发展到大型的园林建设，室内园林也在世界各地如火如荼地发展起来。

1. 室内园林的意义

随着现代生活节奏的加快，人们的工作效率不断提升，越来越多人的大多数时间停留在室内。据估计，美国人90%的时间在室内度过，7%的时间在车上度过，只有3%的时间留在户外。同时，室内环境状况却不容乐观。室内装修、燃烧、建筑物本身释放、各种废弃物的挥发、人体新陈代谢产物以及越来越多的现代化办公设备产生的各种空气污染、噪声污染、电磁波及静电干扰、紫外辐射等汇聚一堂，使室内成为一个巨大的污染中心，威胁着长期停留在内的人们的身心健康。据统计，目前已经分析出的3800多种物质，它们在空气中以气态、气溶胶态存在，其中气态物质占90%，许多物质具有致癌性。

室内园林建设可以大大改善室内环境质量，促进身心健康，改善人们身体状况和心理状况，产生明显的生态效应、社会效应和显著的经济效应。

（1）净化空气，改善室内环境

室内的绿色植物可吸收二氧化碳，释放氧气，改善室内空间的含氧量；吸收甲醛、苯等有害气体，净化室内空气；通过植物的蒸腾作用可调节室内温度与湿度。

某些植物，如各种兰花、仙人掌类植物、花叶芋、鸭跖草、虎尾兰、夹竹桃、梧桐、棕榈、大叶黄杨等均能吸收有害气体。前美国国家航天局科学家 Bill Wolverton 博士证明了普通的室内观赏植物能够减少注入到密封空间中的甲醛、苯、氯仿等微量有机化学物质的浓度。之后，悉尼工业大学进一步证实了盆栽室内植物也能除去空气中的挥发性有机化合物。在室内养一盆吊兰，就能将空气中由家电、塑料制品及烟火所散发出的一氧化碳、过氧化氮等有毒气体吸收。室内植物对去除室内各种气体污染物的作用较为显著，能营造一个洁净的室内空间。

有些植物的分泌物，如松、柏、樟、桉、臭椿、悬铃木等具有杀灭细菌作用，从而能净化空气，减少空气中的含菌量；不少植物能散发出各种芳香气味，如兰花、桂花，营造清香环境；有的能驱除蚊虫，有的对人的神经系统有镇静作用。

同时，植物又能吸附空气中的尘埃，既保持空气的干净，还可以减少各种病原菌的传播，从而维持一个健康的空间。

植物枝叶的漫反射，可降低室内噪音，保持室内安静的氛围。

（2）美化空间，营造自然意境

从形态上看，现代室内建筑风格趋于简洁、明快、直线。而植物的轮廓自然，形态多变，大小、高低、疏密、曲直各不相同，这样与室内的建筑风格形成了鲜明的对比，消除了壁面的生硬感和单调感，增强了观赏效果；从色彩上看，植物可以同壁面、地面、背景色彩形成对比，使植物更加清新悦目；从质地上看，植物同现代家具的材质相对比，必然产生各自不同的肌理效果并互相衬托照应，产生一种回归自然的独特意境。

绿色植物不仅色彩丰富艳丽，形态优美，而且枝干、花叶、果实显示出蓬勃向上、充满生机的力量。同室内装饰性陈设和艺术品相比，它更富有生机与活力、动感与魅力。

（3）陶冶情操，改善心理环境

室内园林不仅能使人赏心悦目，消除疲劳，缓解压力，还能够愉悦情感，减少焦躁与忧虑，改变人们的心态，甚至还会提高创造力和超常发挥。据有关研究表明，绿色在人的视野中约占25%时，人的心理情绪最为舒适。不少人都有这样的情绪体验，工作很疲劳时，看看周围的绿色植物，会感到赏心悦目，身心轻松。

（4）生理保健，促进身体健康

植物使人的生理发生变化，从而促进身体健康。据研究表明，人的脑电波活动在植物面前明显加强，活动较强的区域位于人的右脑，表明这时大脑处于高度活跃、放松的状态，有利于提神醒脑，减轻压力，保持持久的注意力和健康的情绪。

据有关生理测验结果，人们在植物园时，会出现血压降低的现象。良好的植物环境可以抑制人们交感神经的过度兴奋，保持或补充能量于副交感神经系统，促进身心健康。

（5）增加经济效益

通过室内园林建设，为人们提供一个更加安全、舒适、健康的空间。一方面可以减少通过人工手段改善环境所需的费用；另一方面，积极提高人们的创造力，增加生产收益。对于经营者来说，环境的改善，可增加吸引力，招徕更多顾客，提升营业额。

2. 室内环境生态条件及其调节

与室外条件相比，室内生态环境特点如光照不足，空气湿度低，空气流通差，温度较恒定等，这些都不利于植物生长。因此，为保证植物正常生长，除了要选择适应室内生长的植物种类外，还要通过人工装置改善室内光照、温度、空气湿度、通风等来满足植物生长发育所需的必要条件。

（1）室内光照状况及其调节

室内光照主要来自自然光照和人工光照。自然光照主要来自各种窗体、屋顶或天井等。这些自然光受到方位、季节及楼层高度等多因素影响，导致光照状况极不均匀。一般来讲，屋顶、天井及顶窗采光效果最好，光强及光照面积均大，光照分布均匀，能保证植物生长。侧窗附近光照条件较好，基本满足植物的生长，但由于采光不均匀，会对植物生长产生不利影响。

要保证植物正常生长，光照强度必须大于植物的光补偿点，否则植物将生长发育不良，甚至死亡。不同植物对光强需求不同，如表 4-15 所示。一般认为，低于 300lx 的光照强度，植物不能维持生长；照度在 300～800lx，若每天保证日照时间 8～12h，则植物可维持生长，甚至能增加少量新叶；照度在 800～1600lx，若每天能延续 8～12h，植物生长良好，可换新叶；照度在 1600lx 以上，光照时间为 12h，甚至可以开花。

表 4-15　部分用于室内绿化观叶植物对光照和温度的需求

植物名称	最低需光度（lx）	适宜照度（%）	最低温度（℃）	适宜温度（℃）
榕树	700	50～100	7～10	20～30
变叶木	600	80～100	7～10	20～35
白纹竹蕉	600	50～70	10～13	20～28
红边竹蕉	600	50～100	10～13	20～28
密叶蔓绿绒	500	50～60	10～13	20～28
琴叶蔓绿绒	500	50～60	13～15	20～28
熊掌木	600	50～60	6～8	18～25
澳洲鸭脚木	700	50～100	7～10	20～30
垂榕	600	50～100	7～10	22～30
文竹	500	50～70	8～10	22～28
吊兰	600	50～70	7～10	20～30
红边朱蕉	600	50～100	10～15	20～28
朱蕉	600	50～70	10～13	20～28
袖珍椰子	700	50～70	10～13	20～30
彩纹竹蕉	600	50～70	10～13	20～28
斑叶凤梨	900	50～100	10～13	20～30
粉黛叶	600	50～60	15～16	20～28
虎尾兰	600	50～100	7～10	20～28
黄金葛	600	50～100	10～13	20～28
孔雀木	1000	50～70	15～18	20～28

因此，要保证室内植物的良好光照条件，一方面可以增加各种透明屋顶、天井等措施，使更多的自然光照进入室内，特别是大型的室内园林建设尤其有必要，或通过增加侧面窗体的面积，以增加类似中间楼层的光照强度；另一方面，对于不能增加自然光的区域，可利用各种自然采光系统，来增加室内光照强度，当然，这需要相对较高的经济投入。

(2) 室内温湿度状况及其人工调节

室内温度相对稳定，特别是使用空调等设备，室内气温更趋于平稳，全年温度变化与亚热带温度变化相似。因此，可以为观叶植物提供良好的温度条件，利于该类植物生长。而没有空调设备等来保持相对稳定的气温时，温度的变化相对较大，对植物生长发育有一定影响。对表4-17中的观叶植物来讲，温度低于10℃左右，其生长发育就会受到抑制；而在0～5℃，大多数该类植物就趋于死亡。因此，对温度环境要求苛刻的植物，或环境温度变化较大时，可通过人工措施调节温度。温度过低，可通过暖风机等设备增温，温度高时，通过开窗降温，或用冷风机降温。

室内湿度状况也会对植物产生较大影响。室内湿度在40%～60%时，对人和植物均有利。如果室内湿度较低，需要水池、叠水瀑布、喷泉、喷雾等人工设备设施增加室内湿度。

(3) 室内土壤和水分状况及其调节

室内不能接收自然降水来补充植物所需求的水分。因此，必须进行人工灌溉，来维持植物的水分平衡。室内土壤管理不便，加上浇水过多、排水不良等易引起根腐现象发生，漏水及土水过重造成建筑物破坏现象也有发生。因此，室内土壤与水分的良好协调对植物及环境都是至关重要的。为解决上述问题，可采用人工土壤代替自然土壤；在盆栽植物的盆底贮水以节省灌水过程；用营养液代替土壤，可节省灌水过程，还不会弄脏室内，但要用离子交换树脂（根腐、水腐防止剂）防治水停滞而引发的根腐。

(4) 室内通风状况及其调节

良好的通风能使气温、二氧化碳浓度均匀，促进土壤蒸发与植物蒸腾，降低植物与地面温度，提高养分与水分的吸收效率，减少病虫害发生等。而室内通风常会受到抑制，除门窗附近在开门窗时能保持较好的通风外，其他区域通风状况不良，不利于植物生长。因此，室内要经常开窗，以调节通风状况，同时，可通过设置空调系统或类似装置改善室内的通风状况。

3. 室内园林植物的配置

室内园林植物配置形式多种多样，可按照人们的不同需求营建不同风格的园林类型。但一要保证植物在所配置区域内能够成活，二要使所配置的植物与周围的环境相协调，形成统一的适宜景观。

(1) 室内开敞空间的植物配置

在各种大、中型建筑物内，常有开敞空间，如入口、大厅、通道、中庭等。该区域一般具有较好的自然光照条件，可采用各种高大乔木，并用相应的灌木或地被植物进行配置，辅以山石、水池、瀑布、小桥、曲径，形成大型的综合景观。

公共建筑的入口及门厅是人们必经之处，逗留时间短，交通量大。植物景观应具有简洁鲜明的欢迎气氛。可选用较大型、姿态挺拔、叶片直上，不阻挡人们出入视线的盆栽植物。如棕榈、椰子、棕竹、苏铁、南洋杉等，也可用色彩艳丽、明快的盆花，盆器宜厚重、朴实，与入口体量相称，并在突出的门廊上可沿柱种植木香、凌霄等藤本观花植物。

各种建筑物的大厅或广场由于空间大小的差别，可采用不同的配置方式。通常宜营造柔和、谦逊的环境气氛，植物搭配力求朴素、美观、大方，色彩要求明快，不宜复杂。在大型广场，可在周围营造较大的乔木，下边用各种地被植物陪衬，人们可在树下休息，并欣赏周围景色；也可在大厅或广场中间散植几株大树或大型草本植物，周围的墙壁或柱子上可用攀缘植物进行配置，既体现庄严的场面，又富有生命力的植物与之相应。在该区域，植物的配置可直接栽培在地面上，也可用各种盆器，但盆器应与周围环境相协调。

建筑物通道的某些区域有较好的自然光照射，可与大厅的植物配置相似，用部分高大乔木配以地被植物，形成既美观大方，又不影响行走的环境特征。有些通道光线较弱，需要配置耐阴性强的植物类型，必要时要通过设置各种人工光源，保证植物的成活。可在各通道的阴暗死角配置植物，既可遮住死角，又可增添美化的气氛，在宽阔的转角平台上，可配置较大的植物，如橡皮树、龟背竹、龙血树、棕竹等，在宽阔扶手的栏杆也可用蔓性的常春藤、薜荔、喜林芋、菱叶白粉藤等，任其缠绕，使周围环境的自然气氛倍增。

建筑物的中庭是室内绿化的重要场所。一方面，该区域一般有较好的光照条件，选择植物受光线限制较小；另一方面，由于该区域面积相对较大，没有特别的需求。因此，可以自由设置，形成不同的园林景观。中庭的植物配置可按照该区域使用频率、使用方式等进行。通常可用高大乔木，配以各种地被植物，形成复层的植物群落等较大型的综合景观，在乔木下层设置各种设施，为员工休息、娱乐、就餐等提供优美的室内空间。在人员较少的区域，还可配置简单明了、艺术特色较浓的植物配置。为营造各种不同的氛围，可辅以水池、假山、岩石，甚至营造沙漠景观等，形成各具特色的景观类型。

(2) 限制空间的植物配置

在住宅、小型办公室等空间相对狭小，不能进行大型室内园林建设的区域，可根据不同需求和变化空间灵活进行植物配置，形成不同风格的特色园林。在限制性空间内进行植物配置，一定要注意空间的采光条件，选择形态优美、装饰性强、季节性不明显和易成活的植物。另外还要考虑植物的形态、质感、色彩和品格是否与其空间的用途、性质相协调，如面积较小的卧室最好配置轻盈秀丽、娇小玲珑的植物如金橘、月季、海棠等，小型客厅、书房可选择小型松柏、龟背竹、文竹等烘托幽静、典雅的氛围。

在空间较为宽敞的地方，特别是墙角、楼梯旁或透明窗边，可配置稍大乔木或大型花卉，如鱼尾葵、无花果树、棕竹等，同时，在其下面搭配些地被植物，可以相互对称，形成既简洁，又具鲜明对比的景观。

在空间限制较强的地方，可以利用各种盆栽植物进行配置。盆栽植物占据空间小，却能形成亮丽的点状风景，并可与其他植物相互呼应，形成统一景观。盆栽植物可选择赏花植物、观果植物或具有花香的植物，它们可摆在茶几上，居于窗台上，坐落地上，挂在墙壁上、半空中等等，以体现不同的景观意味。

悬垂式植物配置更是室内一道美丽的风景，常给人以轻盈飘逸、自然浪漫的感受，有“空中花卉”之美称，受到人们的喜爱，是当今普遍的一种植物配置模式。它不受空间限制，却能产生不比高大乔木逊色的魅力。一般将常用的吊竹梅、白粉藤类、常春藤、绿萝、黄金葛等植物种植在吊具（竹篮或绳制吊篮）中，进行各种位置的悬挂。

本　章　小　结

群落生态学是生态学基础知识的一部分，是农业、林业等群落调控的理论基础。本章通过对生物群落的组成、特征、结构、动态演替等方面的介绍，使学生掌握生物群落的生态规律和原理，认识到群落生态理论在土地利用、自然保护以及建筑设计和规划领域的重要作用。

思　考　题

4-1　如何确定某一生物群落的种类组成?

4-2　试应用群落生态学的原理，对某市内园林的植物配置进行设计。

习　　题

4-1　简述生物群落的概念和基本特征。

4-2　试述生物群落的水平结构和垂直结构。

4-3　什么是岛屿效应？它对生态保护有哪些指导意义?

4-4　什么是中度干扰假说?

4-5　什么是演替？原因是什么?

4-6　简述地球上的主要植被类型。

4-7　城市植被的特点有哪些?

4-8　城市植被的功能有哪些?

4-9　城市植被恢复应遵循哪些生态学原则?

第5章 生态系统

本章主要内容：

生物与环境之间并非彼此独立，而是通过物质交换、能量转换和信息传递，成为占据一定空间、具有一定结构、执行一定功能的动态平衡整体。本章在讲述生态系统的结构、特征及其分类的基础上，重点讲述了生态系统的能量流动和物质循环，以及生态系统平衡和生态系统服务。

5.1 生态系统的结构与特征

5.1.1 生态系统的基本概念

生态系统（Ecosystem）一词是英国植物生态学家 A. G. Tansley 于 1935 年提出来的。后来前苏联地植物学家 V. N. Sucachev 又从地植物学的研究出发，提出了生物地理群落的概念。这两个概念都把生物及其非生物环境看成是互相影响、彼此依存的统一体。生物地理群落简单说来就是由生物群落本身及其地理环境所组成的一个生态功能单位，所以从 1965 年在丹麦哥本哈根会议上决定生态系统和生物地理群落是同义语，此后生态系统一词便得到了更为广泛的使用。生物群落与其生存环境之间，以及生物种群相互之间密切联系、相互作用，通过物质交换、能量转换和信息传递，成为占据一定空间、具有一定结构、执行一定功能的动态平衡整体，称为生态系统。

生态系统概念的提出为生态学的研究和发展奠定了新的基础，极大地推动了生态学的发展。当前，人口增长、自然资源的合理开发和利用以及维护地球的生态环境已成为生态学研究的重大课题。所有这些问题的解决都有赖于对生态系统的结构和功能、生态系统的演替、生态系统的多样性和稳定性以及生态系统受干扰后的恢复能力和自我调控能力等问题进行深入的研究。目前在生态学中，生态系统是最受人们重视和最活跃的一个研究领域。我国土地辽阔，资源丰富，生态系统类型丰富，具有生态系统研究的得天独厚的条件。目前我国已建立了多个生态系统定位研究站（包括寒带针叶林、温带草原和亚热带森林）并结合我国现代化建设的实际提出了生态系统研究的各项课题。

生态系统是现代生态学的重要研究对象，20 世纪 60 年代以来，许多生态学的国际研究计划均把焦点放在生态系统，如国际生物学研究计划（IBP），其中心研究内容是全球主要生态系统（包括陆地、淡水、海洋等）的结构、功能和生物生产力；人与生物圈计划（MAB）重点研究人类活动与生物圈的关系；4 个国际组织成立了“生态系统保持协作组（ECG）”，其中心任务是研究生态平衡及自然环境保护，以及维持改进生态系统的生物生产力。

目前有关生态系统生态学的研究，主要集中在 5 个方面：

1. 自然生态系统的保护和利用：各种各样的自然生态系统有和谐、高效和健康的共同特点，许多野外研究表明，自然生态系统中具有较高的物种多样性和群落稳定性。一个健康的生态系统比一个退化的更有价值，它具有较高的生产力，能满足人类物质的需求，还给人类提供生存的优良环境。因此，研究自然生态系统的形成和发展过程、合理性机制以及人类活动对自然生态系统的影响，对于有效利用和保护自然生态系统均有较大的意义。

2. 生态系统调控机制的研究：生态系统是一个自我调控（Self-regulation）的系统，这方面的研究包括：自然、半自然和人工等不同类型生态系统自我调控的阈值；自然和人类活动引起局部和全球环境变化带来的一系列生态效应；生物多样性、群落和生态系统与外部限制因素间的作用效应及其机制。

3. 生态系统退化的机制、恢复及其修复研究：在人为干扰和其他因素的影响下，有大量的生态系统处于不良状态，承载着超负荷的人口和环境负担、水资源枯竭、荒漠化和水土流失在加重等，脆弱、低效和衰退已成为这一类生态系统的明显特征。这方面的研究主要有：由于人类活动而造成逆向演替或对生态系统结构、重要生物资源退化机理及其恢复途径；防止人类与环境关系的失调；自然资源的综合利用以及污染物的处理。

4. 全球性生态问题的研究：近几十年来，许多全球性的生态问题严重威胁着人类的生存和发展，要靠全球人类共同努力才能解决的问题，如臭氧层破坏、温室效应、全球变化等。这方面的研究重点在：全球变化对生物多样性和生态系统的影响及其反应；敏感地带和生态系统对气候变化的反应；气候与生态系统相互作用的模拟；建立全球变化的生态系统发展模型；提出全球变化中应采取的对策和措施等。

5. 生态系统可持续发展的研究：过去以破坏环境为代价来发展经济的道路使人类社会面临众多难以解决的生态问题，人类要摆脱这种困境，必须从根本上改变人与自然的关系，把经济发展和环境保护协调相一致，建立可持续发展的生态系统。研究的重点是：生态系统资源的分类、配置、替代及其自我维持模型；发展生态工程和高新技术的农业工厂化；探索自然资源的利用途径，不断增加全球物质的现存量；研究生态系统科学管理的原理和方法，把生态设计和生态规划结合起来；加强生态系统管理、保持生态系统健康稳定和维持生态系统服务功能。

5.1.2　生态系统的组成

不论是陆地还是水域，或大或小，都可以概括为生物组分和环境组分两大组分。

5.1.2.1　生物组分

多种多样的生物在生态系统中扮演着重要的角色。根据生物在生态系统中发挥的作用和地位而划分为生产者、消费者和分解者三大功能类群。

1. 生产者（Producers），又称初级生产者（Primary Producers），指自养生物。

生产者包括所有绿色植物、蓝绿藻和少数化能合成细菌等自养生物，这些生物可以通过光合作用把水和二氧化碳等无机物合成为碳水化合物、蛋白质和脂肪等有机化合物，并把太阳辐射能转化为化学能，贮存在合成有机物的分子键中。植物的光合作用只有在叶绿体内才能进行，而且必须是在阳光的照射下。但是当绿色植物进一步合成蛋白质和脂肪的时候，还需要有氮、磷、硫、镁等15种或更多种元素和无机物参与。生产者通过光合作用不仅为本身的生存、生长和繁殖提供营养物质和能量，而且它所制造的有机物质也是消费者和分解者唯一的能量来源。生态系统中的消费者和分解者是直接或间接依赖生产者为生的，没有生产者也就不会有消费者和分解者。可见，生产者是生态系统中最基本和最关键的生物成分。太阳能只有通过生产者的光合作用才能源源不断地输入生态系统，然后再被其他生物所利用。初级生产者也是自然界生命系统中唯一能将太阳能转化为生物化学能的媒介。

2. 消费者（Macro-consumers），指以初级生产的产物为食物的异养生物，主要是动物。

消费者归根结底都是依靠植物为食（直接取食植物或间接取食以植物为食的动物）。直接吃植物的动物叫植食动物（Herbivores），又叫一级消费者（如蝗虫、兔、马等）；以植食动物为食的动物叫肉食动物（Carnivores），也叫二级消费者，如食野兔的狐和猎捕羚羊的猎豹等；以后还有三级消费者（或二级肉食动物）、四级消费者（或叫三级肉食动物），直到顶位肉食动物。消费者也包括那些既吃植物也吃动物的杂食动物（Omnivores），有些鱼类是杂食性的，它们吃水藻、水草，也吃水生无脊椎动物。有许多动物的食性是随着季节和年龄而变化的，麻雀在秋季和冬季以吃植物为主，但是到夏季的生殖季节就以吃昆虫为主，所有这些食性较杂的动物都是消费者。食碎屑者（Detritivores）也应属于消费者，它们的特点是只吃死的动植物残体。消费者还应当包括寄生生物。寄生生物靠取食其他生物的组织、营养物和分泌物为生。

3. 分解者（Composers），指利用动植物残体及其他有机物为食的小型异养生物，主要有真菌、细菌、放线菌等微生物。

分解者在生态系统中的基本功能是把动植物死亡后的残体分解为比较简单的化合物，最终分解为最简单的无机物并把它们释放到环境中去，供生产者重新吸收和利用。由于分解过程对于物质循环和能量流动具有非常重要的意义，所以分解者在任何生态系统中都是不可缺少的组成成分。如果生态系统中没有分解者，动植物遗体和残遗有机物很快就会堆积起来，影响物质的再循环过程，生态系统中的各种营养物质很快就会发生短缺并导致整个生态系统的瓦解和崩溃。由于有机物质的分解过程是一个复杂的逐步降解的过程，因此除了细菌和真菌两类主要的分解者之外，其他大大小小以动植物残体和腐殖质为食的各种动物在物质分解的总过程中都在不同程度上发挥着作用，如专吃兽尸的兀鹫，食朽木、粪便和腐烂物质的甲虫、白蚁、皮蠹、粪金龟子、蚯蚓和软体动物等。有人则把这些动物称为大分解者，而把细菌和真菌称为小分解者。

5.1.2.2 环境组分

1. 辐射。其中来自太阳的直射辐射和散射辐射是最重要的辐射成分，通常称短波辐射。辐射成分里还有来自各种物体的热辐射，称长波辐射。

2. 大气。空气中二氧化碳和氧气与生物的光合和呼吸关系密切，氮气与生物固氮有关。

3. 水体。环境中的水体主要存在于湖泊、溪流和海洋等区域，也可以地下水和降水的形式出现。水蒸气弥漫在空中，水分也渗透在土壤之中。

4. 土体，泛指自然环境中以土壤为主体的固体成分，其中土壤是植物生长的最重要基质，也是众多微生物和小动物的栖息场所。

自然环境通过其物理状况（如辐射强度、温度、湿度、压力、风速等）和化学状况（如酸碱度、氧化还原电位、阳离子、阴离子等）对生物的生命活动产生综合影响。

5.1.3　生态系统的特征

生态系统一词是指在一定的空间内生物的成分和非生物的成分通过物质的循环和能量的流动互相作用、互相依存而构成的一个生态学功能单位。我们可以形象地把生态系统比喻为一部机器，机器是由许多零件组成的，这些零件之间靠能量的传递而互相联系为一部完整的机器并完成一定的功能。在自然界只要在一定空间内存在生物和非生物两种成分，并能互相作用达到某种功能上的稳定性，哪怕是短暂的，这个整体就可以视为一个生态系统。因此在我们居住的这个地球上有许多大大小小的生态系统，大至生物圈（Biosphere）或生态圈（Ecosphere），海洋、陆地，小至森林、草原、湖泊和小池塘。除了自然生态系统以外，还有很多人工生态系统如农田、果园、自给自足的宇宙飞船和用于验证生态学原理的各种封闭的微宇宙（亦称微生态系统）。微宇宙主要是用来模拟自然的或受干扰的生态系统的变化特性和化学物质在其中的迁移、转化和代谢等过程。这些微宇宙只需要从系统外部输入光能，就好像是一个微小的生物圈。

生态系统不论是自然的还是人工的，都具有下面一些共同特征：

1. 生态系统是生态学上的一个主要结构和功能单位，属于生态学研究的最高层次（生态学研究的四个层次由低至高依次为个体、种群、群落和生态系统）。

2. 生态系统内部具有自我调节能力。生态系统的结构越复杂，物种数目越多，自我调节能力也越强。但生态系统的自我调节能力是有限度的，超过了这个限度，调节也就失去了作用。

3. 能量流动、物质循环和信息传递是生态系统的三大功能。能量流动是单方向的，物质流动是循环式的，信息传递则包括营养信息、化学信息、物理信息和行为信息，构成了信息网。通常，物种组成的变化、环境因素的改变和信息系统的破坏是导致自我调节失效的三个主要原因。

4. 生态系统中营养级的数目受限于生产者所固定的最大能值和这些能量在流动过程中的巨大损失，因此生态系统营养级的数目通常不会超过5～6个。

5. 生态系统是一个动态系统，要经历一个从简单到复杂、从不成熟到成熟的发育过程，其早期发育阶段和晚期发育阶段具有不同的特性。

5.2　生态系统的分类

地球上的生态系统大小不一，多种多样，小水沟、湿地、花坛、荒漠、草原、森林、农田甚至整个地球等等都是生态系统，城市、宇宙飞船也是生态系统。目前，对生态系统划分由于角度不同，类型也是不一样的，常见的划分依据是：（1）物理学角度；（2）人类对生态系统的影响；（3）所在环境的性质；（4）能量来源。

5.2.1　从物理学角度来划分

1. 封闭系统：有边界，但其边界只能阻止系统与周围环境之间的物质交换，却允许能量的输入或输出，如完全封闭的宇宙舱系统；人工水族生态箱（包含生态瓶）等。

2. 开放系统：边界开放，同时允许物质和能量与系统的环境进行交换，自然生态系统大都属于此类型，还包括如农田生态系统，城市生态系统，人工养殖生态系统等人工生态系统。

5.2.2 按照人类对生态系统的影响划分

1. 自然生态系统：受人类的影响很小的生态系统，如热带雨林生态系统，珊瑚礁生态系统等。

2. 人工生态系统：受人类的影响较大的生态系统，如农业生态系统，城市生态系统等（根据人类影响程度的不同，还可以划分为改变系统和受控制系统等）。

5.2.3 按照所在环境的性质划分

1. 陆生（地）生态系统：所在环境主要是陆地环境。在陆生生态系统中，根据各生态系统的植被分布情况，又可以区分为森林生态系统、草原生态系统、湿地生态系统、荒漠生态系统、冻原生态系统、农田生态系统、城市生态系统等类型。

2. 水生（域）生态系统：所在环境主要是水域环境。还可以分为淡水生态系统（如河流、池塘、淡水湖泊等生态系统）和咸水生态系统（包括海洋生态系统和咸水湖生态系统）。

湿地生态系统是介于二者之间的生态系统。

5.2.4 按照能量来源划分

1. 太阳供能生态系统：这类生态系统的能量主要是由太阳能供给的。如果系统完全依赖于太阳的辐射，没有或者只有极少辅助或补加能量的，就称为无补加太阳供能生态系统，如大洋、大片原始森林、大片草原和深湖等就属于此类；如果补加的能量是由自然补加的，称为自然补加的太阳供能生态系统，如河口湾生态系统（由潮汐、海浪和河水额外补加能量)、湖泊（风、河流流入带入有机物质等）；如果补加的能量是由人类补加的，称为人类补加的太阳供能生态系统（有人为干预，但仍保持了一定自然状态的生态系统），如农田、鱼塘、天然放牧的草原、人类经营和管理的天然林等生态系统。

2. 燃料供能生态系统：以高度浓缩的化石燃料能量替代太阳供能，如城市工业系统（不能独立存在，必须依赖周围的农业和自然生态系统的高度开放的生态系统）和人工生态系统（按人的需求建立起来，受人类活动强烈干预的生态系统，如宇宙飞船）。

还须指出，燃料供能系统和太阳供能的自然生态系统不同，从生命维持角度说，它是一种不完全的或依赖的生态系统。因为它不生产食物，它所能“同化”的废物也非常少；它只能循环水和其他物质的一部分。系统运转的能量大部分来自于外界，即依赖前面三类生态系统以维持生命和提供食物与燃料。因此城市生态系统不仅需要农业生态系统供养，而且需要自然和半自然的环境为它处理二氧化碳和其他大量废物，供给其大量的水和其他物质。

5.3 生态系统的能量流动

5.3.1 关于能量的基本概念

5.3.1.1 什么是能量

能量表示做功的能力。能量值单位可采用卡或千卡进行表示。能量是生态系统的驱动力。林业、农业、渔业、牧业等工作者对森林、农田、渔场、草原等的经营管理，应掌握能量的输入和输出途径及其限制因素，以达到高产目的，设法调整生态系统的能量分配关系，使能量流向对人类最有益的部分。

5.3.1.2 生态系统中能量存在的形式

能量在生态系统中以多种形式存在，主要有以下5种。

(1) 辐射能，来自光源的光量子以波状运动形式传播的能量，在植物光化学反应中起着重要的作用；

(2) 化学能，化合物中贮存的能量，它是生命活动中基本的能量形式；

(3) 机械能，运动着的物质所含有的能量。动物能够独立活动就是基于其肌肉所释放的机械能；

(4) 电能，电子沿导体流动时产生的能量。电子运动对生命有机体能量转化是非常重要的；

(5) 生物能，凡参与生命活动的任何形式的能量均称为生物能。

此外，热能是大家众所周知的能量形式。热能在同一温度下是不能做功的。不同温度下，由高热区向低热区流动，称为热流。以上所述各种形式的能，最终都要转化为热这一形式。

生态系统中这些不同形式的能量可以贮存和相互转化，如辐射能量可以转变成其他的运动形式能。

5.3.1.3 生态系统能量流遵循热力学定律

1. 热力学第一定律

又称为能量守恒与转化原理，它指热（Q）与机械功（W）之间是可以转化的，即

$$W=JQ$$

式中 J——热功当量，$J=4.1885$ 焦耳/卡。

在生态系统中，能量的形式不断转换，如太阳辐射能，通过绿色植物的光合作用转变为存在于有机物质化学键中的化学潜能；动物通过消耗自身体内贮存的化学潜能变成爬、跳、飞、游的机械能。在这些过程中，能量既不能创生，也不会消灭，只能按严格的当量比例由一种形式转变为另一种形式。因此，对于生态系统中的能量转换和传递过程，都可以根据热力学第一定律进行定量，并列出平衡式和编制能量平衡表。

2. 热力学第二定律

热力学第二定律表达有关能量传递方向和转换效率的规律。若用自由能（Free Energy，即系统的可用能）概念表述热力学第二定律，则可表示为：①物体自由能的提高不可能是一个自发的过程；②任何产生自由能贮备的能量转换都不可能达到百分之百有效。

熵（Entropy）是系统热量被温度除后得到的商，在一个等温过程中，系统的熵值变化（ΔS）为：

$$\Delta S=\Delta Q/T$$

式中 ΔQ——系统中热量变化，焦耳；

T——系统的温度，℃。

若用熵概念表示热力学第二定律，则：①在一个内能不变的封闭系统中，其熵值只朝一个方向变化，常增不减；②开放系统从一个平衡态的一切过程使系统熵值与环境熵值之和增加。

生态系统是一个开放系统，它们不断地与周围的环境进行着各种形式能量的交换，通过

光合同化，引入负熵；通过呼吸，把正熵值转出环境。

5.3.1.4　生态系统中的能源和能流路径

太阳辐射能是生态系统中的能量的最主要来源。太阳辐射中的红外线的主要作用是产生热效应，形成生物的热环境；紫外线具有消毒灭菌和促进维生素 D 生成的生物学效应；可见光为植物光合作用提供能源。除太阳辐射外，对生态系统发生作用的一切其他形式的能量统称为辅助能。辅助能不能直接转换为生物化学潜能，但可以促进辐射能的转化，对生态系统中光合产物的形成、物质循环、生物的生存和繁殖起着极大的辅助作用。辅助能分为自然辅助能（如潮汐作用、风力作用、降水和蒸发作用）和人工辅助能（如施肥、灌溉等）。

生态系统中能量流动的主要路径为，能量以日光形式进入生态系统，以植物物质形式贮存起来的能量，沿着食物链和食物网流动通过生态系统，以动物、植物物质中的化学潜能形式贮存在系统中，或作为产品输出，离开生态系统，或经消费者和分解者生物有机体呼吸释放的热能自系统中丢失。生态系统是开放的系统，某些物质还可通过系统的边界输入，如动物迁移，水流的携带，人为的补充等。

5.3.2　生态系统的营养结构

生态系统的营养结构是指生态系统中的无机环境与生物群落之间和生产者、消费者与分解者之间，通过营养或食物传递形成的一种组织形式，它是生态系统最本质的结构特征。

5.3.2.1　食物链与食物网

生态系统各种组成成分之间的营养联系是通过食物链和食物网来实现的。食物链是生态系统内不同生物之间类似链条式的食物依存关系。

1. 食物链

生态系统中贮存于有机物中的化学能，通过一系列的吃与被吃的关系，把生物与生物紧密地联系起来，这种生物成员之间以食物营养关系彼此联系起来的序列，称为食物链（Food Chain）。食物链中每一个生物成员称为营养级（Trophic Level）。每个生物种群都处于一定的营养级，也有少数种兼处于两个营养级，如杂食动物。

按照生物与生物之间的关系可将食物链分成四种类型。

（1）捕食食物链，指一种活的生物取食另一种活的生物所构成的食物链。捕食食物链都以生产者为食物链的起点。如植物→植食性动物→肉食性动物。这种食物链既存在于水域，也存在于陆地环境。如草原上的青草→野兔→狐狸→狼；在湖泊中，藻类→甲壳类→小鱼→大鱼。

（2）碎食食物链，指以碎食（植物的枯枝落叶等）为食物链的起点的食物链。碎食被别的生物所利用，分解成碎屑，然后再为多种动物所食构成。其构成方式：碎食物→碎食物消费者→小型肉食性动物→大型肉食性动物。在森林中，有 90%的净生产是以食物碎食方式被消耗的。

（3）寄生性食物链，由宿主和寄生物构成。它以大型动物为食物链的起点，继之以小型动物、微型动物、细菌和病毒。后者与前者是寄生性关系。如哺乳动物或鸟类→ 跳蚤→原物动物→ 细菌→病毒。

（4）腐生性食物链，以动、植物的遗体为食物链的起点，腐烂的动、植物遗体被土壤或水体中的微生物分解利用，后者与前者是腐生性关系。

在生态系统中各类食物链具有以下特点：

（1）在同一个食物链中，常包含有食性和其他生活习性极不相同的多种生物。

（2）在同一个生态系统中，可能有多条食物链，它们的长短不同，营养级数目不等。由于在一系列取食与被取食的过程中，每一次转化都将有大量化学能变为热能消散。因此，自然生态系统中营养级的数目是有限的，一般食物链都是由 4～5 个环节构成的，最简单的食物链是由 3 个环节构成的。在人工生态系统中，食物链的长度可以人为调节。

（3）在不同的生态系统中，各类食物链的比重不同。

（4）在任何一个生态系统中，各类食物链总是协同起作用。

在任何生态系统中都存在着两种最主要的食物链，即捕食食物链（Grazing Food Chain）和碎屑食物链（Detrital Food Chain）。在大多数陆地生态系统和浅水生态系统中，生物量的大部分不是被取食，而是死后被微生物所分解，因此能流是以通过碎屑食物链为主。

2. 食物网（Food Web）

然而，自然界中的食物链并不是孤立存在的，一个易于理解的事实是，几乎没有一种消费者是专以某一种植物或动物为食的，也没有一种植物或动物只是某一种消费者的食物，如老鼠吃各种谷物和种子，而谷物又是多种鸟类和昆虫的食物，昆虫被青蛙吃掉，青蛙又是蛇的食物，蛇最终被鹰捕获为食；谷物的秸秆还是牛的食物，牛肉又成为人类的食物（图 5-1）。可见，食物链往往是相互交叉的，形成复杂的摄食关系网，称为食物网（图 5-2）。食物网不仅维持着生态系统的相对平衡，还推动着生物的进化，成为自然界发展演变的动力。这种以营养为纽带，把生物与环境、生物与生物紧密联系起来的结构，称为生态系统的营养结构。

图 5-1　简单食物链的例子

一般来说，一个复杂的食物网是使生态系统保持稳定的重要条件，食物网结构越复杂，该系统的稳定性程度越大，生态系统抵抗外力干扰的能力就越强；食物网越简单，生态系统就越容易发生波动和毁灭。

例如，食物网非常简单的苔原生态系统，构成苔原生态系统的食物链基础的地衣，因大气二氧化硫的超标，就会导致生产力受到严重影响，而整个生态系统遭灾。

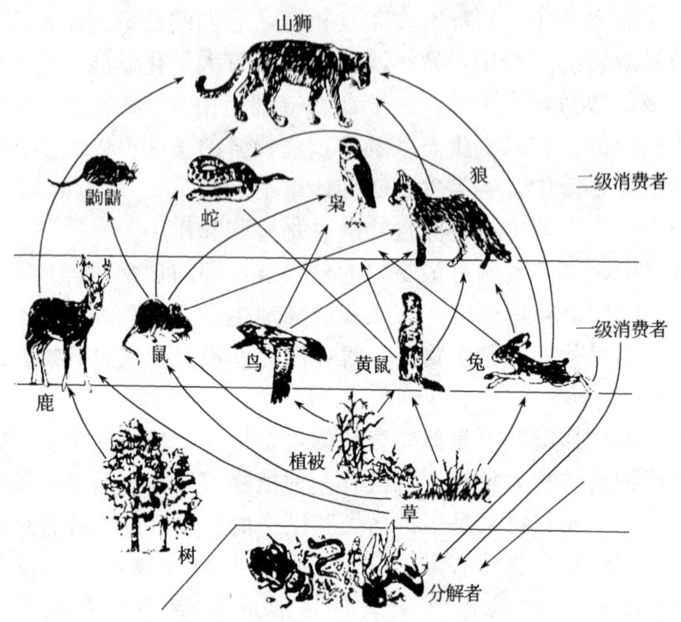

图 5-2　一个陆地生态系统的部分食物网

3. 上行效应与下行效应

食物网中生物之间的相互制约和调控有两种途径，分别称为上行效应和下行效应。

处于较低营养级的生物密度和生物量等决定了较高营养级生物的规模和发展，这种较低营养级对较高营养级生物在资源上的控制现象称为上行效应；较低营养级生物的种群结构依赖于较高营养级生物的捕食能力的大小，这种高营养级对较低营养级生物在捕食上的制约现象称为下行效应。

上行效应和下行效应在任何一个完整的生态系统中都存在。简单的或不成熟的生态系统主要受上行效应所控制。如北极圈地区，地衣、苔藓的数量决定了驯鹿种群的大小和发展速度；而复杂的或成熟的生态系统，下行效应表现更为突出。如热带地区，很多植物在动物的取食过程中依赖动物传粉和散步繁殖体，以促进植物的发展和分布。上行效应及下行效应充分反映了生态系统中各成分之间的反馈与负反馈机制，也正是这种机制决定了生态系统的稳定与平衡。

4. 生物放大

生物放大指某些在自然界不能降解或难降解的化学物质，在环境中通过食物链的延长和营养级的增加在生物体内逐级富集，浓度越来越大的现象。许多有机氯杀虫剂和多氯联苯都有明显的生物放大现象。

人工合成的有机氯杀虫剂。

(1) 消灭害虫的同时，无选择地将益虫、益鸟和害虫的天敌杀死。

如美国加利福尼亚州，由于滥用 DDT，1967 年有 19%的蜜蜂被杀死，导致水果和蜜糖急剧减产。

(2) DDT 不溶于水，而溶于脂肪，极易通过食物链而浓集。

(3) DDT 通过食物链进入动物体后，使钙代谢功能丧失，从而使鸟类蛋壳变薄，雌鸟孵卵时将蛋压破，从而使禽类的数量减少。

如：DDT 对英国雀鹰（*Accipiter nisus*）的影响。早在 20 世纪 60 年代，雀鹰的数量便逐年地递减，部分原因是由于 DDT 的生物放大作用。母鸟吃了含有 DDT 的小虫和其他食物，产下的卵壳较薄，使得卵在孵出小鸟之前很容易破碎，因而使得雀鹰的数量大幅减少。

此外，生物放大作用也会危害到人类的健康，如：海水中汞的浓度为 0.0001mg/L 时，浮游生物体内含汞量可达 0.001～0.002 mg/L，小鱼体内可达 0.2～0.5 mg/L，而大鱼体内可达 1～5 mg/L，大鱼体内汞比海水含汞量高 1 万～6 万倍。如果人长时间食用大鱼，则会继续累积汞在人体内，将对人体健康产生危害。

中国科学院水生生物研究所的研究人员还发现，我国典型湖泊底泥中，19 世纪早期已存在微量二噁英，主要存在土壤的表层，一旦沉积，很难通过环境物理因素再转移，但却可通过食物链再传给其他生物，转移到环境中。因此，湖泊底泥中高浓度的二噁英可通过生物富集或生物放大对水生物和人类的健康产生极大威胁。通过实验还发现了二噁英在食物链中生物放大的直接证据，并提出了生物放大模型，从而否定了国际学术界过去一直认为二噁英在食物链中只存在生物积累而不存在生物放大的观点。

为了防止有害物质通过食物链的生物放大作用造成对人、生物和环境的污染，就必须采取一些措施。首先是在源头上下工夫，减少对环境的污染。其次，防止有害物质的生物放大作用也可以采用“以其人之道，还治其人之身”的方法，即通过培植或发现对污染物有较高降解效能的菌株、植物，用于对土壤、水、肥的净化处理。美国拉尔夫·彼特等人在实验室培育出 14 个酵母和细菌菌株，专“吃”对环境有害的化学物质，将污染物转化为 CO_2、水和其他无害化合物。而经特定有机化合物驯化的活性污泥，可降解多种近似的化合物。我国研究人员也发现，我国的蜈蚣草能对多种重金属有强大的吸毒作用，它富集砷的能力高于其他植物二三十万倍，富集镉的能力也使国外最受推崇的遏蓝菜黯然失色。

5. 生态系统能量流动特点

(1) 林德曼定律

林德曼效率（严格来说应当是林德曼效率定律），又称“十分之一定律”。它是 1941 年由美国耶鲁大学生态学家林德曼在其发表的《一个老年湖泊内的食物链动态》的研究报告中提出来的。指的是在能量传递过程中，每个营养级只能从上一营养级中得到约十分之一的能量。因为每个营养级的生物个体需要维持新陈代谢、活动、繁殖等，消耗了大量能量；同时这些生物体的根、枯枝叶、骨头、角、牙等不能被下一级所利用。处于平衡状态的生态系统是应用林德曼效率的前提。

近来对海洋食物链的研究表明，在有些情况下，林德曼效率可以大于 30%。对自然水域生态系统的研究表明，在从初级生产量到次级生产量的能量转化过程中，林德曼效率大约为 15%～20% 。

(2) 单项流动

能量单向流动，不可逆。绿色植物固定的能量最后都以热量的形式散发出去，不能重新回到生态系统。

5.3.2.2　营养级与生态金字塔

食物链和食物网是物种和物种之间的营养关系，这种关系错综复杂，无法用图解的方式完全表示，为了便于进行定量的能流和物质循环研究，生态学家提出了营养级（Trophic Level）的概念。

1. 营养级

营养级便于进行定量研究能流和物质循环研究。一个营养级指处于食物链某一环节上的所有生物种的总和。例如，作为生产者的绿色植物和所有自养生物都位于食物链的起点，共同构成第一营养级。所有以生产者（主要是绿色植物）为食的动物都属于第二营养级，即植食动物营养级。第三营养级包括所有以植食动物为食的肉食动物。以此类推，还可以有第四和第五营养级。

2. 生态金字塔

能量通过营养级逐级减少，如果把每个营养级有机体的数量、能量或生物量，按营养级的顺序由低到高依次排列，绘制成图，所得到的图形就称为生态金字塔或生态锥体（Ecological Pyramid）。

（1）生物量金字塔（Pyramid of Biomass）

以各营养级的生物量为基础构建的生态金字塔，一般为正三角形［图 5-3（a）］。但对于湖泊和开阔海洋，第一性生产者主要为微型藻类，生活周期短，繁殖迅速，大量被植食动物取食利用，在任何时间它的现存量很低，导致这些生态系统的生物量金字塔呈倒金字塔形［图 5-3（b）］。生物量金字塔过分突出大生物体的重要性。

（2）数量金字塔（Pyramid of Numbers）

单位面积内生产者的个体数目为塔基，以相同面积内各营养级的生物个体数量构成塔身及塔顶的生态金字塔，一般每一个营养级所包括的有机体数目，沿食物链向上递减［图 5-3（d）］。有时为正塔形，有时为倒塔形，有时不能确切地体现各营养级的能量变化关系。数量金字塔过分突出小生物体的重要性。

（3）能量金字塔（Energy Pyramid）

以各营养级所包含的能量为基础构建的生态金字塔，永远为正塔形［图 5-3（c）］。能量金字塔最能够确切地表示各营养级能量的变化。

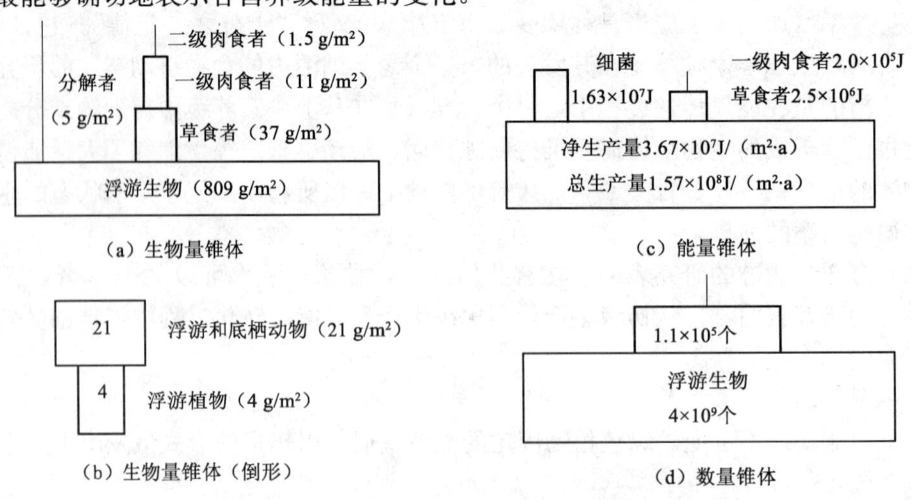

图 5-3　生态椎体（生态金字塔）

5.3.3 生态系统中能量动态和储存

5.3.3.1 初级生产量和生物量的基本概念

生态系统中的能量流动开始于绿色植物的光合作用和绿色植物对太阳能的固定。一株植物当它还不能进行光合作用的时候，它只能依靠贮存在种子中的能量进行生长和发育，但是光合作用一旦进行，它就开始了自己制造有机物质和固定能量的过程，所以绿色植物是生态系统最基本的组成成分，没有绿色植物就没有其他的生命（包括人类），也就没有生态系统。因为绿色植物固定太阳能是生态系统中第一次能量固定，所以植物所固定的太阳能或所制造的有机物质就称为初级生产量或第一性生产量（Primary Production）。动物虽然也能制造自己的有机物质和固定能量，但它们不是直接利用太阳能，而是靠消耗植物的初级生产量，因此，动物和其他异养生物的生产量就称为次级生产量或第二性生产量（Secondary Production）。

在初级生产量中，也就是说在植物所固定的能量或所制造的有机物质中，有一部分是被植物自己的呼吸消耗掉了（呼吸过程和光合作用过程是两个完全相反的过程），剩下的部分才以可见有机物质的形式用于植物的生长和生殖，所以我们把这部分生产量称为净初级生产量（Net Primary Production），而把包括呼吸消耗在内的全部生产量称为总初级生产量（Gross Primary Production）。从总初级生产量（GP）中减去植物呼吸所消耗的能量（R）就是净初级生产量（NP），这三者之间的关系是：

$$GP=NP+R$$

$$NP=GP-R$$

净初级生产量代表着植物净剩下来可提供给生态系统中其他生物（主要是各种动物和人）利用的能量。

初级生产量通常是用每年每平方米所生产的有机物质干重［$g/(m^2 \cdot a)$］或每年每平方米所固定能量值［$J/(m^2 \cdot a)$］表示，所以初级生产量也可称为初级生产力，它们的计算单位是完全一样的，但在强调率的概念时，应当使用生产力。克干重和焦之间可以互相换算，其换算关系依动植物组织而不同，植物组织平均每千克干重换算为 1.8×10^4J，动物组织平均每千克干重换算为 2.0×10^4J 热量值。

净生产量用于植物的生长和生殖，因此随着时间的推移，植物逐渐长大，数量逐渐增多，而构成植物体的有机物质（包括根、茎、叶、花、果实等）也就越积越多。逐渐累积下来的这些净生产量，一部分可能随着季节的变化而被分解了，另一部分则以生活有机质的形式长期积存在生态系统之中。在某一特定时刻调查时，生态系统单位面积内所积存的这些生活有机质就叫生物量（Biomass）。可见，生物量实际上就是净生产量的累积量，某一时刻的生物量就是在此时刻以前生态系统所累积下来的活有机质总量。生物量的单位通常是用平均每平方米生物体的干重（g/m^2）或平均每平方米生物体的热值（J/m^2）来表示。应当指出的是，生产量和生物量是两个完全不同的概念，生产量含有速率的概念，是指单位时间单位面积上的有机物质生产量，而生物量是指在某一特定时刻调查时单位面积上积存的有机物质。

因为 $GP=NP+R$　所以，

如果 $GP-R>0$，则生物量增加；

如果 $GP-R<0$，则生物量减少；

如果 $GP=R$，则生物量不变。

对生态系统中某一营养级来说，总生物量不仅因生物呼吸而消耗，也由于受更高营养级动物的取食和生物的死亡而减少，所以

$$dB/dt=NP-R-H-D$$

其中的 dB/dt 代表某一时期内生物量的变化，H 代表被较高营养级动物所取食的生物量，D 代表因死亡而损失的生物量。一般说来，在生态系统演替过程中，通常 $GP>R$，NP 为正值，这就是说，净生产量中除去被动物取食和死亡的一部分，其余则转化为生物量，因此生物量将随时间推移而渐渐增加，表现为生物量的增长（图 5-4）。当生态系统的演替达到顶极状态时，生物量便不再增长，保持一种动态平衡（此时 $GP=R$）。值得注意的是，当生态系统发展到成熟阶段时，虽然生物量最大，但对人的潜在收获量却最小（即净生产量最小）。可见，生物量和生产量之间存在着一定的关系，生物量的大小对生产量有某种影响，当生物量很小时，如树木稀疏的森林和鱼种群数量不多的池塘，就不能充分利用可利用的资源和能量进行生产，生产量当然不会高。

以一个池塘为例，如果池塘里有适量的鱼，其底栖鱼饵动物的年生产量几乎可达其生物量的17倍之多；如果池塘里没有鱼，底栖鱼饵动物的生产量就会大大下降，但其生物量则会维持在较高的水平上。可见，在有鱼存在时，底栖鱼饵动物的生物量虽然因鱼的捕食而被压低，但生产量却增加了。了解和掌握生物量和生产量之间的关系，对于决定森林的砍伐期和砍伐量，经济动物的狩猎时机和捕获量，鱼类的捕捞时间和鱼获量都具有重要的指导意义。

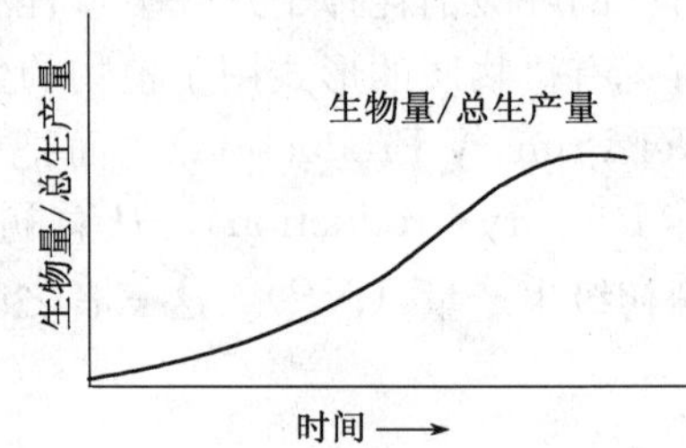

图 5-4　生态系统中的生物量和总生产量之比随时间而发生变化

（初始时生物量小，后来生物量逐渐增加）

5.3.3.2　全球初级生产量概况及分布特点

据估计，地球上生物的光合作用，每年大约能生产 10^{14} t（约 1000 亿吨）的有机物质，这是人类赖以生存的自然资源。对全球初级生产量及其分布的估计，许多生态学者的看法并不十分一致。从全球来看，同一生态系统类型的初级生产量也有较大的差异。地球上初级生产量的分布是不均匀的（图 5-5）。

从图 5-5 明显看到生产量 $2000g \cdot m^{-2} \cdot a^{-1}$的地区，大多是低纬度地带。地球上存在着多种多样的生态系统。全球初级生产量分布特点可概括为以下四点。

① 陆地比水域的初级生产量大。地球表面生态系统大体可分为陆地生态系统和水域生态系统两大类型。前者约占地球表面 1/3，而初级生产量约占全球的 2/3。主要原因是占海洋面积最大的大洋区缺乏营养物质，其生产力很低，平均仅 $125g \cdot m^{-2} \cdot a^{-1}$，有“海洋荒漠之称”。

② 陆地上初级生产量有随纬度增加逐渐降低的趋势。陆地生态系统类型中，以热带雨林生产力为最高，平均为 $2200g \cdot m^{-2} \cdot a^{-1}$。由热带常绿林、落叶林、北方针叶林、稀树草原、温带草原、寒漠依次减少。初级生产量从热带至亚热带、经温带到寒带逐渐降低。一般认为，太阳辐射、温度和降水是导致初级生产量随纬度增大而降低的原因。

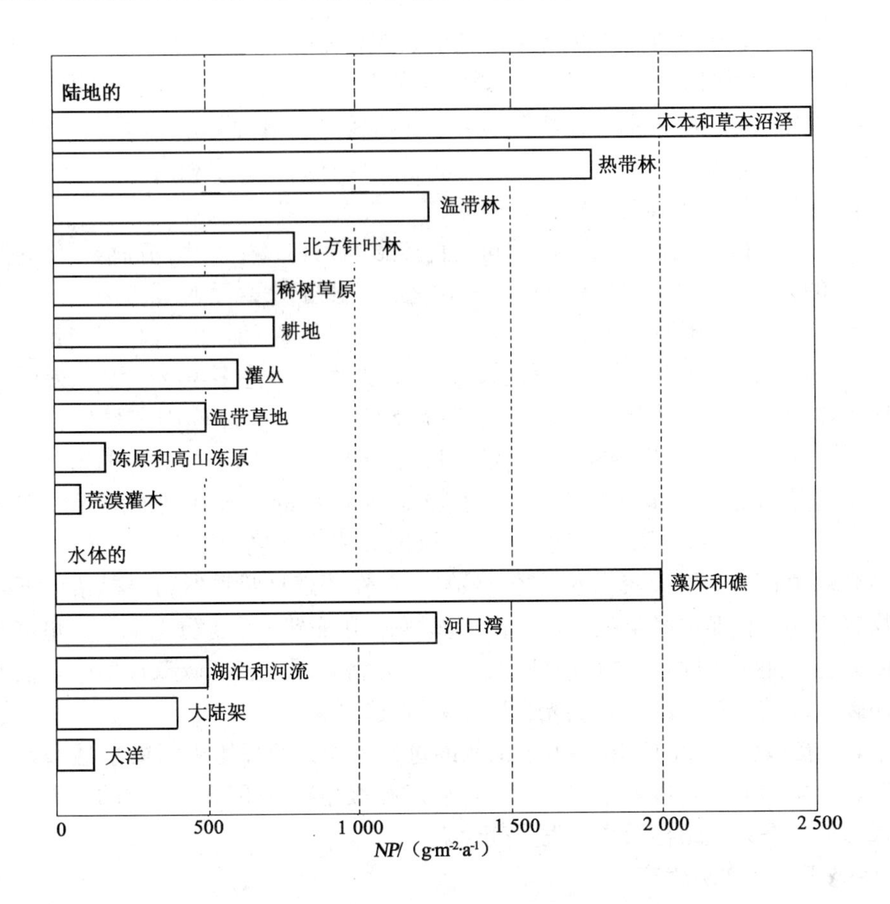

图 5-5　地球上各种生态系统净初级生产力（仿 Ricklefs，2001）

③ 海洋中初级生产量由河口湾向大陆架和大洋区逐渐降低。河口湾由于有大陆河流的辅助输入，它们的净初级生产力平均为 $1500g \cdot m^{-2} \cdot a^{-1}$，产量较高。但是，所占的面积不大。

④ 全球初级生产量可划分为三个等级：

生产量极低的区域。大部分海洋和荒漠属于这类区域。辽阔的海洋缺少营养物质，荒漠主要是缺水。

中等生产量区域。许多草地、沿海区域、深湖和一些农田属于这类区域。这些地区的生产量居于中等水平。

高生产量的区域。大部分湿地生态系统、河口湾、泉水、珊瑚礁、热带雨林和精耕细作的农田、冲积平原上的植物群落等属于这类区域。为了增加产量，这些地区还得到了额外的自然能量和营养物质。热带森林仅覆盖地球 5%的面积，但生产量几乎占全球总生产量的 28%。有的水域、河口湾、海藻床和珊瑚礁等面积虽仅占 0.4%，但其生产量达全球的 2.3%。

5.3.3.3　影响初级生产力的主要因子

影响初级生产力的主要因子有阳光、水、营养元素、植物类型、污染等。

（1）阳光：太阳辐射的光质、光强、光量及光照时间都是重要的影响因素。地球大气层上表面垂直于太阳辐射的平面上的太阳辐射的强度是恒定的。由于大气层厚度的原因，地球上不同的地理位置，辐射的能量也有差异。我国幅员广阔，各地辐射情况明显不同。大体上，自兰州以西的部分，辐射都是比较强的，年总辐射量多在 $6.28\times10^{5}J\cdot cm^{-2}$ 以上；我国东半部辐射量较少，都在 $6.28\times10^{5}J.cm^{-2}$ 以下，其中华北平原和内蒙古自治区较高；长江流域较低，川贵一带，尤其是成都平原最低。

（2）光合途径：植物光合作用途径不同，直接影响到初级生产力的高低。绿色植物利用光能固定 CO_2 的途径有三种。①C3-戊糖磷酸化途径。由于该途径的最初羧化阶段，形成的3-磷酸甘油分子只有三个碳原子，因此，这个过程称为 C3 途径，而以 C3 途径同化 CO_2 的植物，称为 C3 植物。如小麦、大麦、水稻、棉花、大豆等，许多生存在温凉或湿润环境中的植物均属此类型。由于此类植物有较高的光呼吸率，因而 CO_2 的固定量较低，光合效率低。②C4 二羧酸途径：这一途径在固定 CO_2 时最初形成 4 个碳原子的草酰乙酸，故称为 C4 途径，以这一途径固定 CO_2 的植物称为 C4 植物。C4 植物的光合强度能随光照强度的增加而不断增加，而一般 C3 植物随光强达 20～50klx 时，光合强度便不会增加了。因此，C4 植物又称为高光效植物。③景天酸代谢途径（CAM）：在荒漠日照强烈和干旱条件下生长的许多肉质植物属于这种代谢途径类型。白天由于蒸腾作用强烈，需要防止水分大量消耗。它们的气孔可以完全关闭。夜间才开放气孔吸收 CO_2，先将它固定于四碳双羧酸中，白天在阳光下，再从四碳二羧酸中释放出来，供光合碳循环同化。

（3）污染对初级生产量的影响：由于工业的过速增长，使环境中污染物猛增，这些物质被排入大气、土壤和河流，进入生态系统后，引起初级生产的下降，严重的污染还使绿色植物生产衰减，使生态系统结构及作用发生变化。

5.3.3.4 生态系统的次级生产

净初级生产量是生产者以上各营养级所需能量的唯一来源。从理论上讲，净初级生产量可以全部被异养生物所利用，转化为次级生产量（如动物的肉、蛋、奶、毛皮、骨骼、血液、蹄、角以及各种内脏器官等），但实际上，任何一个生态系统中的净初级生产量都可能流失到这个生态系统以外的地方去，如在海岸盐沼生态系统中，大约有 45％的净初级生产量流失到了河口生态系统。还有很多植物是生长在动物所达不到的地方，因此也无法被利用。总之，对动物来说，初级生产量或因得不到，或因不可食，或因动物种群密度低等原因，总是有相当一部分不能被利用。即使是被动物吃进体内的植物，也还有一部分会通过动物的消化道被原封不动地排出体外。例如，蝗虫只能消化它们所吃进食物的 30％，其余的70％将以粪便形式排出体外，供腐食动物和分解者利用。但是鼠类一般可消化它们所吃进食物的 85％～90％。食物被消化利用的程度将依动物的种类而大不相同。可见，在动物吃进的食物中并不能全部被同化和利用，其中有相当一部分是以排粪、排尿的方式损失掉了。在被同化的能量中，有一部分用于动物的呼吸代谢和生命的维持，这一部分能量最终将以热的形式消散掉，剩下的那一部分才能用于动物各器官组织的生长和繁殖新的个体，这就是我们所说的次级生产量。当一个种群的出生率最高和个体生长速度最快的时候，也就是这个种群次级生产量最高的时候，这时往往也是自然界初级生产量最高的时候。但这种重合并不是碰巧发生的，而是自然选择长期起作用的结果，因为次级生产量是靠消耗初级生产量而得到的。

在所有生态系统中，次级生产量都要比初级生产量少得多。表 5-1 列出了地球表面各种不同类型生态系统中的次级生产量估算值。表中的数据并不是实际测得的，而是依据净初级生产量资料并参照各地域动物的取食和消化能力推算出来的。推算程序首先是从植物的净初级生产量开始，然后对每一类型生态系统都要确定一个初级生产量被动物利用的百分数和利用量，最后再根据每个生态系统典型动物的同化效率推算出该生态系统的净次级生产量。

表 5-1　地球各种生态系统的年次级生产量

生态系统类型	净初级生产量（10^9 吨 C/年）	动物利用量（%）	捕食动物取食量（10^6 吨 C/年）	净次级生产量（10^6 吨 C/年）
热带雨林	15.3	7	1100	110
热带季林	5.1	6	300	30
温带常绿林	2.9	4	120	12
温带落叶林	3.8	5	190	19
北方针叶林	4.3	4	170	17
林地和灌丛	2.2	5	110	11
热带稀树草原	4.7	15	700	105
温带草原	2.0	10	200	30
苔原和高山	0.5	3	15	1.5
沙漠灌丛	0.6	3	18	2.7
岩面、冰面和沙地	0.04	2	0.1	0.01
农田	4.1	1	40	4
沼泽地	2.2	8	175	18
湖泊河流	0.6	20	120	12
陆地总计	48.3	7	3258	372
开阔大洋	18.9	40	7600	1140
海水上涌区	0.1	35	35	5
大陆架	4.3	30	1300	195
藻床和藻礁	0.5	15	75	11
河口	1.1	15	165	25
海洋总计	24.9	37	9175	1376
全球总计	73.2	17	12433	1748

注：引自 Whittaker 等，1973.

5.3.3.5　生态系统的资源分解

1. 概念及意义

（1）概念：将残株、尸体等复杂的有机物分解为简单有机物的逐步降解过程，称为分解作用。分解作用过程正好与植物光合作用过程相反，可表示成：

$$C_6H_{12}O_6 + 6O_2 \longrightarrow 6CO_2 + 6H_2O + \text{能量}$$

（2）意义：维持全球生产和分解的平衡。生态系统的能量和物质流中，植物的初级生产和资源的分解是两个主要过程。在建立和维持全球生态系统的动态平衡中，资源分解的主要作用是，通过死亡物质的分解，使营养物质再循环，给生产者提供营养物质；维持大气中

CO_2 浓度；稳定和提高土壤有机质的含量，为碎屑食物链以后各级生物生产食物；改善土壤物理性状，改造地球表面惰性物质。

2. 分解者

（1）微生物：微生物中细菌和真菌是主要的分解者。在细菌体内和真菌菌丝体内具有各种完成多种特殊的化学反应所需的酶系统。这些酶被分泌到死的有机体内进行分解活动，一些分解产物作为食物而被细菌和真菌所吸收，另一些继续保留在环境中。

（2）动物类群：陆地分解者中的动物主要是些食碎屑的无脊椎动物。按机体大小可分为微型、中型和大型动物。微型动物区系一般体宽在 100μm 以下，主要分解枯枝落叶；中型动物区系一般体宽在 100μm～2mm 之间，包括弹尾目昆虫、原尾虫、螨类、线蚓类、双翅目幼虫和一些小型鞘翅目昆虫，主要对大型动物区系粪便进行处理；大型动物区系一般体宽在 2 ～20mm 之间，主要包括各种取食枯枝落叶的节肢动物，如千足类、等足类、端足类、蜗牛、蚯蚓等，这些动物都参与扯碎植物残叶、土壤的翻动和再分解作用。无脊椎动物在陆地生态系统的物质分解中起着重要作用，它们在地球上的分布随纬度的变化呈现地带性的变化规律。低纬度热带地区起作用的主要是大型土壤动物，其分解作用明显高于温带和寒带；高纬度寒温带和冻原地区多为中、小型动物，它们对物质分解起的作用很小。水生系统中，动物的分解过程分为搜集、刮取、粉碎、取食或捕食等几个环节。

3. 资源分解作用的三个过程

生态系统中的分解作用同样是一个非常复杂的过程，它由降解过程（K）、碎化过程（C）和溶解过程（L）等三个步骤组成。

（1）降解过程：在酶的作用下，有机物进行生物化学的分解，分解为单分子的物质（如纤维素降解为葡萄糖）或无机物（葡萄糖降为 CO_2 和 H_2O）；

（2）碎化过程：颗粒体的粉碎，是更为迅速的物理过程。主要的改变是动物生命活动的过程，当然也包括动物的和非生物的作用，如风化、结冰、解冻和干湿作用等；

（3）溶解过程：完全是物理过程，是指水将资源中的可溶解成分解脱出来，其速率实际上也受上两个过程的影响。

分解过程（D）实际上是这三个亚分解过程的乘积，即 $D = K \times C \times L$。

4. 影响分解的生态因素

有机质的分解过程受物质的性质、发生作用的生物有机体及分解过程中的理化条件的控制。土壤有机质的分解、矿化过程都是在微生物的参与下进行的。因此，影响土壤微生物活动的因素都是影响有机质转化的因素。这些因素包括土壤温度、土壤湿度和通气状况、土壤 pH 值等。

5.4 生态系统的物质循环

生态系统中的物质循环又称为生物地化循环（Biogeochemical Cycle）。生物地化循环过程的研究主要是在生态系统水平和生物圈水平上进行的。能量流动和物质循环是生态系统的两个基本过程，正是这两个基本过程使生态系统各个营养级之间和各种成分（非生物成分和生物成分）之间组织成为一个完整的功能单位。但是能量流动和物质循环的性质不同，能量流经生态系统最终以热的形式消散，能量流动是单方向的，因此生态系统必须不断地从外界获得能量。而物质的流动是循环式的，各种物质都能以可被植物利用的形式重返环境。能量流动和物质循环都是借助于生物之间的取食过程而进行的，但这两个过程是密切相关不可分割的，因为能量是储存在有机分子键内，当能量通过呼吸过程被释放出来用以做功的时候，该有机化合物就被分解并以较简单的物质形式重新释放到环境中去。

5.4.1　生物体内的营养元素

生命的维持不仅依赖于能量的供应，而且也依赖于各种化学元素的供应。对于大多数生物来说，有大约20多种元素是它们生命活动所不可缺少的。另外，还有大约10种元素虽然通常只需要很少的数量就够了，但是对某些生物来说却是必不可少的。生物所需要的糖类虽然可以在光合作用中利用水和大气中的二氧化碳来制造，但是对于制造一些更加复杂的有机物质来说，还需要一些其他的元素，如需要大量的氮和磷，还需要少量的锌和钼等。前者有时被称为大量元素，而后者则称为微量元素。

生物体所需要的大量元素包括其含量超过生物体干重1%以上的碳、氧、氢、氮和磷等，也包括含量占生物体干重0.2%～1%之间的硫、氯、钾、钠、钙、镁和铁等。微量元素在生物体内的含量一般不超过生物体干重的0.2%，而且并不是在所有生物体内都有。属于微量元素的有铝、硼、溴、铬、钴和锌等。

5.4.2　物质循环的特点

5.4.2.1　物质循环基本原理

物质循环的基本原理——物质不灭定律和质能守恒定律。

物质不灭定律认为，化学方法可以改变物质的成分，但不能改变物质的量，即在一般的化学变化过程中，察觉不到物质在量上的增加或减少。

质能守恒定律认为，世界不存在没有能量的物质质量，也不存在没有质量的物质能量。质量和能量作为一个统一体，其总量在任何过程中都保持不变的守恒。

5.4.2.2　物质循环的几个基本概念

1. 生物地球化学循环：各种化学元素在不同层次、不同大小的生态系统内，乃至生物圈里，沿着特定的途径从环境到生物体，又从生物体再回归到环境，不断地进行着流动和循环的过程。

2. 地质大循环：物质或元素经生物体的吸收作用，从环境进入生物有机体内，然后生物体以死体、残体或排泄物形式将物质或元素返回环境，进入五大自然圈（气圈，水圈，岩石圈，土壤圈，生物圈）的循环的过程。这是一种闭合式循环。

3. 生物小循环：环境中元素经生物吸收，在生态系统中被相继利用，然后经过分解者的作用再为生产者吸收、利用。这是一种开放式循环。

4. 物质循环的库：物质在循环过程中被暂时固定、储存的场所称为库。生态系统中各组分都是物质循环的库，如植物库、动物库、土壤库等。在生物地球化学循环中，库可分为储存库（Reservoir Pool，容积大，物质交换活动缓慢，一般为环境成分）和交换库（Exchange Pool，容积小，交换快，一般为生物成分）。

5. 物质循环的流：物质在库与库之间的转移运动状态称为流。

6. 循环效率：生态系统中某一组分的贮存物质，一部分或全部流出该组分，但未离开系统，并最终返回该组分时，系统内发生了物质循环。循环物质（*FC*）占总输入物质（*FI*）的比例，称为物质的循环效率（*EC*）（*EC*=*FC*/*FI*）。

5.4.3 生物地化循环的类型

根据物质在循环时所经历的路径不同，从整个生物圈的观点出发，并根据物质循环过程中是否有气相的存在，生物地球化学循环可分为气相型和沉积型两个基本类型。

1. 气相型（Gaseous Type）：其贮存库是大气和海洋。气相循环把大气和海洋相联系，具有明显的全球性。元素或化合物可以转化为气体形式，通过大气进行扩散，弥漫于陆地或海洋上空，在很短的时间内可以为植物重新利用，循环比较迅速，循环性能最为完善，例如CO_2、N_2、O_2 等，水循环实际上也属于这种类型。由于有巨大的大气贮存库，故可对干扰能相当快地进行自我调节（但大气的这种自我调节也不是无限度的）。因此，从地球意义上看，这类循环是比较完全的循环。值得提出的是，气相循环与全球性三个环境问题（温室效应，酸雨、酸雾，臭氧层破坏）密切相关。

2. 沉积型（Sedimentary Type）：参与沉积型循环的物质，其分子或化合物绝无气体形态。许多矿物元素其贮存库在地壳里，这些物质主要是通过岩石的风化、人类的开采冶炼和沉积物的分解转变为可被生态系统利用的营养物质，而海底沉积物转化为岩石圈成分则是一个缓慢的、单向的物质移动过程，时间要以数千年计。其循环过程是从陆地岩石中释放出来，为植物所吸收，参与生命物质的形成，并沿食物链转移。然后，由动植物残体或排泄物经微生物的分解作用，将元素返回环境。除一部分保留在土壤中供植物吸收利用外，一部分以溶液或沉积物状态随流水进入江河，汇入海洋，经过沉降、淀积和成岩作用变成岩石，当岩石被抬升并遭受风化作用时，该循环才算完成。

这些沉积型循环物质的主要储存库是土壤、沉积物和岩石，而无气体形态，因此这类物质循环的全球性不如气相型循环表现得那么明显，这类循环是缓慢的，并且容易受到干扰，循环性能一般也很不完善。属于沉积型循环的物质有磷、钙、钾、钠、镁、铁、锰、碘、铜、硅等，其中磷是较典型的沉积型循环物质，它从岩石中释放出来，最终又沉积在海底并转化为新的岩石。气相型循环和沉积型循环虽然各有特点，但都受到能流的驱动，并都依赖于水的循环。

5.4.4 几种重要物质的循环

5.4.4.1 碳循环

碳是生命骨架元素。碳对生物和生态系统的重要性仅次于水，它构成生物体重量（干重）的 49%。同构成生物的其他元素一样，碳不仅构成生命物质，而且也构成各种非生命化合物。在碳的循环中我们更加强调非生命化合物的重要性，因为最大量的碳被固结在岩石圈中，其次是在化石燃料（石油和煤等）中，这是地球上两个最大的碳储存库，约占碳总量的 99.9%，仅煤和石油中的含碳量就相当于全球生物体含碳量的 50 倍。在生物学上有积极作用的两个碳库是水圈和大气圈（主要以 CO_2 的形式）（图 5-6）。很多元素都与碳相似，有着巨大的不活动的地质储存库（如岩石圈等）和较小的但在生物学上积极活动的大气圈库、水圈库和生物库。物质的化学形式常随所在库而不同。例如，碳在岩石圈中主要以碳酸盐的形式存在，在大气圈中以二氧化碳和一氧化碳的形式存在，在水圈中以多种形式存在，在生物库中则存在着几百种被生物合成的有机物质。这些物质的存在形式受到各种因素的调节。

环境中的 CO_2 通过光合作用被固定在有机物质中，然后通过食物链的传递，在生态系统中进行循环。其循环途径有：①在光合作用和呼吸作用之间的细胞水平上的循环；②大气 CO_2 和植物体之间的个体水平上的循环；③大气 CO_2—植物—动物—微生物之间的食物链水平上的循环。这些循环均属于生物小循环。此外，碳以动植物有机体形式深埋地下，在还原条件下，形成化石燃料，于是碳便进入了地质大循环。当人们开采利用这些化石燃料时，CO_2 被再次释放进入大气。

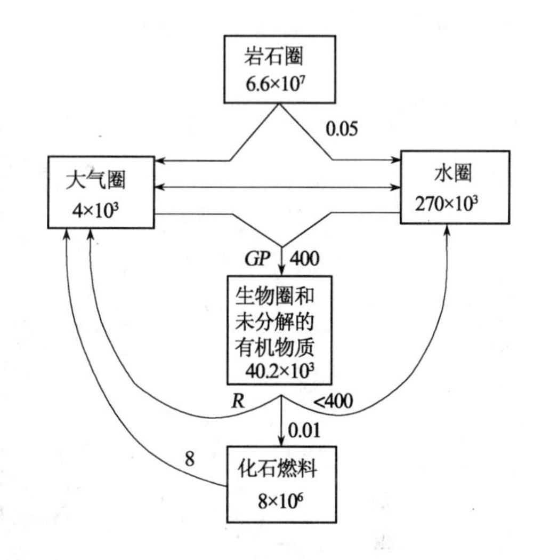

图 5-6　碳的全球性循环及主要碳库
（库大小单位：$g \cdot m^{-2}$；流通量单位：$g \cdot m^{-2} \cdot a^{-1}$）
（引自 MacNaughton 等，1973）

植物通过光合作用从大气中摄取碳的速率及通过呼吸和分解作用而把碳释放给大气的速率大体相等。大气中二氧化碳是含碳的主要气体，也是碳参与循环的主要形式。碳循环的基本路线是从大气储存库到植物和动物，再从动植物通向分解者，最后又回到大气中去。在这个循环路线中，大气圈是碳（以 CO_2 的形式）的储存库，二氧化碳在大气中的平均浓度是 0.038%（或 380/100 万，即 380ppm）（图 5-7）。由于有很多地理因素和其他因素影响植物的光合作用（摄取二氧化碳的过程）和生物的呼吸（释放二氧化碳的过程），所以大气中二氧化碳的含量有着明显的日变化和季节变化。例如，夜晚由于生物的呼吸作用，可使地面附近大气中二氧化碳的含量上升到 0.05%；而白天由于植物在光合作用中大量吸收二氧化碳，可使大气中二氧化碳的含量降到平均浓度 0.038%以下。夏季，植物的光合作用强烈，因此从大气中所摄取的二氧化碳超过了在呼吸和分解过程中所释放的二氧化碳；冬季则刚好相反。结果每年 4～9 月北方大气中二氧化碳的含量最低，冬季和夏季大气中二氧化碳的含量可相差 0.002%，即相差 20ppm。

除了大气以外，碳的另一个储存库是海洋。实际上海洋是一个更重要的储存库，它的含碳量是大气含碳量的 50 倍。更重要的是，海洋对于调节大气中的含碳量起着非常重要的作用。在植物光合作用中被固定的碳，主要是通过生物的呼吸（包括植物、动物和微生物）以二氧化碳的形式又回到了大气。除此之外，非生物的燃烧过程也使大气中二氧化碳的含量增加，如人类燃烧木材、煤炭以及森林和建筑物的偶然失火等。岩石圈中的碳也可以重返大气圈和水圈，主要是借助于岩石的风化和溶解、化石燃料的燃烧和火山爆发等。

二氧化碳在大气圈和水圈之间的界面上通过扩散作用而互相交换着，而二氧化碳的移动方向决定于它在界面两侧的相对浓度，它总是从浓度高的一侧向浓度低的一侧扩散。借助于降水过程，二氧化碳也能进入水圈。大气中每年约有 1000 亿 t 的二氧化碳进入水中，同时水中每年也有相等数量的二氧化碳进入大气。在陆地和大气之间，碳的交换大体上也是平衡的。陆地植物的光合作用每年约从大气中吸收 1.5×10^{10} t 碳，植物死后腐败约可释放 1.7×

10^{10}t 碳。森林是碳的主要吸收者，每年约可吸收 3．6×10^9t 碳，相当其他类型植被吸收碳量的两倍。森林也是生物碳库的主要储存库，约储存 482×10^9t 碳，相当于目前地球大气含碳量的 2/3。

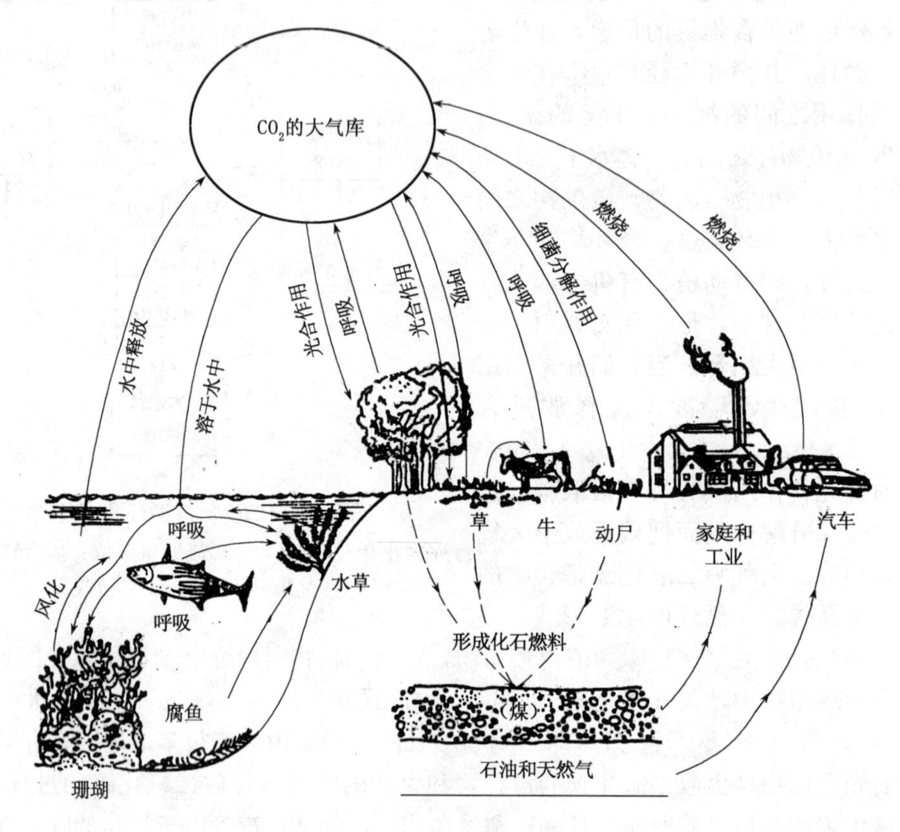

图 5-7　碳的循环路线

但是，碳循环的调节机制能在多大程度上忍受人类的干扰，目前还不十分清楚。由于人类每年约向大气中释放 2×10^{10}t 的二氧化碳，使陆地、海洋和大气之间二氧化碳交换的平衡受到干扰，结果使大气中二氧化碳的含量每年增加 7.5×10^9t，这仅是人类释放到大气中二氧化碳的 1/3，其余的 2/3 则被海洋和增加了的陆地植物所吸收。大气中二氧化碳含量的变化引起了人们的关注，大气二氧化碳的含量在人类干扰以前是相当稳定的，但人类生产力的发展水平已达到了可以有意识地影响气候的程度。从长远来看，大气中二氧化碳含量的持续增长将会给地球的生态环境带来什么后果，是当前科学家最关心的问题之一。

5.4.4.2　氮循环

氮是生命代谢元素，是构成生物蛋白质和核酸的主要元素，因此它与碳、氢、氧一样在生物学上具有重要的意义。氮的生物地化循环过程非常复杂，循环性能极为完善（图 5-8）。氮的循环与碳的循环大体相似，但也有明显差别。虽然生物所生活的大气圈，其含氮量（79%）比含二氧化碳量（0.03%～0.04%）要高得多，但是氮的气体形式（N_2）只能被极少数的生物所利用。虽然所有的生物都要以代谢产物的形式排出碳和氮，但几乎从不以 N_2 的形式排放含氮废物。在各种营养物质的循环中，氮的循环实际上是牵连生物最多和最复杂的，这不仅是因为含氮的化合物很多，而且在氮循环的很多环节上都有特定的微生物参加。

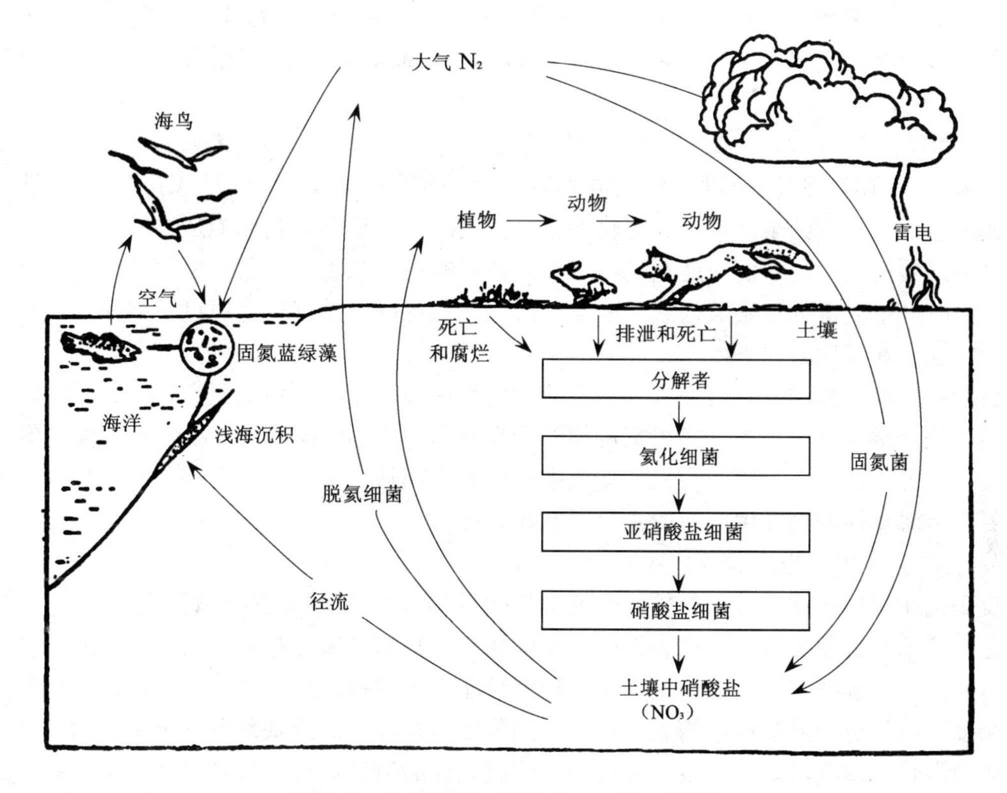

图 5-8　氮的循环（引自 Berry 等，1974）

1．固氮

由于大气成分的 79％是氮气，所以氮最重要的储存库就是大气圈，但是大多数生物又不能直接利用氮气，所以以无机氮形式（氨、亚硝酸盐和硝酸盐）和有机氮形式（尿素、蛋白质和核酸等）存在的氮库对生物最为重要。只有通过固氮菌的生物固氮、闪电等的大气固氮，火山爆发时的岩浆固氮以及工业固氮等 4 条途径，转为硝酸盐或氨的形态，才能为生物吸收利用。其中以生物固氮法最为重要。据估计，靠其他形式每年平均可固氮 7.6×10^6 t，而生物固氮平均每年的固氮量为 54×10^6 t，人类每年合成氮肥约 30×10^6 t，这也是一个不小的数字。根据人类合成氮肥的增产速度，预计到 21 世纪末，每年约可生产氮肥 100×10^6 t。C. C. Delwiche 认为：现在的工业固氮量约等于现代农业到来之前的生物固氮量。

2．氨化作用

当无机氮经由蛋白质和核酸合成过程而形成有机化合物（主要是胺类，即—NH_2）以后，这些含氮的有机化合物通过生物的新陈代谢又会使氮以代谢产物（尿素和尿酸）的形式重返氮的循环圈。土壤和水中的很多异养细菌、放线菌和真菌都能利用这种富含氮的有机化合物。这些简单的含氮有机化合物在上述生物的代谢活动中可转变为无机化合物（氨）并把它释放出来。这个过程就称为氨化作用（Ammonification）或矿化作用（Mineralization）。实际上，这些微生物是在排泄它们体内过剩的氮。氨化过程是一个释放能量的过程，或者说是一种放热反应（Exothermic Reaction）。

3. 硝化作用

虽然有些自养细菌和海洋中的很多异养细菌可以利用氨或铵盐来合成它们自己的原生质，但一般说来，这些含氮化合物难以被直接利用，而必须使它们在硝化作用（Nitrification）中转化为硝酸盐。这个过程在酸性条件下分为两步，第一步是把氨或者铵盐转化为亚硝酸盐（$NH_4 \rightarrow NO_2^-$）；第二步是把亚硝酸盐转变为硝酸盐（$NO_2^- \rightarrow NO_3^-$）。亚硝化胞菌（*Nitrosomonas* 属）可使氨转化为亚硝酸盐，而其他细菌（如硝化细菌）则能把亚硝酸盐转化为硝酸盐。这些细菌全部都是具有化能合成作用的自养细菌，它们能从这一氧化过程中获得自己所需要的能量。它们还能利用这些能量使二氧化物或重碳酸盐还原而获得自己所需要的碳，同时产生大量的亚硝酸盐或硝酸盐。硝酸盐和亚硝酸盐很容易通过淋溶作用从土壤中流失，特别是在酸性条件下。

目前，对开阔海洋及其海底沉积物中的硝化作用还不十分了解。1962 年，S. Watson 首次报道了从开阔大洋海水中分离出来的海洋亚硝化菌（*Nitrosocystis oceanus*），他的研究表明，这是一种专性自养细菌，它只能从氨中获得能量和从二氧化碳中获得碳。不少科学家认为，氮素是海洋浮游植物生产量的主要限制因素。

4. 反硝化作用（也称脱氮作用）

反硝化作用是指把硝酸盐等较复杂的含氮化合物转化为 N_2、NO 和 N_2O 的过程，这个过程是由细菌和真菌参与的。这些细菌和真菌在有葡萄糖和磷酸盐存在时可把硝酸盐作为氧源加以利用。大多数有反硝化作用的微生物都只能把硝酸盐还原为亚硝酸盐，但是，另一些微生物却可以把亚硝酸盐还原为氨。由于反硝化作用是在无氧或缺氧条件下进行的，所以这一过程通常是在透气较差的土壤中进行的。依据同样的道理，在氧气含量很丰富的湖泊和海洋表层，反硝化作用便很难发生。

5. 氮的全球平衡

据估计，全球每年的固氮量为 92×10^6 t（其中生物固氮 54，工业固氮 30，光化学固氮 7.6 和火山活动固氮 0.2）。但是，借助于反硝化作用，全球的产氮量只有 83×10^6 t（其中陆地 43，海洋 40 和沉积层 0.2）。两个过程的差额为 9×10^6 t，这种不平衡主要是由工业固氮量的日益增长所引起的，所固定的这些氮是造成水生生态系统污染的主要因素。最近对海洋环境的研究表明，硝化作用大约可使海洋氮库补充 20×10^6 t 氮。从各种来源输入海洋的氮，大体上能被反硝化作用所平衡，基本上能维持一种稳定状态。

至今有一点是很清楚的，即氮的移动绝不是单方向、不可调节和与能量无关的。氮有很多循环路线，而每一条路线都受生物或非生物机制所调节，而且每一个过程都伴随着能量的消耗或释放。氮循环的这些自我调节机制、反馈机制和对能量的依赖性曾导致提出了这样一个假设，即全球的氮循环是平衡的，固氮过程将被反硝化过程所抵消。目前这一假说还处在讨论之中。如果工业固氮量速率加速增长，而反硝化作用的增加速度又跟不上的话，那么任何已经达到的平衡都可能受到越来越大的压力。

5.4.4.3 水循环

水和水的循环对于生态系统具有特别重要的意义，不仅生物体的大部分（约 70%）是由水构成的，而且各种生命活动都离不开水。水在一个地方将岩石侵蚀，而在另一个地方又将侵蚀物沉降下来，久而久之就会带来明显的地理变化。水中携带着大量的多种化学物质（各种盐和气体）周而复始地循环，极大地影响着各类营养物质在地球上的分布。除此之外，水对于能量的传递和利用也有着重要影响。地球上大量的热能用于将冰融化为水、使水温升高和将水化为蒸汽。因此，水有防止温度发生剧烈波动的重要生态作用。

水的主要循环路线是从地球表面通过蒸发进入大气圈，同时又不断从大气圈通过降水而回到地球表面（图5-9）。每年地球表面的蒸发量和全球降水量是相等的，因此这两个相反的过程就达到了一种平衡状态。蒸发和降水的动力都是来自太阳，太阳是推动水在全球进行循环的主要动力。地球表面是由陆地和海洋组成的，陆地的降水量大于蒸发量，而海洋的蒸发量大于降水量，因此，陆地每年都把多余的水通过江河源源不断输送给大海，以弥补海洋每年因蒸发量大于降水量而产生的亏损。生物在全球水循环过程中所起的作用很小，虽然植物在光合作用中要吸收大量的水，但是植物通过呼吸和蒸腾作用又把大量的水送回了大气圈。

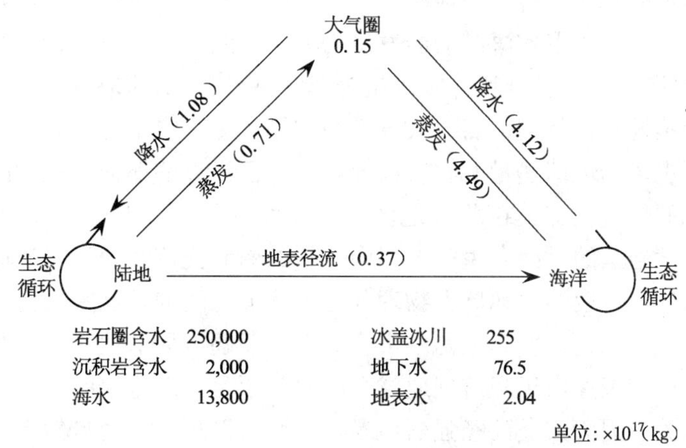

图5-9 水的全球循环和水的分布

括弧内的数字代表年移动量、生态循环包括光合作用吸收水和呼吸、蒸腾作用丢失水（引自Kormondy，1984）。

从图5-9中可以看出，地球表面及其大气圈的水只有大约5%是处于自由的可循环状态，其中的99%又都是海水。令人惊异的是地球上95%的水不是海水也不是淡水，而是被结合在岩石圈和沉积岩里的水，这部分水是不参与全球水循环的。地球上的淡水大约只占地球总水量（不包括岩石圈和沉积岩里的结合水）的3%，其中的四分之三又都被冻结在两极的冰盖和冰川里。如果地球上的冰雪全部融化，其水量可盖满地球表面50m厚。虽然地球的全年降水量多达5.2×10^{17}kg（或5.2×10^{8}km^3），但是大气圈中的含水量和地球总水量相比却是微不足道的。地球全年降水量约等于大气圈含水量的35倍，这说明，大气圈含水量足够11天降水用，平均每过11天，大气圈中的水就得周转一次。

降水和蒸发的相对和绝对数量以及周期性对生态系统的结构和功能有着极大影响，世界降水的一般格局与主要生态系统类型的分布密切相关。而降水分布的特定格局又主要是由大气环流和地貌特点所决定的。

水循环的另一个重要特点是，每年降到陆地上的雨雪大约有35%又以地表径流的形式流入了海洋。值得特别注意的是，这些地表径流能够溶解和携带大量的营养物质，因此它常常把各种营养物质从一个生态系统搬运到另一个生态系统，这对补充某些生态系统营养物质的不足起着重要作用。由于携带着各种营养物质的水总是从高处往低处流动，所以高地往往比较贫瘠，而低地比较肥沃，例如沼泽地和大陆架就是这种最肥沃的低地，也是地球上生产力最高的生态系统之一。

河川和地下水是人类生活和生产用水的主要来源，人类每年所用的河川水约占河川总水量的25%，其中有将近30%通过蒸发又回到了大气圈。据估计到21世纪末，人类将利用河川总水量的75%来满足生活、灌溉和工业用水之需。

地下水是指植物根系所达不到而且不会因为蒸发作用而受到损失的深层水。地球所蕴藏的地下水量是惊人的，约比地上所有河川和湖泊中的水多38倍。地下水有时也能涌出地面（如泉水）或渗入岩体形成蓄水层，人类可以把蓄水层中的水抽到地面以供利用。地下水如果受到足够的液体压力，也会自动喷出地面形成自流井或喷泉。

蒸发、降水和水的滞留、传送使地球上的水量维持一种稳定的平衡。如果把全球的降水量看作是100个单位，那么平均海洋的蒸发量为84个单位，海洋接受降水量为77个单位；陆地的蒸发量为16个单位，陆地接受降水量为23个单位，从陆地流入海洋的水量为7个单位，这就使海洋的蒸发亏损得到平衡。大气圈中的循环水为7个单位。

水的全球循环也影响地球热量的收支情况，正如已说过的那样，最大的热量收支是在低纬度地区，而最小的热量收支是在北极地区。在纬度38°至39°地带，冷和热的进出达到一种平衡状态。高纬度地区的过冷会由于大气中热量的南北交流和海洋暖流而得以缓和。从全球观点看，水的循环着重表明了地球上物理和地理环境之间的相互密切作用。因此，经常在局部范围内考虑的水的问题，实际上是一个全球性的问题。局部地区水的管理计划可以影响整个地球。问题的产生不是由于降落到地球上的水量不足，而是水的分布不均衡，这尤其与人类人口的集中有关。因为人类已经强烈地参与了水的循环，致使自然界可以利用的水的资源已经减少，水质量也已下降。现在，水的自然循环已不足以补偿人类对水资源的有害影响。

我国北方由于降水在时间和空间上的分布极不均匀，雨季易出现暴雨成灾、洪水泛滥，但大部分时间又干旱缺水，不能满足工农业和生活用水的需要。因此便提出了南水北调的主张。这一主张有一定的道理，因为长江多年的平均水量为9300亿m^3，而黄河流域、淮河流域和海河流域加起来才只有1100亿m^3。

5.5 生态系统平衡

5.5.1 生态系统平衡的概念及含义

生态平衡（Ecological Equilibrium，Ecological Balance）指一个生态系统在特定的时间内的状态，在这种状态下，其结构和功能相对稳定，物质与能量输入输出接近平衡，在外来干扰下，通过自然调节（或人为调控）能恢复原初的稳定状态。

生态平衡概念包括两方面的含义：①生态平衡是生态系统长期进化所形成的一种动态平衡，它是建立在各种成分结构的运动特性及其相互关系的基础上的；②生态平衡反映了生态系统内生物与生物、生物与环境之间的相互关系所表现出来的稳态特征，一个地区的生态平衡是由该生态系统结构和功能统一的体现。

5.5.2　植物在生态平衡中的基础地位

生态系统的平衡主要是通过生态系统的功能状态体现出来的。生态系统的功能主要体现在生态系统的能量流动和物质循环两个方面上，而生物种类成分和数量保持相对稳定时，就反映出生态系统结构的相对稳定性。

植物是生态系统中占据主导作用的功能成分，其存在的数量、种类以及生产力，决定着其他生物存在的规模以及生态系统物质循环和能量流动的规模和速度，进而决定着生态平衡的层次和水平。

生态系统处于相对平衡的成熟阶段，其中最重要的时期是群落演替进入顶极阶段。此时，群落中物种种类和数量比例相对稳定，以植物为基础的营养结构比较完整，食物链更趋于典型，系统内部物质和能量的输入和输出达到一种动态平衡。

生态系统的平衡水平，关键在于生态系统的自我调节能力，包括抗干扰的恢复能力和对污染的自净能力，而植物往往处于一种基础地位。尤其是在受损生态系统恢复与重建过程中，恢复植物的生产力是开展生态恢复的首要基础性工作，恢复植被是生态建设的中心环节。

5.5.3　植物的生物多样性与生态平衡

生态系统的自我调节能力主要取决于生态系统的生物多样性水平，即多样性导致稳定性。一般认为，生态系统的功能成分越复杂，物质循环和能量流动的渠道越多，在外来干扰和破坏下，可替换的途径就越多，从而使得生态系统的平衡程度越高。如一个陆地生态系统食物网（图 5-10），处于食物网中的鹰有三条食物链，如果某个食物链条被中断后，还有其他两条可以弥补和替换，鹰依然可以维持生存和发展。生态系统越复杂，这种机制越健全，系统也就越稳定。

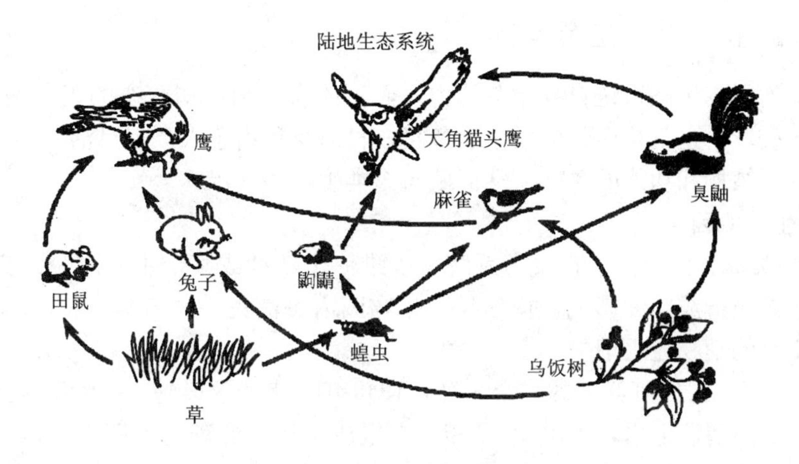

图 5-10　陆地生态系统食物网

生态系统是通过负反馈（Negative Feedback）机制来维持平衡的。负反馈是比较常见的一种反馈调节机制，它的作用是使生态系统达到或保持平衡或稳定状态，反馈的结果是抑制和减弱最初发生变化的那种成分所导致的变化。如图 5-11 所示，如果草食动物数量增加，植物就会因为受到过度啃食而减少，植物数量减少后，反过来就会抑制动物的数量。

在一个生态系统中，植物种类越多，固定和利用太阳能的能力就越强，可提供给不同消费者的食物来源和环境支持的能力就越强大，从而确保物质循环和能量流动的途径就越多，系统抵抗外来干扰的能力就越大，生态系统就更容易保持较好的平衡水平。

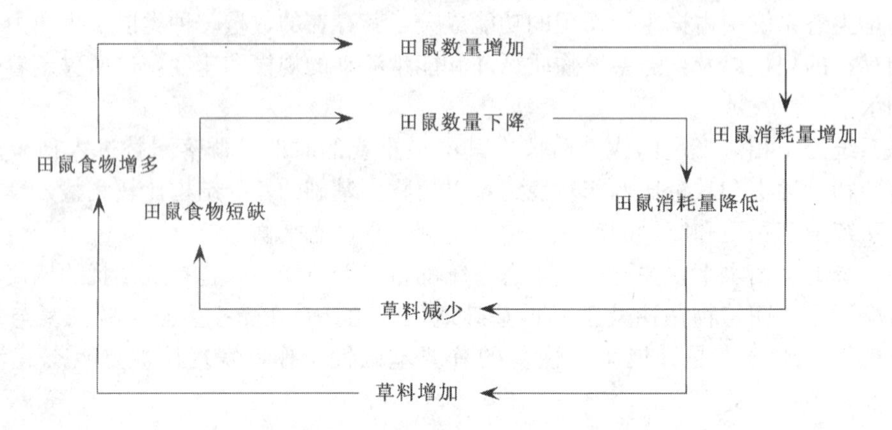

图 5-11　生态系统中田鼠与植物（食物）之间的负反馈示意图

必须指出，对于一个良性健康发展的生态系统，负反馈是维持和调节生态系统平衡的重要机制，而当人类干扰超过了生态系统的恢复能力时，就将出现正反馈（Positive Feedback），其作用刚好与负反馈相反，不是抑制而是加速最初发生的变化，使生态系统远离平衡或稳态。例如，河流水体遭遇工业废水污染，导致水体中大量鱼类死亡，鱼类死亡进一步加剧水污染程度，使得水环境质量进一步恶化。

5.5.4　生态平衡失调与生态危机

当外来干扰超越生态系统自我调节能力，而不能恢复到原初状态的现象谓之生态失调，或生态平衡的破坏，也就是引起区域生态危机。目前泛指由于人类盲目活动而导致局部地区甚至整个生物圈结构和功能的失衡，从而威胁人类生存的现象。

5.5.4.1　发生的原因

1. 生物种类成分的改变。在生态系统中引进一个新种或某个主要成分的突然消失都可能给整个生态系统造成巨大影响，据估计，生物圈内每消失一种植物，将引起＞30 种依赖于这种植物生存的动物随之消失。

例子 1：马里温是印度洋上的一个小岛，1945 年，南非的第一支探险队来到这里，随船来的几只老鼠也悄悄溜上岸，到了 1948 年，老鼠成了岛上的霸主，探险队运进了 5 只猫捕鼠，可是海鸟的味道比老鼠好，猫不抓老鼠却吃鸟，结果猫繁殖到 2500 只，鸟遭殃了，一年被吃 60 万只。

例子 2：20 世纪 30 年代，一些商人把非洲的大蜗牛运到夏威夷群岛，供人养殖食用。有的蜗牛长老了，不能食用，就被扔在野外，不到几年，蜗牛大量繁殖，遍地都是，把蔬菜、水果啃得乱七八糟。人们喷化学药剂，连续 15 年翻耕土地也不能除净。

2. 森林植被的破坏。森林和植被是初级生产的承担者，森林、植被的破坏，不仅减少了固定太阳辐射的总能量，也必将引起异养生物的大量死亡。

3. 环境破坏。如不合理的资源利用、水土流失、气候干燥、水源枯涸等，都会使生态系统失调，生态平衡遭到破坏。

5.5.4.2　解决生态平衡失调的对策

生态平衡失调最终给人类带来不利的后果，失调越严重，人类的损失也越大。因此，时刻关注生态系统的表现，尽早发现失调的信号，及时扭转不利的情况至关重要。同时，以生态学原理为指导保护生态系统，预防生态失调，则可事半功倍。

1. 自觉地调和人与自然的矛盾，以协调代替对立，实行利用和保护兼顾的策略。其原则是：

(1) 收获量要小于净生产量。例如，在森林采伐过程中应必须坚持每年采伐量小于当年生长量的原则，以维持森林生态系统的可持续发展。

(2) 保护生态系统自身的调节机制。尽量减少对生态系统的人为干扰，保持并维护生态系统自身的结构及健康发展，在保护生态系统自身调节机制不受影响的前提下对生态系统适度利用。

(3) 用养结合。对生态系统适度利用的基础上，要建立科学机制对自然生态系统给予适当投入，并根据生态系统类型分别对待，真正实现用养结合，以维持其健康稳定发展，并持续为人类提供更大的经济及生态效益。例如，我国的生态公益林补偿基金制度就是对自然生态系统利用的一种“反哺”投入。

(4) 实施生物能源的多级利用。

2. 积极提高生态系统的抗干扰能力，建设高产、稳产的人工生态系统。

3. 注意政府的干预和政策的调节。

5.6　生态系统服务

5.6.1　生态系统服务的概念

生态系统服务是指人类直接或间接从生态系统得到的利益，主要包括向经济社会系统输入有用物质和能量、接受和转化来自经济社会系统的废弃物，以及直接向人类社会成员提供服务（如人们普遍享用洁净空气、水等舒适性资源）。与传统经济学意义上的服务（它实际上是一种购买和消费同时进行的商品）不同，生态系统服务只有一小部分能够进入市场被买卖，大多数生态系统服务是公共品或准公共品，无法进入市场。生态系统服务以长期服务流的形式出现，能够带来这些服务流的生态系统是自然资本。

随着生态经济学、环境和自然资源经济学的发展，生态学家和经济学家在评价自然资本和生态系统服务的变动方面做了大量研究工作，将评价对象的价值分为直接和间接使用价值、选择价值、内在价值等，并针对评价对象的不同发展了直接市场法、替代市场法、假想市场法等评价方法。Costanza 等人（1997）关于全球生态系统服务与自然资本价值估算的研究工作，进一步有力地推动和促进了关于生态系统服务的深入、系统和广泛研究(表 5-2)。

表 5-2　全球各种生态系统服务的年平均值一览表

生物群落	面积(10^6hm^2)	1 气体调节	2 气候调节	3 干扰调节	4 水调节	5 水供应	6 防侵蚀	7 土壤形成	8 养分循环	9 废物处理	10 传粉	11 生物防治	12 避难所	13 食物生产	14 原材料	15 基因资源	16 休闲游乐	17 文化	每 $1hm^2$ 价值	全球总价值
海洋	36.302																		577	20.949
远洋	33.200	38			—	—	—	—	118		—	5		15	0			76	252	8.381
海滨	3.102			88	—	—	—	—	3.677		—	38	8	93	4		82	62	4.052	12.568
河口	180			267	—	—	—	—	21.100		—	78	131	521	25		381	29	22.832	4.110
海草/海藻	200				—	—	—	—	19.002		—				2				19.004	3.801
珊瑚礁	62			2.750	—	—	—	—		58	—	5	7	220	27		3.008	1	6.057	375
大陆架	2.660				—	—	—	—	1.431		—	39		68	2			70	1.610	4.283
陆地	15.323																		804	12.319
森林	4.855		141	2	2	3	96	10	361	87		2		43	138	16	66	2	969	4.706
热带林	1.900		223	5	6	8	245	10	922	87		2		32	315	41	112	2	2.007	3.813
温带/北方林	2.955		88		0			10		87		4		50	25		36	2	302	894
草原/牧场	3.898	7	0		3		29	1		87	25	23		67		0	2		232	906
湿地	330	133		4.539	15	3.800				4.177			304	256	106		574	881	14.785	4.879
潮汐带/红树林	165			1.839						6.696			169	466	162		658		9.990	1.648
沼泽/泛滥平原	165	265		7.240	30	7.600				1.659			439	47	49		491	1.761	19.580	3.231
湖泊/河流	200				5.445	2.117				665				41			230		8.498	1.700
荒漠	1.925																			
苔原	743																			
冰层/岩石	1.640																			
农田	1.400										14	24	—	54				—	92	128
城市	322	—	—	—	—	—	—	—	—	—	—	—	—	—	—	—	—			
总计	51.625	1341	684	1.779	1.115	1.692	576	53	17.075	2.277	117	417	124	1.386	721	79	815	3.105		33.268

注:引自 costanza *et al.* 1997.

单位美元/(公顷·年),但每行及每栏合计单位为10^9美元/年。“—”——已知该生态系统无此项服务或可忽略不计。空格表示缺少有关信息。

全球生态系统服务价值：美国康斯坦扎等人在测算全球生态系统服务价值时，首先将全球生态系统服务分为17类子生态系统，之后采用或构造了物质量评价法、能值分析法、市场价值法、机会成本法、影子价格法、影子工程法、费用分析法、防护费用法、恢复费用法、人力资本法、资产价值法、旅行费用法、条件价值法等一系列方法分别对每一类子生态系统进行测算，最后进行总求和，计算出全球生态系统每年能够产生的服务价值。他们的计算结果是：全球生态系统服务每年的总价值为16～54万亿美元，平均为33万亿美元。33万亿美元是1997年全球GNP的1.8倍。

5.6.2　生态系统服务的主要内容

与传统意义上的服务不同，生态系统服务只有一小部分能够进入市场被买卖，大多数无法进入市场，甚至在市场交易中很难发现对应的补偿措施。按照进入市场或采取补偿措施的难易程度，生态系统服务可以划分为生态系统产品和生命系统支持功能。生态系统产品是指自然生态系统所产生的，能为人类带来直接利益的因子，它包括食品、医用药品、加工原料、动力工具、欣赏景观、娱乐材料等，它们有的本来就是现实市场交易的对象，其他的则容易通过市场手段来对应地补偿。

生命系统支持功能主要包括固定二氧化碳、稳定大气、调节气候、对外来干扰的缓冲、水文调节、水资源供应、水土保持、土壤熟化、营养元素循环、废弃物处理、传授花粉、生物控制、提供生境、食物生产、原材料供应、遗传资源库、休闲娱乐场所以及科研、教育、美学、艺术等。从经济和社会的高度来看，生命支持系统功能的特点有如下四个方面。

1. 外部经济效益。生命支持系统功能属于外部经济效益。外部经济效益是指不通过市场交换，某一经济主体受到其他经济主体活动的影响，其效益被有利者称为外部经济；其影响无利而有害者称为外部不经济。森林生态系统能给社会带来多种服务，因此森林生态系统提供的服务属于典型的外部经济效益。目前，国内外的理论和实践证明：生态系统服务的价值主要表现在其作为生命支持系统的外部价值上，而不是表现在作为生产的内部经济价值上。外部经济价值能影响市场经济对资源的合理分配。市场经济的最重要功能之一是资源的最佳分配，市场经济充分发挥资源最佳分配功能的前提是要有完全竞争的市场，但完全竞争的市场除了受垄断和社会制度影响外，外部经济效果对它影响也很大。完善市场经济结构、实现资源最佳分配的有效方法之一是先对外部经济效果进行评价，然后再把外部经济内部化。作为外部经济的生命支持系统功能关系到国家资源的最佳分配，因此有必要对生态系统的外部经济效果进行经济评价，实现外部经济内部化。

2. 属于公共商品。不通过市场经济机构即市场交换用以满足公共需求的产品或服务就称为公共商品。公共商品的两大特点是：一是非涉他性，即一个人消费该商品时不影响另一个人的消费；二是非排他性，即没有理由排除一些人消费这些商品，如清新的空气、无污染的水源。生态系统在许多方面为公众提供了至关重要的生命支持系统服务，如涵养水源、保护土壤、提供游憩、防风固沙、净化大气和保护野生生物等。因此，生态系统的生命支持系统服务是一种重要的公共商品。

3. 不属于市场行为。私有商品都可以在市场交换，并有市场价格和市场价值，但公共商品没有市场交换，也没有市场价格和市场价值，因为消费者都不愿意一个人支付公共商品的费用而让别人都来消费。生态系统提供的生命支持系统服务都属于公共商品，没有进入市场，因而生命支持系统服务不属于市场行为，这给公共商品的估价带来了很大的困难。

4. 属于社会资本。生态系统提供的生命支持系统服务有益于区域，甚至有益于全球全人类，决不是对于某个私人而言，如森林生态系统的水源涵养功能对整个区域有利，森林生态系统的固碳作用能抑制全球温室效应。因此，生命支持系统被视为社会资本。

5.6.3 生态系统服务的价值评估

1. 评估方法

生态系统服务价值定量评价方法主要有三类：能值分析法、物质量评价法和价值量评价法。能值分析法是指用太阳能值计量生态系统为人类提供的服务或产品，也就是用生态系统的产品或服务在形成过程中直接或间接消耗的太阳能焦耳总量表示；物质量评价法是指从物质量的角度对生态系统提供的各项服务进行定量评价；价值量评价法是指从货币价值量的角度对生态系统提供的服务进行定量评价。其中，价值量评价方法主要包括市场价值法、机会成本法、影子价格法、影子工程法、费用分析法、人力资本法、资产价值法、旅行费用法和条件价值法。

2. 森林生态系统服务功能的价值估算

森林生态系统的服务功能主要体现为涵养水源、保持水土、调节气候、净化空气、营养元素循环、生物多样性维持、旅游和生产有机质及提供生态系统产品等。

(1) 涵养水源功能

森林素有“绿色水库”之称。据测定，森林树冠可以截留降雨量的15%～40%，林地枯枝落叶吸附水分能力达自身重量的40%～260%，腐殖质吸水量相当于自身重量的3～4倍。当林木在土壤中根系达到1m深时，森林可贮水500～2000$m^3 \cdot hm^{-2}$。3300hm^2的森林，相当于一座$1\times10^6 m^3$的小型水库，所以说森林是调节旱涝的天然屏障。据傅立勋研究推算，全球陆地得到的森林降水价值为2.6897×10^{12}美元/年，是世界年生产木材价值的23倍。

(2) 保持水土功能

森林生态系统保持水土功能主要体现在减少水土流失、减少江河湖泊及水库的泥沙滞留和淤积、保持土壤肥力等方面。据测定，有林地的地表径流比无林地减少50%～70%，每公顷有林地的泥沙流失量仅为无林地的2.2%，Pimentel等报道，全球因森林植被破坏和质量下降，造成水土流失导致水库淤积的经济损失约6×10^9美元/年。

(3) 调节气候功能

森林生态系统中的绿色植物一方面通过固定大气中的CO_2而减缓地球的温室效应，调节全球气候的变化，另一方面放出O_2，保证生命活动的正常需要。此外，森林可向大气蒸腾$4.9\times10^9 t \cdot a^{-1}$的水量，保持空气的湿度，从而改善局部地区的小气候，延缓干旱和荒漠化的发展。森林生态系统气候调节服务提供的总价值为6.8×10^{11}美元/年。

(4) 净化空气功能

森林生态系统净化空气服务功能主要表现在阻滞尘土和吸收有害气体两个方面。据测定，云杉、松树和水青冈滞尘量分别为32、3414和68$t \cdot hm^{-2}$？a^{-1}，针叶林和阔叶林的滞尘能力分别为33.2和10.11$t \cdot hm^{-2} \cdot a^{-1}$。另据研究表明，柏类、杉类和松林吸收$SO_2$分别为411.6、117.6和117.6$kg \cdot hm^{-2} \cdot a^{-1}$，阔叶林对$SO_2$的吸收能力为88 165$kg \cdot hm^{-2} \cdot a^{-1}$。

欧阳志云等研究表明，中国陆地生态系统净化空气的潜在经济价值达 4.89×10^{12} 元/年。

（5）营养元素循环和生物多样性维持功能

森林生态系统在植物生长过程中不断地从周围环境中吸收营养元素，固定在植物体内，这些营养元素一部分以枯枝落叶和倒木形式归还土壤，一部分以树干淋洗和地表径流等形式流入江河湖泊，另一部分以林产品形式输出生态系统，再以不同形式释放到周围环境中。森林生态系统养分循环服务提供的价值为 1.75×10^{12} 美元/（公顷·年），据蒋延玲等的研究报道，中国38种主要森林生态系统公益服务的总价值约为 1.17×10^{10} 美元/（公顷·年），在森林的各种生态系统公益服务之中，森林的营养循环对其生态系统公益服务价值的贡献最大，占全国森林生态系统公益服务总价值的40%。

森林是世界上最丰富的生物资源和基因库，它繁育着多种多样的生物资源，保存着世界珍稀特有的野生动植物。森林里保存的野生动植物为人类进行科学研究和文化生活提高提供了广阔的天地。森林生态系统基因资源服务提供的价值为 7.77×10^{10} 美元/（公顷·年），其中热带森林最高，为 7.79×10^{10} 美元/（公顷·年）。

（6）旅游功能

森林旅游是人类进入工业化社会后新兴的产业，体现了人类追求自然、返朴归真的心态。森林以其优美的环境、丰富的资源和造化的神奇满足了人们访古、猎奇、寻胜、探险等多样化、多层次的全方位要求。有关研究资料表明，宁静的森林环境，可使人的寿命延长10年。森林生态系统旅游服务每年提供的总价值约为 3.21×10^{11} 美元/（公顷·年）。

（7）生产有机物质及提供生态系统产品

森林每年通过光合作用产生的有机质超过整个地球生产总量的1/3，是人类和一切生物的重要物质来源，世界陆地动物所需要物质的2/3是由森林提供的。森林除提供木材外，还生产大量的饲料、动物和植物性食品、药材、非木材纤维、毛和皮、油料、树脂、蜡、乳胶和松脂以及其他非木材商品。森林生态系统原材料生产服务提供的总价值约为 6.70×10^{11} 美元/（公顷·年），食物生产服务提供的总价值约为 2.09×10^{11} 美元/（公顷·年）。

本 章 小 结

生物群落与环境之间密切联系，相互作用，组成具有一定机构和功能的动态平衡体，称为生态系统。持续不断的物质循环和能量流动是一个生态系统长期生存和发展的基础。生态系统在长期的进化中形成了一种动态的平衡。通过本章的学习使学生了解关于生态系统的基本理论和原理，培养学生的能量观以及维护生态系统平衡的意识。

思 考 题

5-1　生态系统的能量流动遵循哪些定律？试联系实际加以说明。

5-2　植物的生物多样性对于维持生态系统平衡有哪些重要意义？

5-3　试对某一生态系统的服务价值进行评估。

5-4　城市规划与建设中应该如何考虑水循环？

习　题

5-1　什么是生态系统？特征有哪些？
5-2　什么是生物放大作用？对动物和人类有哪些危害？
5-3　生态系统能量流动有哪些特点？
5-4　什么是初级生产力？影响因子有哪些？
5-5　什么是生态系统的分解作用？其过程如何？
5-6　简要说明碳循环的几种途径？
5-7　简述氮循环的途径。
5-8　生态危机发生的原因有哪些？如何应对危机？
5-9　什么是生态系统服务？其主要内容有哪些？
5-10　森林生态系统服务功能包括哪些？

第6章　景观生态学

本章基本内容：

现代景观生态学是一门新兴的、正在深入开拓和迅速发展中的学科，其应用十分广泛，包括自然资源管理与保护，城市与区域规划以及自然保护区设计等方面应用。本章主要介绍了景观生态学中一些主要的概念、理论、研究方法及其在建筑领域中的应用。

6.1　基本概念

6.1.1　景观与景观生态学

6.1.1.1　景观与景观生态学的定义

景观（Landscape）的定义有多种表述，但大都是反映内陆地形、地貌或景色的（诸如草原、森林、山脉、湖泊等），或是反映某一地理区域的综合地形特征。在生态学中，景观的定义可概括为狭义和广义两种。狭义景观是指在几千米至几百米范围内，由不同类型生态系统所组成的、具有重复格局的异质性地理单元。而反映气候、地理、生物、经济、社会和文化综合特征的景观复合体相应地称为区域。狭义景观和区域即人们通常所指的宏观景观；广义景观则包括出现在从微观到宏观不同尺度上的、具有异质性或缀块性的空间单元。广义景观概念强调空间异质性，景观的绝对空间尺度随研究对象、方法和目的而变化。它显示了生态学系统中多尺度和等级结构的特征，有助于多学科、多途径研究。因此这一概念越来越广泛地为生态学家所关注和采用。

景观生态学的概念是德国地植物学家C. 特罗尔（C. Troll）1939年在利用航片解译研究东非土地利用时提出来的，用来表示对支配一个区域单位的自然—生物综合体的相互关系的分析。他当时认为，景观生态学并不是一门新的学科，或者是科学的新分支，而是综合研究的特殊观点。Troll对创建景观生态学的最大历史贡献在于通过景观综合研究开拓了由地理学向生态学发展的道路而为景观生态学建立了一个生长点（肖笃宁，1988；陈昌笃等，1991）。概言之，景观生态学（Landscape Ecology）是研究景观单元的类型组成、空间配置及其与生态学过程相互作用的综合性学科。强调空间格局、生态学过程与尺度之间的相互作用是景观学研究的核心所在。

6.1.1.2　景观生态学发展简史

景观生态学一词是德国著名的地植物学家C. Troll于1939年在利用航空照片研究东非土地利用问题时提出来的。从一开始，Troll就认为："景观生态学的概念是由两种科学思想结合而产生出来的，一种是地理学的（景观），另一种是生物学的（生态学）。景观生态学表示支配一个区域不同地域单元的自然—生物综合体的相互关系的分析”（Troll，1983）。后来，Troll对前述概念又作了进一步的解释，即景观生态学表示景观某一地段上生物群落与环境间主要的、综合的、因果关系的研究，这些研究可以从明确的分布组合（景观镶嵌，景观组合）和各种大小不同等级的自然区划表示出来（Troll，1984）。在提出概念的同时，Troll亦认为，景观生态学不是一门新的科学或是科学的新分支，而是综合研究的特殊观点（Troll，1983）。随后，由于第二次世界大战的爆发，景观生态学研究处于停顿状态。二战以后，全球性的人口、粮食、环境问题的日益严重，正是这些问题的产生，才使得生态学一词成为了一个家喻户晓的词汇，也大大促进了生态学的普及工作。同时，为了解决这些问题，许多国家都开展了土地资源的调查、研究和开发与利用，从而出现了以土地为主要研究对象的景观生态学研究热潮。在这一时期至20世纪80年代初这段时间内，中欧成为了景观生态学研究的主要地区，而德国、荷兰和捷克斯洛伐克又是景观生态学研究的中心。德国在这时建立了多个以景观生态学为任务或是采用景观生态学观点、方法进行各项研究的机构。1968年又举行了德国的“第一次景观生态学国际学术讨论会”。同一时期，景观生态学在荷兰亦发展很快。I. S. Zonneveld利用航片、卫片解译方法，从事景观生态学研究，C. G. Leeuwen等人发展了自然保护区和景观生态学管理的理论基础和实践准则。而捷克斯洛伐克的景观生态研究亦很有自己的特点。该国较早地成立了自己的景观生态协会，在捷克科学院内，亦设立有景观生态学研究所，而且Ruzicka倡导的“景观生态规划”（LANDEP）已形成了自己的一套完整方法体系，在区域经济规划和国土规划中发挥了巨大作用（陈昌笃等，1991）。

进入20世纪80年代以后，景观生态学才真正意义上实现了全球性的研究热潮。影响这一热潮的主要事件有两个，一个是1981年在荷兰举行的“第一届国际景观生态学大会”及1982年“国际景观生态学协会”的成立；另一个是美国景观生态学派的崛起。“国际景观生态学协会”的成立，使广大从事这一领域研究的人员从此有了一个组织，使得其国际性交流成为可能。1984年，Z. Naveh和Lieberman出版了他们的景观生态学专著《景观生态学：理论与应用》，该书是世界范围内该领域的第一本专著。而美国景观生态学派的崛起，大大扩展了景观生态学研究的领域，特别是R. T. T. Forman和M. Godron于1986年出版了作为教科书的《景观生态学》一书，该书的出版对于景观生态学理论研究与景观生态学知识的普及做出了极大的贡献。1987年出版了国际性杂志《景观生态学》，使得景观生态学研究人员从此有了独立发表自己研究成果、进行学术思想交流的园地。进入20世纪90年代以后，景观生态学研究更是进入了一个蓬勃发展的时期，一方面研究的全球普及化得到了提高，另一方面，该领域的学术专著数量空前。据肖笃宁的统计，从1990年到1996年的短短7年内，景观生态学外文专著即达12本之多（国际景观生态学会中国分会通讯，1996，1）。其中影响较大的有M. G. Turner和R. H. Gardner主编的《景观生态学的定量方法》一书（1990）和R. T. T. Forman的《土地镶嵌—景观与区域的生态学》（1995）。《景观生态学的定量方法》一书对景观生态学的研究的进一步定量化起了很大的促进作用；而在《土地镶嵌—景观与区域的生态学》一书中，一方面更系统、全面、详尽地总结了景观生态学的最新研究进展，另一方面还就土地规划与管理的景观生态应用研究进行了阐述，更重要的是，从景观尺度讨论了创造可持续环境等具有前沿性的问题。另外，尽管北美学派和欧洲学派都是在从事景观生态学研究，但二者之间还是有差别的：首先，景观生态学在欧洲学派中是一门应用性很强的学科，它与规划、管理和政府有着密切的和明确的关系；北美学派虽也有应用的方面，但它更大的兴趣在于景观格局和功能等基本问题上，并不是都结合到任何具体的应用方面。其次，欧洲学派主要侧重于人类占优势的景观；而北美学派同时对研究原始状态的景观也有着浓厚的兴趣（陈昌笃，1991）。

现在，随着遥感、地理信息系统（GIS）等技术的发展与日益普及，以及现代学科交叉、融合的发展态势，景观生态学正在各行各业的宏观研究领域中以前所未有的速度得到接受和普及。

相对于国际上的景观生态学研究而言，我国景观生态学的发展历史还很短暂。从 20 世纪 80 年代初期开始，我国的学术刊物上才正式出现了景观生态学方面的文章。1981 年，黄锡畴在《地理科学》上发表了《德意志联邦共和国生态环境现状及保护》一文，同期还发表了刘安国的《捷克斯洛伐克的景观生态研究》，这是国内首次介绍景观生态学的文献；1983 年林超在《地理译报》的第 1 期、第 3 期上发表了两篇景观生态学的译文，一篇是 Troll 的《景观生态学》，一篇是 E. 纳夫的《景观生态学发展阶段》；1985 年《植物生态学与地植物学丛刊》第 3 期发表了陈昌笃《评介 Z. 纳维等著的〈景观生态学〉》一文，这是国内首次对景观生态学理论问题的探讨；1986 年《地理学报》第 1 期发表了景贵和《土地生态评价与土地生态设计》，这是国内景观生态规划与设计的第一篇文献；1988 年《生态学进展》第 1 期发表了李哈滨《景观生态学——生态学领域里的新概念构架》一文，该文扼要地介绍了北美学派景观生态学的主要概念、理论及其在北美的研究状况，对景观生态学在我国的普及起了很重要的作用；1990 年肖笃宁主持翻译了 R. T. T. Forman 和 M. Godron 的《景观生态学》一书。这一阶段可以说是我国景观生态学研究的起步阶段，侧重于国外文献的介绍。我国景观生态学研究工作的真正起步开始于 1990 年。1990 年，肖笃宁等在《应用生态学报》第 1 期上发表了《沈阳西郊景观结构变化的研究》一文，该文是我国学者参照北美学派的研究方法而开展的景观格局研究的典范著作。之后，国家自然科学基金委员会在新的体制下发挥了极其重要的作用，从 1992—1995 年的 4 年间，通过该会的地理学科部与生态学科部共设立了 14 个有关景观生态学研究的项目。正是通过这些研究工作的开展，使得我国景观生态学领域的研究水平走向了更深入的程度，也涌现出了一批高水平的论文，主要有：伍业钢和李哈滨的《景观生态学的理论发展》（1992）和《景观生态学的数量研究方法》（1992）、傅伯杰的《黄土区农业景观空间格局分析》（1995）、《景观多样性分析及其制图研究》（1995）、《景观多样性的类型及其生态意义》（1996）、王仰麟《渭南地区景观生态规划与设计》（1995）、《景观生态分类的理论方法》（1996）、马克明等《景观多样性测度：格局多样性的亲和度分析》（1998）、邵国凡等《应用地理信息系统模拟森林景观动态的研究》（1991）。在大批论文涌现的同时，也出版了几本景观生态学研究的专著，先是在 1989 年 10 月举行的我国首届景观生态学学术讨论会之后，1991 年出版了这次讨论会的论文集《景观生态学——理论、方法及应用》，之后 1993 年又相继出版了三本景观生态学的专著，它们分别是许慧、王家骥编著的《景观生态学的理论与应用》、董雅文编著的《城市景观生态》以及宗跃光编著的《城市景观规划的理论与方法》，1995 年林业出版社出版了徐化成主编的《景观生态学》教材。1996 年 5 月又于北京举行了“第二届全国景观生态学术讨论会”，在会议召开的同时，成立了“国际景观生态学会中国分会”。1998 年又在沈阳成功举行了“亚洲及太平洋地区景观生态学国际会议”。

可以预见，景观生态学在我国的发展前景是非常广阔的。

6.1.2 景观生态学研究范畴

景观生态学（Landscape Ecology）是研究在一个相当大的区域内，由许多不同的生态系统所组成的整体（即景观）的空间结构、相互作用、协调功能及动态变化的一门生态学新分支。景观在自然等级系统中一般认为是属于比生态系统高一级的层次。景观生态学以整个景观为研究对象，强调空间异质性的维持与发展，生态系统之间的相互作用，大区域生物种群的保护与管理，环境资源的经营管理，以及人类对景观及其组分的影响（李哈滨和Franklin，1988）。在景观这个层次上，低层次上的生态学研究可以得到必要的综合。作为一门学科，景观生态学是在20世纪60年代在欧洲形成的。早期欧洲传统的景观生态学主要是区域地理学和植被科学的综合（Naveh和Lieberman，1984）。土地利用规划和决策一直是景观生态学的重要研究内容。景观生态学直到20世纪80年代初才在北美受到重视，但迅速发展成为一门很有生气的学科。景观生态学给生态学带来新的思想和新的研究方法，已成为当今北美生态学的前沿学科之一。

如今，景观生态学的研究焦点是在较大的空间和时间尺度上生态系统的空间格局和生态过程。Risser等（1984）认为景观生态学研究具体包括：1）景观空间异质性的发展和动态；2）异质性景观的相互作用和变化；3）空间异质性对生物和非生物过程的影响；4）空间异质性的管理。景观生态学的理论发展突出体现其对异质性景观格局和过程的关系，以及它们在不同时间和空间尺度上相互作用的研究。理论研究还包括探讨生态过程是否存在控制景观动态及干扰的临界值（Rosen，1989）；不同景观指数与不同时空尺度对生态过程的影响（Krummel等，1987）；景观格局和生态过程的可预测性（Meentemeyer，1989）以及等级结构（Hirerachical Structure）和跨尺度外推（King，1991）。

景观生态学的主要任务，就是要获取景观元素之间的相互关系的知识，利用这些知识研究生态系统的景观功能。另外，这些知识也是土地管理、土地利用规划与土地保护等研究的基础。

1. 景观生态学研究的对象和内容

景观生态学的研究对象和内容可概括为以下三个基本方面：

（1）景观结构：主要指景观组成单元的类型、多样性及其空间相互关系。例如，景观中不同生态系统（或土地利用类型）的面积、形状和丰富度，它们的空间格局以及能量、物质和生物体的空间分布等。

（2）景观功能：主要指景观结构与生态学过程的相互作用与关系，或景观结构单元之间的相互作用。这些作用主要显示在能量、物质和生物有机体在景观镶嵌体中的运动过程中。

（3）景观动态：主要指景观结构和功能随时间的动态变化。包括景观结构单元的组成成分、多样性、形状和空间格局的变化，以及由此导致的能量、物质和生物分布与运动差异。

景观的结构、功能和动态是相互依赖、相互作用的关系（图6-1）。无论在哪一个生态学组织层次上（如种群、部落、生态系统或景观），结构与功能都是相辅相成的。结构在一定程度上决定功能，而结构的形成和发展又受到功能的影响。例如，一个由不同森林生态系统和湿地生态系统所组成的景观，在物种组成、生产力及物质循环等各方面都会显著不同于另一个以草原群落和农田生态系统为主体的景观。即使是组成景观的生态系统类型相同，数量也相当，它们在空间分布上的差别也会对能量流动、物质循环和种群动态等景观功能产生明显的影响。景观结构和功能都必然随时间发生变化，而景观动态反映了多种自然和人为的、生物的和非生物的因素及其作用的综合影响。同时，景观功能的改变可导致其结构的变化（如优势植物种群灭绝对生境结构会造成影响，养分循环过程受干扰后也将导致生态系统结构方改变）。然而，最引人注目的景观动态，往往是像森林砍伐、农田开垦、过度放牧、城市扩展等干扰措施，以及由此造成的生物多样性减少、植被破坏、水土流失、土地沙化和其他景观功能方面的破坏如（图 6-2）。

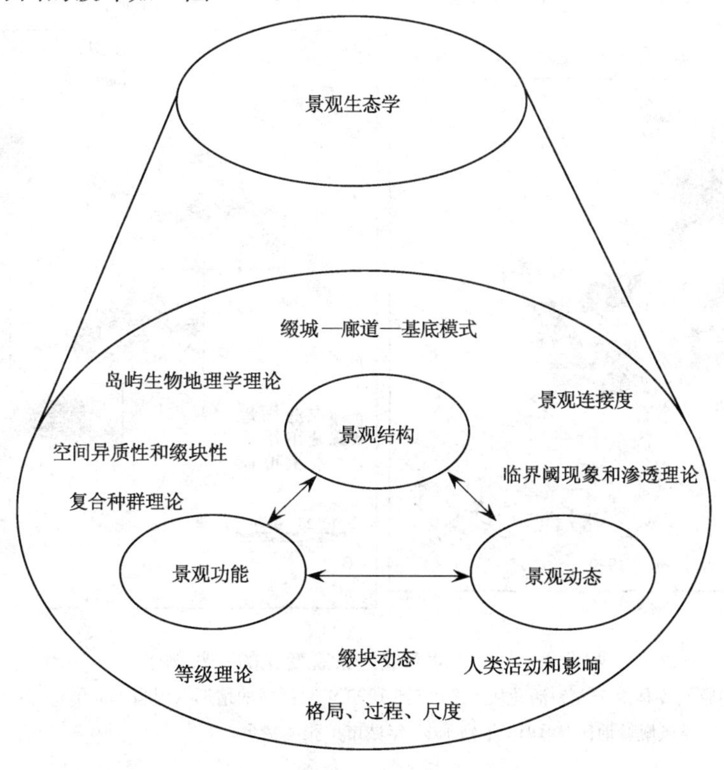

图 6-1　景观生态学研究的主要对象、内容及一些基本概念和理论

图 6-3 反映了景观生态学学科，从 1987—1995 年间发展的一些特点，一般而言，景观生态学研究的重点主要集中在下列几个方面：

（1）空间异质性或格局的形成和动态及其生态学过程的相互作用；

（2）格局—过程—尺度之间的相互关系；

（3）景观的等级结构和功能特征以及尺度推绎问题；

（4）人类活动与景观结构、功能的相互关系；

（5）景观异质性（或多样性）的维持和管理。

2. 景观生态学与其他生态学科的关系

与其他生态学科相比，景观生态学明确强调空间异质性、等级结构和尺度在研究生态学格局和过程中的重要性。景观生态学明确强调空间异质性、等级结构和尺度在研究生态学格局和过程中的重要性。空间格局及其变化如何影响各种生态学过程一直是景观生态学中的中心问题。而大尺度上的人类活动对生态学系统的影响，也是景观生态学研究的一个极重要的方面。虽然其他生态学科的研究内容也可笼统地说成是相应的生态学组织单元的结构、功能和动态，但是景观生态学更突出空间结构和生态学过程在多个尺度上的相互作用。显然，无论是由时间和空间上，或由组织水平上看，景观生态学研究所跨越的尺度较其他学科更广。因此，景观生态学研究的具体内容广泛，且常涉及不同组织层次的格局和过程。景观的空间结构特征（包括空间梯度、缀块多样性、缀块格局、缀块连接度等）与生理生态过程、生物个体行为、种群动态、群落结构和动态以及生态系统过程（如能量流动和养分循环）在不同时空尺度上的关系，都是现代景观生态学研究的范畴。

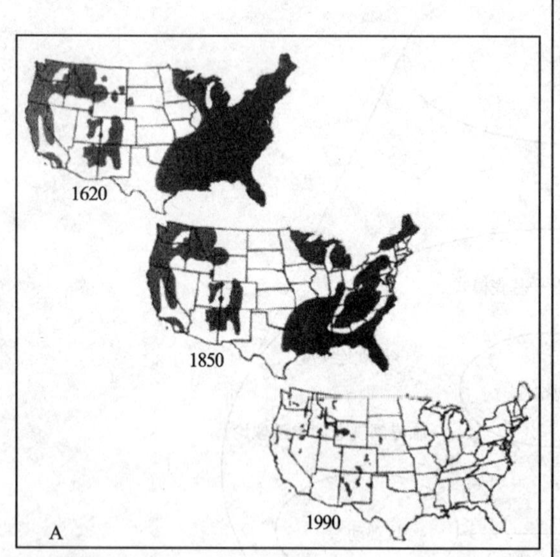

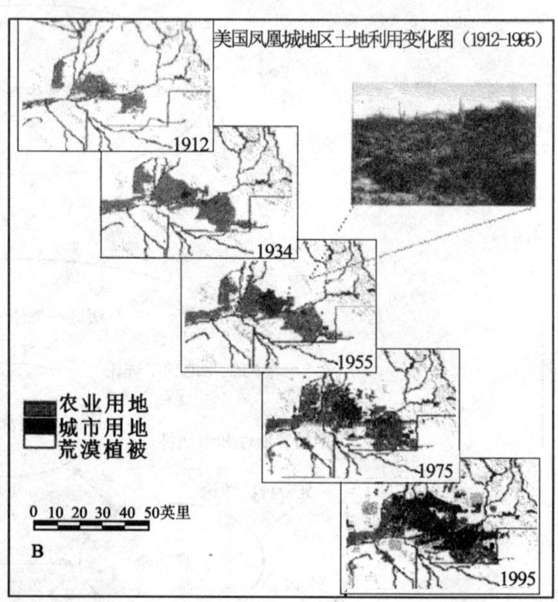

图 6-2　人为活动造成的景观变化的一些例子

注：A. 美国本土的原始森林由于人为活动从 1620 年到 1990 年间锐减的情形（引自 Kaufman 和 Franz，1996）；

B. 美国亚利桑那州凤凰城地区从 1912 年到 1995 年城市扩张的情形。

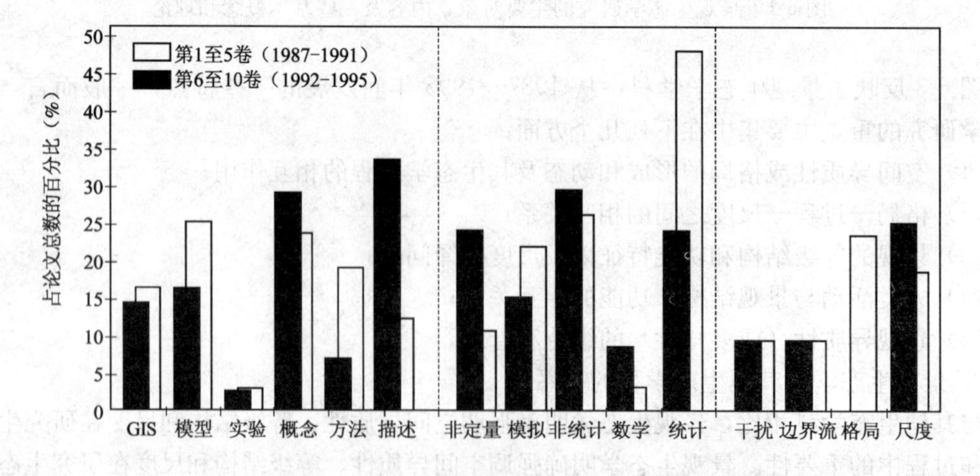

图 6-3　景观生态学从 1987 年到 1995 年间发展的一些特点

注：统计数据来自《景观生态学》杂志从 1987 年至 1995 年间发表的论文（根据 Hobbs，1997）

景观生态学是正在深入开拓和迅速发展中的综合性学科。因此，不但欧洲和北美的景观生态学观点有显著不同，就是在北美景观生态学短暂的历史发展过程中，也逐渐形成了不同理论和方法。自 20 世纪 80 年代以来，有关空间异质性、格局、过程、尺度和等级的概念和理论不断涌现，并逐渐形成了现代景观生态学的主体构架（见图 6-1）。

6.2　景观生态学的理论基础

景观生态学许多学者对景观生态学基础理论的探索已经做出了重要贡献，例如 Risser 等提出的 5 条原则，Forman 等提出的 7 项规则等等。从景观生态学理论研究现状来看，景观生态学的理论基础是整体论和系统论，但对景观生态学理论体系的认识却并不完全一致。一般说来，景观生态学的基本理论至少包含以下几个方面：①系统论；②岛屿生物地理学理论；③等级理论与尺度效应；④自组织理论；⑤边缘效应与生态交错带。

6.2.1　系统论

景观生态学是以地理学和生态学为基础的多学科综合交叉的产物，它以景观生态系统为研究对象，通过能量流、物质流、物种流以及信息流在景观结构中的转换与传输，研究景观生态系统的空间结构、生态功能、时间与空间相互关系以及时空模型的构建等。因此，景观生态学从研究对象和研究方法上就体现着综合、整体等系统论思想。

1. 景观生态学的综合整体性思想

研究对象的复杂性决定了景观生态学必须采用综合性的研究方法。景观生态系统综合分析包含 3 个层次：第一个层次由数学、系统生态学和经济学等基础学科的系统方法构成；第二个层次由相关景观生态系统组分的地貌学、土壤学、水文学、气象学、植物学、动物学和经济学等传统学科的方法所构成；第三个层次是景观生态学自身发展中形成的技术和方法体系，具有较强的综合分析、表达、解释和预测能力，有利于多学科的沟通与协同。

景观生态系统是由相互作用的斑块组成，以相似的方式重复出现、具有高度空间异质性的区域。因此，景观生态系统由不同的生态系统以斑块镶嵌的形式构成，在自然等级系统中处于一般生态系统之上。与其他生态系统一样，景观生态系统具有特定的结构、功能，可以作为一个整体进行研究和管理。

在景观生态系统中，由于各组分间的有机结合，使得“整体大于部分之和”这个系统论的核心思想得以真正体现，同时，景观生态系统的复杂多样性和不同层次的稳定性也体现了这一系统思想。在一个复杂系统中，不存在绝对的部分和绝对的整体。任何一个子系统对于它的各要素来说，是一个独立完整的整体，而对上一级系统来说，则又是一个从属部分，故子系统有自我肯定和自我超越的双重趋势。景观生态系统以“整体”的形式出现，它的组成斑块也是一个相对独立完整的整体。

2. 景观生态学的有机关联性思想

系统论着重研究系统因素之间的相互关联和相互作用。这种要素之间的相互关联和相互作用常用“有机关联性”这个概念来表达，它表明了这样一个基本原则，任何具有整体性的系统，内部诸因素之间的联系都是有机的，这种相互联系和相互作用使各因素共同构成系统。在系统中，各因素是相对独立的子系统，并且也是组成系统的有机成分。同时，系统与环境也处于有机联系之中。

系统论强调整体与局部、局部与局部、系统本身与外部环境之间互为依存、相互影响和相互制约的关系，具有目的性、动态性和有序性等三大基本特征。基于系统论的视角，建筑工程建设过程是涵盖各个工程管理部门及设计、监理及施工等单位，对工程的计划和进度、成本、质量、业主资金、工程技术和文件、材料设备采购、工程施工及合同管理等高效统一规范协调的管理和控制过程，其质量控制过程，需要结合工程建设的前、中、后期，将设计、监理、施工等单位的人、材料、施工等各种信息统一起来，通过对这些信息的高效组合管理，来全过程、全方位地控制工程建设质量从系统论的角度对建设工程质量进行解析，有利于建立较完整的工程环境分析的理论框架，全面认识和把握建筑工程建设的环境变量，从而保证建筑工程顺利开展，这是系统论思想在建筑工程设计与管理中的具体应用与体现。

6.2.2 岛屿生物地理学理论

岛屿或岛是指四周被水面所包围的陆地。海洋、江河或湖泊中均有岛屿。海洋中的岛屿面积大小不一，小的不足 1 km^2，称“屿”；大的达几百万平方公里，称为“岛”。按照岛屿生物地理学的理论，许多生物赖以生存的生境，大至海洋中的群岛、被沙漠围绕的高山、自然保护区，小到林中的沼泽、被农田包围的林地，甚至植物的叶片都可以看成是大小、形状、隔离程度不同的岛屿。例如，湖泊可以看成是陆地海洋中的岛屿，林场可以认为是森林海洋中的岛屿。岛屿的物种丰富度取决于物种的迁入率和灭绝率，而迁入率和灭绝率与岛屿的面积及隔离程度有关。1962 年，Preston 最早提出岛屿理论的数学模型，后来又有不少学者修改和完善了这个模型。Mac Arthur 和 Wilson（1967）提出“岛屿平衡理论”，认为一个岛屿上的物种数实际上是由迁入和灭绝两者的平衡决定的，当物种的迁入率和灭绝率相等时岛屿物种的数目趋于达到平衡。而这种平衡是一种动态的平衡，物种不断地灭绝或被相同的或不同的种类所替代。

达到平衡状态的物种数主要取决于岛屿的大小和岛屿离种源的距离，即面积效应和距离效应。（1）离大陆越近的岛屿生物多样性越高，其物种比较容易与大陆的物种交换基因，但又因为地形的隔离造成生物隔离，所以生物多样性高。（2）岛屿的面积越大，生物多样性就会越高，岛屿面积越大所能容纳的生物越多。在西印度群岛中，两栖爬行动物物种数的分布与岛屿的面积相关。面积缩小为原来的$\frac{1}{10}$，岛屿上的物种数减少一半。

岛屿上物种与面积的关系通常是一种曲线关系，这种关系可以用一个数学公式来表示：

$$S = cA^Z \text{ 或 } \log S = z\log A + \log c$$

S 为物种数；A 为岛屿面积；c、z 均为无单位的参数。z 和 c 的数值取决于岛屿的类型以及物种的类型。z 值一般为 0.25 左右，变化范围在 0.12～0.35 之间；c 值在种数较多的生物类型较高（如昆虫），而在种数少的类群 c 值较小（如鸟、兽）。

按照岛屿生物地理学理论我们可以得出下列结论：（1）不论岛屿的面积多大，距离侵殖种源多远，都会存在一个平衡的物种数；（2）岛屿上物种的组成不断变化并且只取决于物种的迁入和灭绝。岛屿生物地理学是关于生物多样性保护的重要理论，而且在实践上也是保护区设计和管理的重要科学依据。

6.2.3 等级理论与尺度效应

1. 等级理论

等级指系统组织的层次秩序性。等级理论最根本的作用在于简化复杂系统，以便达到对其结构、功能和行为的理解和预测。许多复杂系统，包括景观系统在内，具有等级结构。等级理论认为：自然界是一个具有多分层等级结构的有序整体，在这个有序整体中，每一个层次或水平上系统都是由低一级层次或水平上的系统组成，并产生新的整体属性。在等级系统中，任何一个子系统都有自己上一级归属关系，是上一级系统的组成部分，同时，其对下一级系统有控制关系，即它由下一级子系统构成。等级理论认为任何系统只属于一定的等级，并具有一定的时间和空间尺度。

等级结构系统的每一层次都有其整体结构和行为特征，并具有自我调节和控制的机制。例如：生物圈是一个多重等级层次结构的有序整体。由基本粒子组成原子核，原子核与电子共同构成分子，而许多大分子组成细胞，细胞又组成有机体，有机体组成种群，种群构成生物群落，生物群落与周围环境一起组成生态系统，多个生态系统又组成景观层次。

将各种系统中繁多而相互作用的组分按照某一标准进行组合，赋之以层次结构，是等级理论的关键所在。某一复杂系统是否能够由此而化简，或其化简的合理程度通常被称为系统的可分解性。显然，系统的可分解性是应用等级理论的前提条件。用来“分解”复杂系统的标准常包括过程速率（如周期、频率和反应时间等）和其他结构功能上表现出来的边界或表面特征（如不同等级植被类型分布的温度和湿度范围、食物链关系及景观中不同类型斑块边界等）。基于等级理论，在研究复杂系统时一般至少需要同时考虑三个相邻层次：即核心层、上一层和下一层。

2. 尺度效应

尺度是对所研究对象的一种限度，一般是指对某一研究对象或现象在空间上或时间上的量度，分别称为空间尺度（或者空间分辨率）和时间尺度。尺度蕴含了对细节的了解水平。时间和空间尺度包含于任何景观的生态过程中。在景观生态过程中，小尺度表示研究较小的面积或较短的时间间隔，因而有较高的分辨率，但概括能力低，而大尺度研究较大的面积或较大的时间间隔，分辨率较低，但概括能力高。生态过程和约束是与尺度有关的。有些学者和文献将景观、系统和生态系统等概念简单混同起来，并且泛化到无穷大或无穷小而完全丧失尺度性，往往造成理论的混乱和研究结果的偏差甚至错误。现代科学研究的一个关键环节就是尺度选择。尺度选择对许多学科的再界定具有重要意义。等级组织是一个尺度科学概念，因此，自然等级组织理论有助于研究自然界的数量思维，对于景观生态学研究的尺度选择和景观生态分类具有重要的意义。不同尺度的研究，揭示不同的内在规律。长期的生态研究，尺度往往是数年、数十年或一个世纪，短期的研究不足以揭示其变化发展的规律。而生态系统的时间延滞效应非常明显，许多生态过程需要长期的观测研究才可以完成。在生态系统和景观水平上的长期生态研究，或称之为定位研究，尺度的扩展十分必要。一个单独监测研究点的结果，其区域代表性是值得怀疑的，生态定位网络研究便提供了一个更大范围的空间尺度研究。长期生态研究在空间尺度上分为几个层次：小区尺度、斑块尺度、景观尺度、区域尺度、大陆尺度以及全球尺度。尺度的研究也因不同的研究内容和目的而定。在景观生态学中等级和尺度的效应因此显得更为重要。确定合适的研究尺度以及相应的研究方法，是取得合理研究成果的必要保证。

在景观尺度上，比较不同景观结构和功能时，会发现景观内的物质运移、有机体的运动和能量的流动有所不同。这些不同的特征影响到物种的多样性、种群的分布，在研究环境变化、污染的迁移转化、土地利用和生物多样性等生态过程时必须要有足够的空间尺度才行。

由于景观生态系统的复杂性，在研究中，需要利用某一尺度上所获得的知识或信息来推断其他尺度上的特征。这种方法称为尺度外推，包括尺度上推和尺度下推。由于景观系统的复杂性，外推十分困难，往往要以计算机模拟和数学模型为工具。尺度外推是景观生态学中最具挑战的研究领域。

3. 景观建筑的尺度效应及分级

在建筑设计中，尺度问题贯穿于整个过程和一切方面。尺度不仅是量的表达，建筑师可以通过尺度处理实现对各种表现效果的追求。深入和发掘尺度表达的能力，对建筑设计具有十分重要的意义。

尺度感是人对一幢建筑最基本的印象之一。尺度不同于尺寸，尺寸是建筑物的绝对大小，有一个精确的数值，而尺度是人对建筑体量的视觉估量和心理感受，或感觉宏伟壮观或感觉其亲切宜人。建筑的尺度研究是建筑物的整体或者局部给人感觉上的大小印象与其真实大小之间的关系问题。建筑的构成部分有大有小，大到体量的分割，小到窗户的分格线。形成了建筑的尺度分级系统（尺度层级）。成功的建筑作品应该根据其所处环境、使用功能、建筑技术等因素，确立其自身恰当的尺度感，而其本身更应该具有合适的尺度分级系统以取得赏心悦目的视觉效果，并对城市景观的形成起到积极的作用。

上海证券大厦位于上海浦东陆家嘴金融贸易区主要马路世纪大道边。晶莹剔透的金贸大厦和东方明珠成为这一带的标志性建筑。大片的绿地又带来了亲切和开阔的感觉。可是每次看到那些本该更有秩序的高高低低风格各异的高楼总觉得规划上略有缺憾。沿宽阔的世纪大道向前，当看到从高楼的夹缝中只能露出半个脸的上海证券大厦明显与周围格格不入的尺度体系。上海证券大厦立面上用了巨大的方格及其对角线形成的网状装饰。每一条横向装饰带之间的间距是三层层高。而处于其尺度层级下一级的可以让人正确识别其体量的比如层高、窗高这一层级的尺度设置欠缺，导致了人眼不能正确判定该建筑的体量。建筑入口的处理过于简单，只有几颗通高的柱子。又一次误导了人的尺度感。使人将本来很大的建筑尺寸估计得小得多。缺少细部层级的尺度设置使这个建筑远看去像一个巨大的模型。而处于这样拥挤的基地环境下。证券大厦与周围建筑的尺度冲突更加突出。上海证券大厦底边长 120 m，作为如此巨大体量的建筑，由于其自身尺度感的偏差和尺度层级设置的欠缺不仅自身显得比实际体量小得多，而且连带使得周围原本十分高耸的建筑也显得矮小了许多。也许上海证券大厦放在别处是一个很好的建筑。但是在这里，因其没有充分考虑尺度效应及其对建筑设计的影响，没有很好地和周围环境融合一体，是个设计上存在明显缺陷的建筑作品。

6.2.4 自组织理论

自身创造物质和具有能量流动的系统能在相对较高的有机组织上更新、修复和复制自身。这种系统包括生物系统、生态系统和社会系统，也包括以太阳为能量来源的景观生态系统。随着时空尺度的变化，生态系统间存在着强烈的自组织性相互作用。生态系统受到内部要素的相互作用和外部力量的影响而形成复合稳态系统。为了在整个尺度上研究和理解系统的行为和功能，需要用输出数值的大小来研究并度量外部环境输入系统中物质能量的大小。B. L. Li（1995）用熵值来测量系统的自组织度，他用 Bornhoved 湖泊生态系统 5 年的观测值研究系统怎样响应水文的变化。结果表明，高的自组织系统有比较低的熵值，生态系统作为过滤器可以减少来自外部的熵。森林生态系统的熵最低，表明森林生态系统自组织度最高。

在建筑项目系统中，由于人性因素的存在，使得系统各要素之间几乎不存在线性关系，主要以非线性关系为主，包括一些极其复杂的相关性、非均匀性和非对称性。系统中的涨落是偶然的、杂乱无章的和随机的。耗散结构理论认为，在平衡状态下，系统比较稳定，涨落对系统的影响也无法动摇系统的稳定态；当系统演化到临界状态时，这时的系统是非平衡的，微小的涨落就能被系统放大，进而使系统跃入新的平衡态，产生质变。那么在建筑项目系统中，是否存在这种随机涨落呢？建筑项目在施工过程中，总是不断地受到来自开发商、设计方、施工方、包工头、劳务工人和外部环境的扰动，这些扰动总会对项目预期产生微小的偏离。例如：外部市场材料的涨价，设计的变更，劳务工人的培训，施工队力量，开发商制定奖罚措施等等，都会对建筑项目系统整体产生影响，这些影响被处于远离平衡状态的系统中非线性关系放大后，就有可能使系统演化出一个高度有序的平衡态。只要能设置激励措施，将建筑项目系统激励出高度的自发性，该系统就是一个耗散结构系统，可以进行自组织演化。

6.2.5　边缘效应与生态交错带

边缘效应即指斑块边缘部分由于受相邻斑块和周围环境的影响而表现出与斑块中心部分不同的生态学特征的现象。由于斑块边缘生境条件的特殊性、异质性和不稳定性，使得毗邻斑块的生物可能聚集在这一生境重叠的边缘区域中，不但增大了边缘部分中物种的多样性和种群密度，而且增大了某些生物种的活动强度和生产力。许多研究表明，缀块边界部分常常具有较高的物种丰富度和第一性生产力。

边缘效应是依托非边缘区产生的，因此非边缘区的大小决定着边缘效应的强弱，边缘区过小，边缘效应下降。当缀块的面积很小时，内部—边缘环境分异不复存在，因此整个缀块便会全部为边缘种或对生境不敏感的物种占据。显然，边缘效应是与缀块的大小以及相邻缀块和基底特征密切相关的。边缘区也可能产生负效应，例如农田中高秆与矮秆作物间作时，高杆作物的边缘效应明显，常增产；矮杆作物的边行常减产，出现负效应。因此在高矮间作时采用“高要窄、矮要宽”的原则，以增大正效应，减少负效应。

边缘效应作为一个生态现象和生态学概念越来越为更多的人所重视，因为它与物种保护、生态环境保护等自然保护和开发利用以及生态恢复、生态建设等人类参与自然活动的关系十分密切，并逐渐被人们所认识。城市热岛效应是边缘效应的集中体现，高大建筑物阻挡了空气的流动，减少了城市局部系统与周围环境的热对流，一定程度上，保持了城市内固有的温度；城市下垫面边缘，以水泥及柏油路面构成其主要部分，使城市在日间温度易于迅速升高；而且这种下垫面边缘极大地减少了市内应有的水分蒸腾蒸发和潜热的排离，因此，整体城市夏季的极端高温可比城市外围高出许多，如北京市常常可比其外围的温度高出2～5℃。这种热岛效应的极端情况直接影响着城市居民的生活和工作。

现行的城市绿色环境系统的排雨效应使建筑物、道路和广场以各种形式构成的边缘，都阻止降雨进入绿地，而使降雨快速脱离绿色环境系统，排离市区，降低城市系统的水循环强度，造成了城市干岛效应。热岛效应与干岛效应共同形成城市“类沙漠化”效应。同时这类边缘又给城市水土流失提供了条件，并使尘物质向道路积聚，在人类和其他动力作用下造成多次污染。这样产生负效应的边缘显而易见，是一种不合理的设计。

然而，这些负向效应是可以通过人为调控，使其降低或重新实现正向边缘效应。如对城市绿地调控，降低城市热岛效应；对城市建设格局边缘调控，实现集雨利用，增大绿地效益、避免水土流失、降低城市粉尘污染，从而增强城市环境自净功能。

城市建设使得原有的自然环境与新加入的人工环境因素之间在时空上发生交错，因而产生了大量新的边缘和相应的边缘效应过程。一个人为参与下未稳定的生态系统在边缘效应作用下发展到什么样的平衡状态，这就决定于发生交错的环境因素的性质和数量。对于边缘效应过程，决定环境变化和变化方向的主要方面是人工环境因素的性质和特点。它将使生态因素产生不同的效果。这种新平衡后产生的生态系统其功能水平，也会因人工环境不同而提高或降低。所以说，人为调控因素可以在一定程度上改变生态环境，并且，决定着新生态系统的结构功能和演化方向。因此，人们在建设和规划中应更加注意各种人为边缘的效果，考虑其边缘的生态作用，从而使规划有效地注入生态学的内容，提供应用生态规划的理论依据。

6.3 景观结构

景观是由景观要素组成，景观要素是地面上相对同质的生态要素或单元。景观要素有三种类型。斑块（Patch），在外貌上与周围地区（本底）有所不同的非线性地表区域；廊道(Corridor)，与基质有所区别的一条带状土地；基质（Matrix)，范围广，连接度最高并且在景观功能上起优势作用的景观要素类型（本底)。一般来说，斑块、廊道和基质都代表一种动植物群落。但是有些斑块或廊道可能是无生命的或者生命甚少，例如裸岩、公路和建筑物等。

6.3.1 景观结构

6.3.1.1 斑块（Patch）

斑块是一个与周围环境在外貌或性质上不同，并具有一定内部均质的空间单元。也可称之为在外观上与周围环境明显不同的非线性地表区域。例：天空的云、嵌花路面的石子。不同斑块的大小、形状、边界以及内部均质程度都会表现出很大的不同，斑块的大小、数量、形状、格局有特定的意义。景观中斑块面积的大小、形状及数目对生物多样性和各生态过程都会有影响。单位面积上斑块数目即景观的完整性和破碎化，景观的破碎化对物种灭绝有重要的影响；斑块的结构特征对生态系统的生产力、养分循环和水土流失等过程都有重要影响，景观中不同类型和大小的斑块可导致其生物量在数量和空间分布上的不同。一般来说，斑块越小，越易受到外围环境或基质中各种干扰的影响，而这些影响的大小仅与斑块的面积有关，同时也与斑块的形状及其边界特征有关。紧密型形状在单位面积中的边缘比例小，有利于保蓄能量、养分和生物，而松散型形状易于促进斑块内部与外围环境的相互作用，尤其是能量、物质和生物方面的交换。

1. 斑块起源与类型

影响斑块起源的主要因素包括环境异质性、自然干扰和人类活动。根据起源可将斑块分为如下几类。

(1) 干扰斑块（Disturbance Patch)

由于基质内的各种局部干扰而形成，如采伐后的森林、烧荒后的草原遗迹火烧迹地等，引起干扰的原因有内因和外因等。干扰是引起生态系统格局显著偏离其常态的事件。例如，风、火、冰雹、风暴、山崩和病虫害等。

干扰斑块具有最高的周转率、持续时间最短，通常是消失最快的斑块类型。也就是说，它们的斑块周转率最高，或者说平均年龄最低。这也存在着单一干扰和慢性干扰的问题，如大气污染慢性干扰，存留时间长。发生干扰后一般存在着植物群落形成过程的迁移一定居一竞争一反应几个过程。长期干扰斑块主要由人类活动引起，但有时长期的自然干扰也能够形成。如周期性洪水、大型哺乳动物践踏或野火，使斑块上的物种适应于干扰状态，与周围基质保持平衡。

（2）残存斑块（Remant Patch）

残存斑块的成因与干扰斑块正好相反，是动植物群落在受干扰基质内的残留部分。植物残存斑块，如景观遭火烧时残存的植被斑块，免遭蝗虫危害的植被，都是残存斑块。动物残存斑块，如生活在温暖阳坡免遭严寒淘汰的鸟类或逃避攻击性扑食动物侵袭的草食动物等。残存斑块形成后，物种变动要经过两个时期的变化，即调整期（物种变动速率增高的时期）和松弛期（某些种群灭绝速率升高的时期）。残存斑块形成以后，有一段物种变动速度增高的时期，称之为调整期。在景观本底受到干扰后，有些物种将迁入到残存斑块中，其中一部分将会定居下来，但是不久，这些物种增加的时期将被物种率增高的时期（松弛期）所代替。物种的调整期可能要延续到残余斑块整个生活过程，即一直到残余斑块与本底融为一体为止。这个过程说明，一个残余斑块如火烧迹地上的一块残存的团状林分，尽管外表上与干扰前的森林类似，实质上是不一样的，因为在松弛过程中损失的物种在本底中常由于干扰而淘汰了，这些种的重新定居要取决于远的种源，因而恢复很慢。由此看来，甚至当本底与残余斑块一起以后，由它们汇合起来的生态系统，物种仍比原来的生态系统贫乏些。

与干扰斑块类似，两者都起源于自然或者人为干扰，两者种群大小、迁入和灭绝等在初始剧烈变化，随后进入平稳演替期，当基质和斑块融为一体时，两者都会消失，都具有较高的周转率。

（3）环境资源斑块（Environmental Patch）

由于环境资源的空间异质性或镶嵌分布而引起，环境资源斑块相对稳定，与干扰无关。如森林中的沼泽、沙漠上的绿洲以及大兴安岭湿地上的岛状林。

斑块与本底之间都存在着生态交错区（Ecotone）。在干扰斑块（或残余斑块）与本底之间，生态交错区是比较窄的，即它们的过渡是比较突然的。在环境资源斑块与本底之间，生态交错区较宽，即两个群落之间的过渡比较缓慢。环境资源斑块与本底之间因为是受环境资源所制约，所以它们的边界比较固定，斑块相对持久，周转率极低。在环境资源斑块中，虽然种群变动、迁入、灭绝等过程仍然存在，但处在极低的水平中，物种变化对于斑块上的群落和周围群落来说是正常现象，所以不存在松弛期和调整期。

（4）引入斑块（Introduced Patch）

人类将生物引进一个地区，就相继产生了引入斑块。它与干扰斑块相似，小面积干扰可产生这种斑块。在所有情况下，新引进的物种，无论是植物、动物或人等都对斑块产生持续而重要的影响。

一般分为种植斑块（Planted Patch）和聚居地（Homes Habitation）。前者是由人种植植物而产生的，如人引进的动植物、不慎引入的害虫、从异地移入的本地种。特点是人维护、存留时间长。后者是受人干扰的景观中最显著并无处不在的景观成分之一，例如：村落、城镇。

上述 4 种斑块，他们的成因不同，有的是基于干扰（分为作用于斑块本身的干扰和作用于本底的干扰），有的是基于环境资源，有的是基于人的作用。他们的稳定性不同，稳定性最强的是环境资源斑块，其他三种斑块在本质上稳定性较差，但还要取决于是单一干扰还是慢性干扰，后者能够增强稳定性。

2. 斑块的大小

斑块大小对景观能量流动和物质循环以及景观物种数量具有明显的影响。

（1）对能量和养分的影响

一般的情况总是大斑块比小斑块含的能量和养分丰富。也有不同，比如，一个小斑块（麦田）从边缘到内部我们会发现边缘产生的产量高于内部。原因主要是充分利用光、温度、水，且竞争少。

动物的分布也会因边缘内部的喜爱程度而有所不同。许多野兔、野鸡等喜欢在边缘地带活动，食草与食肉动物也经常在边缘地带活动，边缘地带的单位生物量也高于内部。边缘地带植物密度高于内部，故营养也高于内部地带，由于小斑块的边缘/内部比大于大斑块，因此小斑块单位面积的能量与物质不同于大的斑块。大斑块比小斑块有更高的营养级的动物，并且食物链也更长。

对于城市绿化来讲，大型斑块可以比小型斑块承载更多的物种，特别是一些特有物种只有可能在大型斑块的核心区存在。对某一物种而言，大斑块更有能力持续和保存基因的多样性。因此，适度增加大斑块的数量对于城市及建筑绿化更为重要。

（2）对物种的影响

在生物群落里，物种的多样性随面积的增加而增加。分析表明，大致的规律是面积增加 10 倍，物种增加 2 倍；面积增加 100 倍，物种增加 4 倍；即面积每增加 10 倍，所含的物种数量成 2 的幂函数增加，2 是个平均值，通常在 1.4～3. 0 之间。这种关系的另一层含义表明，如果原生生态系统保存 10%的面积，将有 50%的物种保存下来，如果保存 1%的面积，则会有 25%保存物种被保存。1967 年麦克阿瑟和威尔逊创立岛屿生物地理学理论，进一步系统阐述了面积和物种的关系。

3. 斑块的形状

斑块形状同斑块大小一样引人注目，斑块的形状对生物的扩散和觅食具有重要作用。如通过林地迁移的昆虫或脊椎动物，或飞越林地的鸟类，容易发现垂直于迁移方向的狭长形采伐迹地，但却经常遗漏圆形采伐迹地。相反，它们也可能错过平行于迁移方向的狭长采伐迹地。因此，斑块的形状和走向对穿越景观扩散的动植物至关重要。

（1）斑块形状的生态学意义

形状分析可了解物种动态（物种分布是稳定、扩展、收缩，还是迁移甚至已了解迁移路线）；斑块的形状对生物的散布和觅食具有重要作用。斑块的形状与环境变化与更新过程有关。建筑与空间设计中如果采取不同斑块形状，将收到不同的艺术效果。

（2）边缘与边缘效应

斑块的边缘部分有不同于内部的物种组成和过渡，这就是通常所说的边缘效应。包括由一种环境条件组合、过渡为另一种环境条件组合，由一类动植物组合过渡为另一类动植物组合，不仅包括两个生态系统内部的成分并且有其特有的成分。

（3）圆形和扁长形斑块

圆形（或正方形）斑块与相同面积的矩形斑块相比具有较多的内部面积和较少的边缘，相同面积的狭长斑块可能全是边缘。由于斑块内部和边缘之间的动植物群落和种群特征不同，所以将这些特征同斑块内缘比率（Interior Ratio）加以比较，就可以估计出斑块形状的重要性。较高的内缘比率可促进某些生态过程，而较低的内缘比率可增强其他重要过程。形状的功能效应主要取决于景观内斑块长轴的走向，因为它往往代表着某些景观流的走向。

（4）环状斑块

环状生态系统的总边界较长，边缘带宽，内缘比率较低，与扁长斑块相似，而与圆形斑块不同，因此环状斑块内部种相对稀少。森林采伐可形成环状带，其结果是边缘带增加内部种减少。

（5）半岛

景观中最常见的斑块形状呈狭长状或凸状外延，称之为半岛（Peninsula）。正方形或矩形斑块的角也可起到半岛的作用，也可以将其看作是尖状廊道。它们可起到景观内物种迁移通道的作用。

4. 斑块镶嵌

斑块一般不单独存在于景观之中。某些特定的斑块镶嵌结构在不同的景观中重复出现，不同类型的斑块之间呈现随机、均匀或是聚集的格局。探求这些格局不仅能深入了解斑块成因，而且能了解斑块的潜在相互作用。例如公路环绕的城镇。斑块镶嵌格局主要是可以阻止某些干扰进一步扩散，如火灾或病虫害。

6.3.1.2　廊道（走廊）(Corridor)

廊道是斑块的一种特殊形式，景观中的廊道是两边与本底有显著区别的狭带状区域，有双重性质：一方面将景观不同部分隔开，对被隔开的景观是一个障碍物；另一方面将景观中不同部分连接起来，是一个通道。如高速公路、河流、铁路以及动力线通道等廊道形式较为常见。目前尚未统一公认的量化标准去区别廊道与斑块，一般来说，长宽比至少在 20 以上的斑块，且分割景观，又为斑块相连的可认为是廊道。廊道的起源与斑块类似。干扰以及环境资源的空间异质性是形成廊道的主要原因。

1. 廊道的结构特征

廊道的结构特征可用以下指标表示：

（1）弯曲度（Curvilinearity）：廊道中两点间的实际距离与它们之间的直线距离之比。廊道曲度的生态意义与生物沿廊道的移动有关。一般说来，廊道愈直，距离愈短，生物在景观中两点间的移动速度就越快。而经由蜿蜒廊道穿越景观则需要很长时间。

（2）连通性（Connectivity）：用单位长度廊道中中断数量来度量，指廊道如何连接或在空间上怎样连续的量度。一个廊道连通性高低决定了廊道的通道和屏障功能，因此连通性是廊道结构的主要量度指标。

（3）狭点（Narrow）：廊道中的狭窄处。因形成障碍而影响物种运动。例如：河流峡口。

（4）结点（Nodes）：两个廊道的连接处或一个廊道与斑块的连接处。例如：河流急转弯的凹面常出现一片泛滥平原，两条公路交叉处的重叠植被。结点在管理与规划中十分有用，因为它提供了许多相联系的物种源，当物种在斑块中消失时，有利于物种重新迁入。

（5）廊道的内环境：廊道内部环境特点主要表现在三方面，从边缘到中心的物种组成发生急剧变化，如公路、河流、林带都具有这种特点；环境条件与外部有所不同，如：林荫路冬暖夏凉；水平上延伸一段距离，水平梯度也会发生变化。以树篱为例，太阳辐射、风和降水通常为树篱的三种主要影响生态因子，从树篱的顶部到底部，从一侧到另一侧，小环境条件变化都很大。树篱顶部比开阔地更容易受到极端环境条件的影响，而树篱基部的小生境却相当湿润。在沿着廊道的方向，由于廊道在景观中延伸一段距离，其两端往往也存在差异。一般来说都有一种梯度，即物种组成和相对丰度沿廊道逐渐变化。这个梯度可能与环境梯度或入侵灭绝格局相关，也可能是干扰的结果。

2. 廊道的分类

按照不同的标准廊道有很多种分类方法，按照廊道的形成原因，可将廊道分为人工廊道与自然廊道；按照廊道的功能可将其分为输水廊道（沟渠）、物流廊道（道路）、信息廊道（电话线）、能流廊道（输电线路）、河流廊道等；按照形态分类直线廊道（网格状分布道路）和树枝状廊道（具有多级支流的河流流域系统）；按照宽度也可分为线状廊道与带状廊道。

但目前对于廊道划分的结果被普遍认可的是将廊道划分为三种基本类型：线状廊道、带状（窄带）廊道和河流（宽带）廊道。线状廊道是一条很窄的带，植被类型基本上是边缘占优势。一般有7种：道路、铁路、堤堰、沟渠、输电线、草本或灌丛带、树篱。带状廊道是一条很窄的带，其宽度是可以造成一个内部环境，含有内部种，每个侧面都存在边缘效应。河流廊道分布在水道两侧，其宽度随河流的大小而变化。河流廊道控制着水分和矿质养分的传输。带状廊道与线状廊道的基本生态差异主要在于宽度，具有重要的生态意义。但从功能角度，三种廊道的划分界限并不明显，如边缘物种可在这三种廊道之间迁移，宽河流廊道也可起到内部种迁移的带状廊道的作用。

6.3.1.3 基质

景观基质（Matrix），在有些文献中也被称为景观背景和本底，是组成景观的三种基本要素中面积最大、连接性最好的景观要素类型，在景观功能（主要指能流、物流和物种流）上起重要作用。在整体上基质对景观动态具有控制作用。

1. 基质的判定

（1）相对面积

一般来说，基质的面积超过现存其他类型景观元素的面积总和，基质面积在景观中最大，是一项重要的判定标准。假如一种景观元素类型覆盖50%以上的面积，就可以认为是基质。

（2）连通性

如果一个空间不被两端与该空间的周界相连的边界隔开，则认为该空间是连通的。连通性高的作用：可以作为障碍物将其他要素分开，如防火带；便于物种迁移与基因交换；使其他要素成为生境岛。

（3）动态控制作用

判断基质的第三个标准是一个功能指标，看景观元素对景观动态的控制程度。基质对景观动态的控制程度较其他景观要素类型大。例如：原始林采伐迹地、农田与林网。

（4）三个标准结合

第一个标准（即相对面积）最容易估测，第三个标准（即动态控制作用）最难评价，第二个标准（即连通性）评价难易程度介于二者之间。从景观生态学意义出发，控制程度的重要性要大于相对面积和连通性。如果某类景观要素的面积比其他景观要素要大得多，即可确定为基质。如果经常出现的景观要素类型的面积大体相似，那么连通性最高的类型可视为基质。如果计算了相对面积和连通性标准化后，仍不能确定哪一种景观要素是基质时，则要进行野外观测或获取有关物种组成和生活史特征信息，估计景观要素中哪种对景观动态的控制作用最大。

2. 结构特征

（1）孔隙度（Porosity）

斑块在本底中称为孔。景观中单位面积的斑块数目称为孔隙度，是基质中斑块密度的量度，与斑块大小无关。鉴于小斑块与大斑块之间的明显差别，研究中通常要对斑块面积先进行分类，然后再计算各类斑块的孔隙度。

（2）孔隙度的生态学意义

因为隔离程度影响到动植物种的基因交换，并进一步影响到它们的遗传分化，因此孔隙度提供了一个了解物种隔离程度和植物种群遗传变异的线索。

孔隙度是边缘效应总量的指标，是一个对野生生物管理、对能流物流指导意义的因素。孔隙度低，表明景观中有边远地区存在，这对需要边缘生境的动物很重要。同时孔隙度与动物觅食密切相关，适宜的孔隙对觅食及育后复原具有重要意义。

（3）边界形状

景观元素间的边界像一个半透膜，边界的形状对本底与斑块间的相互关系极为重要，具备最小的周长与面积之比的形状不利于能量与物质交换；相反，周长与面积之比大的形状利于与周围环境进行大量的能量与物质交流。

3. 网络

景观的孔隙度高时，这种网络本底就是廊道网络。或者是走廊相互交叉相连，则构成网络。如道路、沟渠、防护林带、树篱等均可构成网络，但代表性最强的是树篱。网络在结构上的重要特点是交点和网眼（网格）。具有如下结构特征：

（1）交点连接类型：十字形、T形、L形以及与林地相交的交点。

（2）网线上有没有中断，以及中断处的长度。

（3）交点的大小：交点处的生物多样性比其他部位要明显增高，因此大小也很重要。

（4）网眼（网格）大小：组成网络的线之间的平均距离（km/hm^2）或者线所环绕的景观元素的平均面积（hm^2/hm^2）。网眼大小对物种有影响，例如：法国布列塔地区研究表明，小甲虫、土地网眼>4 hm^2 时消失，猫头鹰在网眼为 7 hm^2 时消失。

6.3.2　景观空间格局

景观空间格局（Landscape Pattern）一般指大小和形状不一的景观斑块在空间上的配置。景观格局是景观异质性的体现，同时也是包括干扰在内各种生态过程在不同尺度上的作用结果。景观作为一个整体具有其组成部分所没有的特性，因此不能把景观单纯描述成各景观要素的总和（Forman and Godron，1986）。景观格局是景观异质性的具体表现；同时又是包括干扰在内的各种生态过程在不同尺度上作用的结果。景观格局的研究目的是在似乎是无序的斑块镶嵌的景观上，发现潜在有意义的规律性。通过景观格局分析，我们能确定产生和控制空间格局的因子和机制，比较不同景观的空间格局及其效应，探讨空间格局的尺度性质。

1. 景观异质性（Landscape Heterogeneity）

景观异质性研究已经成为当代生态学，尤其是景观生态学中的一个重要研究课题（Kereiva，1994；Kolasa，1991；Pickett & Cadenasso，1995）。Farina（1998）认为景观异质性包括3种类型：空间异质性（Spatial Heterogeneity）、时间异质性（Temporal Heterogeneity）和功能异质性（Functional Heterogeneity）。目前景观异质性研究还是以空间异质性为主，时间异质性和功能异质性研究还有待深入。具体研究内容包括：①景观空间异质性的发展与动态；②异质性景观的相互作用和变化；③空间异质性对生物和非生物过程的影响；④空间异质性的管理。这些均与空间异质性密切相关。空间异质性有水平异质性（Horizontal Heterogeneity）和垂直异质性（Vertical Heterogeneity）之分，但在景观生态学中，主要集中在水平异质性的研究，这与景观的尺度范围有关，景观是高于生态系统的等级层次，与区域的尺度更接近，在这样中观的尺度范围内，垂直距离往往远小于水平距离，因此在多数情况下，忽略垂直异质性是可以理解的。基于热力学原理和耗散结构理论可以很好地解释景观异质性的产生和维持。

从不同角度对空间异质性进行的分类存在一定差异。Forman（1995）认为景观空间异质性分为两种情形：①梯度分布，景观要素在空间渐变分布，梯度分布没有明显的边界、斑块和廊道。②镶嵌结构，景观要素在空间聚集，具有明显的边界，以斑块和廊道为基本组成单元。而伍业钢和李哈滨（1992）认为景观空间异质性有三个组分：空间组成（主要指生态系统的类型、种类、数量及其面积比例）；空间构型（主要是各生态系统的空间分布、斑块形状、斑块大小、景观对比度、景观连通性）；空间相关（主要是各生态系统的空间关联程度、整体或参数的关联程度、空间梯度和趋势以及空间尺度）。

景观异质性作为一个景观结构的重要特征，对景观的功能过程具有重要影响。例如，异质性可以影响资源、物种或干扰在景观上的流动与传播。异质性的存在也影响研究方法的选择：不仅抽样设计要考虑异质性的影响，数据分析方法的适用性在一定程度上也是由异质性的程度决定的。

景观异质性和同质性随观察尺度变化而变化。景观的异质性是绝对的，它存在于任何等级结构的系统内。同质性（Homogeneity）是异质性的反义词，是相对的。景观生态学强调空间异质性的绝对性和空间同质性的尺度性。在某一尺度上的异质空间，而在比其低一层次或小一尺度上的空间单元（斑块），则可被认为是相对同质的。因此，讨论空间异质性时，必须考虑空间尺度。Levin发现，空间单元的面积扩大时，其异质性增加，由这些空间单元所组成的景观的空间异质性却降低。因此，景观异质性程度与观察尺度大小有极其密切的关系。不同等级系统的异质性不同，构成了等级之间的差别。景观异质性决定了景观空间格局的多样性。

2. 斑块、廊道和基质的构型

景观要素的分布格局似乎是无线的，如串珠状排列的斑块、小斑块群、相邻的大小斑块、两种彼此相斥且隔离的斑块等。景观的不同结构决定了各自不同的功能。

确定空间构型的方法很多，如数学形态法、自相关法、空间统计、谱分析法和分形法以及信息论方法等等（Forman和Godron，1986）。Forman和Godron（1986）将景观格局分为以下几类：

① 均匀分布格局，指某一特定类型景观的距离相对一致。

② 聚集型分布格局，例如在许多热带农业区，农田多聚集在村庄附近或道路的一端。在丘陵地区，农田往往成片分布，村庄聚集在较大的山谷内。

③ 线状格局，例如房屋沿公路零散分布或耕地沿河分布的景观格局。

④ 平行格局，如侵蚀活跃地区的平行河流廊道，以及山地景观中沿山脊分布的森林带。

⑤ 特定组合或空间联结，大多分布在不同类型要素间。例如稻田总是与河流或渠道并存，道路和高尔夫球场往往与城市或乡村呈正相关空间联结，都是正相关的空间联结。一种景观要素出现后，其附近就很有可能出现另一种景观要素。当然，景观要素的空间联结也可以是负相关的。

3. 景观构型的确定

Forman 和 Godron（1986）列举了两种确定景观构型的方法。

① 线性法

基于信息论，用一条横跨线描述和直接比较景观结构。应用这种方法可透彻地了解景观的构型或斑块结构。例如，可精确地确定那些“重心”与线的中心有较大距离的景观要素，确定那些存在于缺失的异常聚集体，以及确定沿线制图界线的最优位置（如将该线分为比整个主线更匀质的景观剖面）。

这种方法在确定景观构型的同时还可以揭示出景观的另外两个特征，一个是特定构型是由特定作用力产生的，确定构型时就要确定这种作用力；二是特定景观构型意味着特定的景观功能，即动物、植物、能量、水分或矿质养分流。

② 网格法

应用网格法可在二维空间中直接分析景观要素和优势种的水平分布。这种方法要分两步进行，首先将方形网格置于研究区域，记录每一个方格内景观要素的出现或缺失情况，然后用尺寸逐渐增大的“窗口”沿方格内部移动，运用信息论和其他方法可就这类数据进行描述和验证。网格法常用于解译航片，利用计算机储存的网格像素信息可进行空间分析。

4. 景观对比度

景观对比度是指（邻近的）不同景观单元之间的相异程度。如果相邻景观要素间差异甚大，过渡带窄而清晰，就可以认为是高对比度的景观，反之，则为低对比度景观。

高对比度景观：如由水热条件不同引起的山地植被带的垂直分布，从坡麓的农田、灌丛到山腰各种类型的阔叶林、针阔混交林、针叶林等等，彼此界限往往比较清晰。低对比度景观往往出现在大面积自然条件相对均一的地带，如热带雨林地区，温带草原地区，以及沙漠地区等。

5. 景观粒径

景观依据景观要素的大小可分为粗粒（Coarse Grain）和细粒（Fine Grain）。粒级与所研究的尺度水平密切相关。景观粒径（Landscape Grain）大小与生物体领地（Home Range）大小不同，后者主要是指生物体对其敏感或利用的区域，例如兽类比蚂蚁的领地大得多。粒径大小主要取决于整个景观的尺度。Forman 和 Godron（1986）给出了以下几个典型例子：

① 热带稀树草原景观呈细粒状，每棵具环状裸土的树或灌木都是一个斑块。

② 法国南部阿格德景观呈中粒状，斑块面积平均为 $1km^2$。

③ 摩洛哥的阿特拉斯山景观为粗粒状，斑块直径为数公里。

6. 附加结构

异常景观特征即是在整个景观中只出现一次或几次的景观要素类型。例如，景观中单一的城市或一条主要河流等。一般来说，这种异常景观特征是人类的中心或“热点”，为物种流、能流和物流比较集中的地方。因此，这些异常景观特征常常也是景观生态学的主要研究内容。

景观格局从另一个角度还可以分为点格局、线格局、网格局、平面格局和立体格局（伍业钢和李哈滨，1992）。当研究对象相对于它们的间距来说小得多的情况下，这些研究对象可以视为点，例如交通图中的城市分布就是点格局。线格局则是研究线路变化与移动，如河道的历史变迁对景观的影响。网格局则是点格局和线格局的复合，它研究点与线的连结、点之间的连线也代表了点与点之间的空间关联程度（Forman 和 Godron，1986）。平面格局的研究主要用于确定景观斑块大小、形状、边界以及分布的规律性。立体格局主要是研究生态系统在景观三维空间的分布。

景观空间格局分析时，有很多问题需要注意。首先，必须明确研究对象的具体单元和这些单元的基质性质。如果我们研究池塘或湖泊在景观尺度上的分布，则是点和面的关系。点之间的关系、点和面之间的相互作用、点的扩大和缩小等都属于点格局的研究范畴。如果研究植被类型在景观上的分布，则是面的镶嵌关系。在这种情况下，边缘效应对于空间格局显得相当重要。不同类型斑块之间的边界是一种过渡性质的，常常不像我们所期望的那样清晰。所以，斑块边界的确定，往往影响格局分析的结果。这时，需要采用梯度格局分析方法来认识景观的空间性质。景观格局研究要注意的另一个问题是，景观参数具有强烈的空间专一性。抽样统计一般只能获得已抽样的那些单元的空间信息，或者是统计格局（Statistical Pattern）。景观格局分析则更多地属于定位格局（Locational Pattern）研究，通过全面量测制图和图像处理来实现。因此，如果量测单元面积不同，景观格局分析的结果也不一样。景观格局分析必须明确分辨率。显然，景观的异质性和景观格局的复杂性给取样分析带来了极大的困难。但是，由于景观格局决定着资源与物理环境的分布形式和组合（O′Neill et al 等，1998），制约着各种景观生态过程，仍然成为景观生态学研究的焦点之一。

景观格局是景观内部资源及物理环境空间分布差异的综合表现，是景观异质性的重要内涵。景观格局控制着景观过程的速率和强度。景观格局具有强烈的尺度特征。由于不同景观格局对不同生态过程的影响，在研究景观格局时，必须要注重在特定尺度上探讨和研究对生态过程具有重要意义的格局。

6.4 景观功能

景观功能就是景观与周围环境进行的物质、能量和信息交换以及景观内部发生各种变化和所表现出来的性能以及景观在社会经济中的作用。景观具有众多的功能，如为动物提供栖息地、作为隐匿场所、净化大气及水体、美学功能以及各种生态功能。这里主要从三个主要功能进行阐述，即生产功能、美学功能和生态功能。

6.4.1 景观的生产功能

景观的生产功能主要指景观的物质生产能力。不同类型的景观物质生产能力表现的形式不同。但共同的特征是为生物生存提供了最基本的物质保证。

1. 自然景观的生产功能

自然景观的生产能力体现为自然植被的净第一性生产力（简称 NPP）。指绿色植物在单位时间和单位面积上所能积累的有机干物质，包括植物的枝、叶和根等的生产量以及植物枯落物部分。植物的净第一性生产力，反映了植物群落在自然环境下的生产能力，其形成的产量是自然植被的生物学特性与外界环境因子相互作用的结果。其中植物的生物学特性为比较固定的因子，而光、热和水分等外部条件变化较大，因此多数计算植物净初级生产力的模型仅考虑气候因素，而忽略了植物本身的生物学特性。

2. 城市景观的生产功能

城市是典型的人工景观，是人类文明的真正体现，为人类社会进步和发展做出了不可磨灭的贡献。城市景观以化石能源为基础，具有非凡的生产能力，能生产各类物质性和精神性产品，彻底改变了自然景观的格局、功能，并在生态环境上与自然及农村环境存在巨大的差异（表 6-1）（Rouse，1981）。

表 6-1　城市与乡村间气候差异

项　目	增　加	减　少
灰尘颗粒	10 倍	
废气	5～20 倍	
降尘	5%～10%	
温度	0.5～1℃	
太阳辐射		15%～20%
反射率		50%～100%
风速		20%～30%

注：引自 Landsberg，1962.

(1) 生物生产

城市生态系统中的绿色植物，包括农田、森林草地、蔬菜地、果园苗圃等具有生产的能力，它们生产粮食、蔬菜、水果以及其他农副产品。该绿色植物的生产在整个城市生产中不占主导地位，但生物初级生产过程中吸收二氧化碳，释放氧气等功能对生活在城市的居民十分有利，对维持城市生态环境质量至关重要。因此，保留城郊农田，尽量扩大市区内的绿地面积是非常必要的。

城市系统中的生物初级生产与自然界生态系统中的生物初级生产具有很大区别。因为后者是自然形成的，处于“自消自灭”的状态；前者却处于高度人工干预状态下。城市系统中的生物初级生产，虽然具有生产效率高，人工化程度高，并能满足居民特殊消费需要等优点，但生产品种单调，稳定性差，需要人们大量投入人才能维持其生产是不足之处。

城市景观生态系统由于其特殊性，其生物次级生产是城市中的消费者（主要是城市居民）对初级生产物质的利用和再生产过程，即城市居民维持生命、繁衍后代的过程。由于在生产过程中人类本身的高度参与，生物次级生产表现为与自然生态系统的生物次级生产有明显的不同。

由于城市所辖范围狭小，本身生态系统的生物初级生产量不足以满足城市景观生态系统次级生产的需要量。因此城市所需的生物次级生产物质相当大部分从外地调进来，表现为明显的客观依赖性。城市景观生态系统生物次级生产的重要目的是为城市居民的生存和繁衍服务，该过程明显受市民道德、文化和价值观的影响，故表现出人为的可调性。

城市内人群的生存、繁衍后代等活动均受到社会的规范和自身所定的法律、制度、规则和纪律等所制约，因此表现出明显的社会性。

此外，城市调进的食品来源广，且需要深加工。为维持城市系统一定的生存量，在城市景观生态系统生物次级生产的数量、规模、速度以及强度诸方面均应与生物初级生产过程取得协调。

（2）非生物生产

城市景观生态系统是作为人类生态系统出现的，因此它具有特殊的功能，能创造物质与精神财富。物质生产主要是满足人类物质生活所需要的各类有形产品及服务。包括基础设施产品、各类艺术品以及金融教育等服务性产品。同时城市景观生态系统还提供非物质生产，主要指生产满足人们的精神文化生活所需要的各种文化、文艺产品及其相关的服务。城市集中了各方面生产精神文化产品的优秀人才，每年生产出大批精神文化产品，既满足了人类对精神文化的需求，又陶冶着人们的情操，对人类文化素质的提高、精神文明建设均发挥了不可替代的作用。

6.4.2 景观的美学功能

随着人类文明的进步，科学技术的发展，以及社会经济发达水平的提高，人们的生活已经不单单局限于“实化”资源的需求上。为增强精神上的锤炼，健全自身体魄，增进个人修养，当地人们对“虚化”资源的追求日益迫切（牛文元，1989）。当人类的基础感应与这种“虚化”资源发生共鸣时，景观体现出来的美学功能就特别重要。景观给人以美的享受、心情的陶冶。当人与自然和谐相处融合于自然景观之中时，人的感情、精神、思想以及道德等会得到进一步的升华，达到更高的境界。

1. 自然景观的美学功能

（1）有价值自然景观的特征

自然景观是地球表面经千百万年演化形成的，是具有价值的景观客体。自然景观结构性最强，“最有序”，与周围环境相比，具有“最大的差异性”，与最大的“非规整度”，因此，最能吸引人，唤起人们追求奇异的特性；在结构特征或概率组合的测度上具有某种“极端值”或“奇异点”，使其在各种机会的表达上总能表现出临界的特性；在几何空间描述上，总能表现出抽象价值的“非均衡”，而在维持生命系统方面，表现出最为狭窄，最为严格的条件组合（牛文元，1989）。按 Antrop 的总结（国际景观生态博士班讲课报告，1997），自然景观具有如下美学特征：

① 合适的空间尺度。

② 景观结构的适量有序化。有序化是对景观要素组合关系和人类认知的一种表达。适量的有序化而不要太规整，可使得景观生动，即具有少量的无序因素反而是有益的。

③ 多样性和变化性，主要是指景观类型的多样性和时空动态的变化性。

④ 清洁性，即景观系统的清鲜、洁净与健康。

⑤ 安静性，即景观的静谧和幽美。

⑥ 运动性，包括景观的可达性和生物在其中的移动自由。

⑦ 持续性和自然性，景观开发应体现可持续思想，保持其自然特色。

如长白山，作为有巨大价值的自然景观，海拔高度、植被垂直带特点、珍稀物种数量等具备了上述所有特征。

（2）自然景观的游憩价值

自然景观的美学功能主要体现在旅游价值上，而旅游价值与社会的进步、经济的发展密切相关。只有经济发展及人民生活水平提高的基础上，才会有越来越多的人利用假期外出旅游、休闲娱乐，景观的美学功能价值也才能充分体现出来。

任何一种自然景观都具有美学的潜在功能。主要与人（个人或群体）的感应“相谐”或者与人的文化需求“相融”，其美学功能就能充分地表现出来。这样就要求我们应该客观分析这种景观的特性，并加以适当的改造，使其适合人们的需求，从而开发其旅游价值，以满足人们回归大自然的要求。同时，对于当地经济发展，人民生活水平提高具有重大意义。

2. 文化景观的美学功能

文化景观有多种定义，按照 Farina（1998）的观点，在长期的人类干扰下，景观的某些部分一直在发生变化，最后形成一个具有特殊结构、物种和过程聚集的景观。文化景观一定是人为主导景观。其中，斑块的布局、质量和功能是多年来在自然力和人类之间的不断反馈的结果。它反映了人与自然界环境间的相互作用，是既可认知又不可认知的复杂现象（Plachter 和 Rossler，1995）。

联合国教科文组织（UNESCO）（1991）认为，有价值濒危文化景观是“从历史、美学、人种学或人类学的观点看来，有重要意义的文化与自然要素融合的结果；并在长时间内于自然和人类活动之间呈现和谐的平衡，在不可逆变化的影响下，这种景观极为罕见和脆弱”（Droste 等，1995）。

文化景观通常是由细粒斑块镶嵌而成，结构复杂。在细小的斑块内，许多自然形态的草地、林地已完全地方化，并被多种生产方式所利用，在不知不觉中渗透着当地文化、历史的内涵。

文化景观的功能主要表现在如下方面：

（1）提供历史见证，是研究历史的好教材

受人类的影响文化景观出现其特有的物种、格局和过程的组合。如景观破碎化程度高，更为均匀，有更多的直线结构等。这种景观相当脆弱，极容易遭受破坏，必须在人为管理下才能得以维持，它也必然保留了各历史时期内人类活动的遗迹。作为社会精神文化系统的信息源而存在，人类可以从中获取各种信息，再经人类的智力加工而形成丰富的社会精神文化。这对促进人类的精神文明建设有巨大作用。如地中海高地景观，在以往的历史时期内曾筑有大片梯田。后来发生变化，许多农田遭到废弃，畜牧业有所发展，并对原有景观产生一定程度的破坏。同时也可从残存的文化景观中看到两种不同文化景观的交错表现。在拉丁美洲热带雨林正是通过发现玛雅人遗留下来的城市景观，最后才证实玛雅文化的存在。现代的考古学界有一项新的考古方法，就是利用航空摄影来研究地表景观的异常，现在文化景观上出现的结构的异常往往是历史上人类活动的遗迹。

（2）提高景观作为旅游资源的价值

在当代，随着经济的发展，人们从基本的生理需要发展为自我实现的需要，外出旅游已经成为人们日常生活中的重要部分。该需要成为旅游的动机，从而构成旅游行为的层次。这一层次就是观光旅游，也可以说是景观旅游（保继纲，1996）。这是现代最主要的旅游方式。文化景观作为旅游资源来开发，其价值较单纯的自然景观要高许多。事实上我国许多重要的景点均是文化景观，很少属于单一的自然景观，如泰山、黄山和太白山等。之所以游人如织，一个重要的原因就是当地保留了大量的历史文化遗迹。自然景观中渗透着文化景观，形成环境优良的山地空间综合体。文化景观的历史越悠久，越稀少，其表现出来的游憩价值应该越高。诸如我国的长城、埃及的金字塔这种世界级的文化景观所表现出的游憩价值对推动当地的经济发展，起着不可估量的作用。

（3）丰富世界景观的多样性

物质世界的景观是丰富多彩的，文化景观的出现为自然界进一步增添了新的景观类型，丰富了景观多样性，扩展了人类美学视野。我国的古典园林艺术景观以其建筑别致、精巧，景色特异、淡雅和气氛朦胧为特征，对我国以后的景观建筑的美学思想产生过重大影响。如果没有中国的长城、埃及的金字塔、墨西哥的玛雅文化遗址等世界著名的文化景观，世界将会变得多么单调、多么贫乏！

6.4.3 景观的生态功能

景观的生态功能主要体现在景观与流的相互作用上。当水、风、土流、冰川、火及人工形成的能流、物流穿越景观时，景观有转输和阻碍两种作用，景观内的廊道、屏障和网络与流的传输关系密切。流还可以在景观内扩散、聚集，这对保持生态系统稳定性有巨大作用。

1. 景观与能流、物流

生物、火、水等在景观中移动形成流，流可以在景观中积聚、扩散和通过，不同的流动方式给景观带来不同的影响。植物的定植，可增加景观的郁闭度，提高景观的生产力；大型哺乳动物群通过景观能造成巨大的危害，践踏土地、破坏植被以及改变原有的生态系统。风、泥石流等都可使景观瞬间变得残破，改变原有景观格局。

能流、物流既可以破坏景观，又可以塑造景观，增加景观的功能和稳定性。如公元前256年—公元前251年耗时4年建造的都江堰，是世界上现存最古老的无坝引水工程，天旱时能够放水灌溉，雨季时可堵塞闸门蓄水。洪水季节，大部分水流入外江泄走，使内江免遭水灾；枯水季大部分水流入内江，保证了当地生态的稳定性，以至于运行2000余年，至今仍能发挥作用（姚炎祥主编，1996）。

值得指出的是，现代社会人工形成的能流和物流，对景观的影响日益增长，对文明社会的发展起到巨大的推动作用，但同时也产生一些负效应，如城市的污水流、固体废弃物流等，如果不能很好地进行处理将会污染环境，给人们的环境造成恶劣影响。因此，应科学合理利用能流、物流，合理地调节和应用两种流的作用，发挥其正效应，减少其负效应对景观建设和优化的影响。

2. 景观阻力

能流和物流经过景观时受到景观结构特征的影响流速发生变动，这种影响统称为景观阻力。风通过景观遇到防护林，风的流向与速度均要发生变动。景观阻力来源于两个边界特性：界面通过频率；界面的不连续性。另外还取决于景观要素的适宜性和各景观要素的长度。当河水经由渠道流过景观时，由于设计上的问题，渠道方向与地形等高线的梯度方向不一致，河水流动的速度就要小于渠道与地形等高线梯度相一致时的情形。

生物种对景观的利用是相互竞争的物种对景观空间的控制与覆盖过程，因而这种控制与覆盖必须通过克服景观阻力来实现。景观阻力的度量实际上是距离概念的变形或延伸。而在陆地景观中，景观阻力不只是几何意义上的距离，基面特性也有重要作用（Forman，1995）。这些阻力量度可以通过潜在表面（Potential Surface）或趋势表面（Trend Surface）形象地表达出来（Warnts，1966；Chorley 和 Haggett，1968）。景观阻力面反映了物种空间的运动趋势。

3. 网络与流的空间扩散

景观生态学中的网络是指由结点和廊道形成的结构形式，并在实际的景观中广泛分布、相互重叠，类型繁多。景观生态学中的能流、物流与交通运输地理学（即人的迁移）原理极为相似。因此，后者的许多原理被景观生态学所借用或改造。

网络的主要功能在于实现结点的可接近性，使物种流能迅速从源达到汇，使相邻地区或孤立的结点更易到达，以减少路途过程中能量的消耗，降低捕食者袭扰的概率。

网络中的结点，作为廊道的交接点或者运动物体的源和汇，最经常的是作为物种运动的中继站（Stepping Stone）出现，以实现对物种流的某种控制作用。如可以扩大或加速物流，降低流中的“噪声”（Noise）或“不相干性”（Irrelevancies）以及提供临时储存地。黑龙江扎龙湿地就是过往候鸟的重要中继站，扎龙湿地为大量过往候鸟提供食物（进而扩大了物种流）、淘汰弱鸟（降低了噪声），并使鸟类聚集（临时储存地）等待有利时机飞行。因此，保护扎龙湿地实际上保护了物种多样性。

6.5 景观生态学研究方法

6.5.1 景观野外调查与观测

野外调查和观测是景观生态学研究中不可缺少的方法，Zonneveld（1988）将野外调查方法划分为四种类型：①传统的野外调查方法，不用遥感技术；②以遥感图像为主的方法，从野外工作开始，形成有限的、稍加描述的解译图例，然后才开始真正的遥感图像解译；③以遥感图像为指导的野外调查，在野外调查中以遥感图像作为野外地图；④以景观为指导的方法，从遥感图像解译开始，在后期野外工作中用来指导采样分区（肖笃宁等，2003）。

所有四种方法都可以用在景观的野外调查上。其中以景观生态学理论为指导的方法，将景观作为一个系统进行调查，是最具可行性的方法。具体景观调查一般要经历如下过程：

1. 研究地区本底资料的收集。如研究地区科研、教学和生产单位开展的各种专项调查获得的标准地和样地调查资料，森林资源清查、经理调查等的资料，当地的遥感影像、地形图，以及当地土壤普查、植被调查、森林立地条件调查、水文观测资料、气候资料等专业调查形成的资料和分析成果。

2. 图像分类

对于景观尺度来讲，面积一般较大，如果用随机采样方法来进行调查，虽然便于统计处理，但调查工作量很大。一个有效的解决办法就是以研究区域专题图（植被图、土壤图或经过解译分类的航片、卫片等）为基础，进行分区采样。这在统计上是一个可靠的过程，可以提高调查的精度和有效性。根据研究对象的规模，确定合适空间尺度或分辨率是非常必要的。

3. 野外调查与采样

景观调查的野外工作主要是对野外采样点的描述，包括土壤、植被、地貌、土地利用类型，以及地质、水文、动物及其他相关属性信息，以获得精确而可靠的资料，可用于遥感图像单元的地面验证，进而将它们转化成景观类型。调查数据中必须包含空间数据，以位置图或分布图的形式，既便于野外记录，又能为室内分析提供尽可能多的空间关系信息。具体调查方法需根据研究目的而定。

如果仅是针对较大区域较低分辨率的遥感图像的植被分类结果进行地面验证，可以采用描述为主的方法。用GPS定位，并对所在地点各个方向植被的类型、生长状况等进行记录，若能同时进行摄影，效果更佳。

如果需要对研究区域各植被类型的结构或过程进行较详细的研究，可采用样地调查法。样地形状为矩形、正方形或圆形均可，面积为0.04～0.1hm^2。在样地内开展调查，如林分的种类组成、郁闭度、径级、高度，以及灌木、草本的种类、盖度等因子。用于分析景观中群落组成和空间结构。

需要注意的是，野外调查地点的选择要有代表性，能覆盖景观内所有的斑块类型。

6.5.2 景观格局指数分析

景观内不同要素的类型、数量、面积及其形状、相互之间的空间位置等构成了多种多样的格局特征，景观格局的合理性影响着景观的生物多样性维护等功能的优劣，因此格局既是各种作用和生态过程在不同尺度上长期作用的产物，也是景观异质性的具体体现，更是人类恢复或维持景观功能的依据。景观格局分析有助于探讨景观结构和生态过程的相互关系。使用景观指数定量分析景观格局结构特征的理论、方法和应用研究始终处于景观生态学研究的核心。

景观斑块面积是景观结构最容易识别的特征，斑块面积一方面影响到能量和营养的分配，另一方面还影响到物种数量。一种景观要素如果其面积稳定并且持续增加，那么是稳定的；相反，面积不稳定且持续减少的景观要素是不稳定的，也是脆弱的。

斑块的形状也是重要的结构特征，形状越复杂，斑块与外界接触越多，内部环境越小，越不利于内部种的保护。

生境破碎化是现存景观的一个重要特征。生境破碎化与自然变化紧密相关，许多濒危物种需要大面积自然生境才能保证生存。此外，生境破碎化是景观异质性的一个重要组成。景观的破碎程度可以用斑块的密度、生境破碎化指数等指标说明。

1. 平均斑块面积

$$MPS = \frac{\sum_{j=1}^{n} a_{ij}}{n_i} \times \frac{1}{10000} \tag{6.1}$$

式中 a_{ij}——斑块类型 i 中第 j 个斑块的面积，m^2；

n_i——斑块类型 i 在景观中的数目。

2. 最大斑块指数

最大斑块指数用来描述某一类型中最大斑块占景观总面积的百分比，该指数越大说明该类型在整个景观中所占的比重也越大；越小说明该类型在整个景观中所占的比重也小。显示最大斑块对整个类型或景观的影响程度。

$$LPI=\frac{\max\ (a_{ij})}{A}\times 100 \tag{6.2}$$

式中　a_{ij}——斑块类型 i 中第 j 个斑块的面积，m^2；

A——整个景观面积，m^2。

3. 分维数

不规则几何图形的分维数，可以反映空间实体几何形状的不规则性。由曼德布罗特提出的小岛法是测量分维数的简捷而适用的方法，适用于测量景观要素斑块的边界分维数。

非欧几何不规则图形的周长 P 与其面积 A 之间的关系可以表示为：

$$P^{\frac{1}{Df}}\propto A^{\frac{1}{2}}$$

式中 Df 是不规则图形边界的分维数。

由上式可知，图形的面积、周长与分维数之间存在如下关系：

$$\ln P=C+\frac{Df}{2}\ln A \tag{6.3}$$

式中 C 为常数。

由此可以推论，对于具有相似边界特性的斑块，其面积、周长与其边界的分维数同样存在上述关系。此时该类斑块的边界分维数可由同类斑块的周长和面积数据经对数处理后，用最小二乘法确定回归直线的斜率，其斜率的 2 倍就是该类斑块的边界分维数。

$$Df_i=2\,\frac{\sum_{j=1}^{N_i}\ln a_{ij}\ln p_{ij}-\frac{1}{N_i}\sum_{j=1}^{N_i}\ln a_{ij}\sum_{j=1}^{N_i}\ln p_{ij}}{\sum_{j=1}^{N_i}(\ln a_{ij})^2-\frac{1}{N_i}(\sum_{j=1}^{N_i}\ln a_{ij})} \tag{6.4}$$

式中　p_{ij}——斑块类型 i 中第 j 个斑块的周长，m；

a_{ij}——斑块类型 i 中第 j 个斑块的面积，m^2；

n_i——斑块类型 i 在景观中的数目；

Df_i——第 i 类景观要素斑块的边界分维数。

当边界分维数接近 1 时，说明该类斑块的形状接近于正方形，边界分维数越高，说明该类景观要素斑块形状越复杂。

4. 斑块密度

斑块密度是斑块个数与面积的比值，即每百公顷（$100hm^2$）的斑块个数。反映某个景观要素类型中的斑块分化程度或破碎化程度。斑块密度高，表明一定面积上景观要素斑块数量多，斑块规模小，这一类型景观要素的破碎化程度高。

$$PD=\frac{n_i}{A}\times 10000\times 100 \tag{6.5}$$

式中　n_i—— 斑块类型 i 在景观中的数目；

A—— 整个景观面积，m^2。

5. 斑块边缘密度

斑块边缘密度是景观要素斑块形状及斑块密度的函数，反映景观中各斑块之间物质、能量、物种及其他信息交换的潜力及相互影响的强度。通过对景观要素边缘密度的分析，可以了解景观要素的动态特征和斑块的发展趋势。

$$ED=\frac{E}{A}\times 10000 \tag{6.6}$$

式中 E——景观中边缘总长度；

A——整个景观面积，m^2。

6. 平均形状指数

一般采用平均形状指数来描述斑块边界的复杂程度，比值越大说明斑块的周边越复杂。

$$MSI=\frac{\sum_{j=1}^{n}\left(\frac{p_{ij}}{2\sqrt{\pi\cdot a_{ij}}}\right)}{n_i} \tag{6.7}$$

式中 p_{ij}——斑块类型 i 中第 j 个斑块的周长，m；

a_{ij}——斑块类型 i 中第 j 个斑块的面积，m^2；

n_i——斑块类型 i 在景观中的数目。

7. 景观多样性指数

景观多样性指数根据生态系统（或斑块）类型及其在景观所占面积比例进行计算。常用的 3 个景观多样性指数是丰富度、均匀度和优势度。为增强它们直接的可比性，也经常使用相对性指数，即标准化后取值为 0～1 的指数。

丰富度是指在景观中不同组分（生态系统）的总数。

$$R=(T/T_{max})\times 100\% \tag{6.8}$$

式中 R——相对丰富度；

T——丰富度；

T_{max}——景观最大可能丰富度。

均匀度描述景观中不同生态系统分布的均匀程度。

$$E=(H/H_{max})\times 100\% \tag{6.9}$$

式中 E——相对均匀度指数；

H——修正了的 Simpson 均匀度指数；

H_{max}——在给定丰富度 T 条件下景观最大可能均匀度。

$$H=-\log\left[\sum_{i=1}^{T}P(i)^2\right] \tag{6.10}$$

$$H_{max}=\log(T)$$

式中 log——以 2 为底的对数（以下同）；

$P(i)$——生态系统类型 i 在景观中的面积比例；

T——景观中生态系统的类型总数。

优势度与均匀度呈负相关，它描述景观由少数几个生态系统控制的程度。优势度由 O'Neill 等（1988）首先提出并应用于景观生态学。

$$RD=100-(D/D_{max})\times 100\%$$

式中 RD——相对优势度；

D——Shannon 多样性指数；

D_{max}——D 的最大可能取值。

$$D = -\sum_{i=1}^{T} P(i)\log[P(i)] \tag{6.11}$$

$$D_{max} = \log(T)$$

式中，各项定义与相对均匀度计算式中一样。显然，优势度和均匀度从本质上讲是一样的，它们的差异是生态学意义不同。

6.5.3　城市景观规划

城市景观是景观一般性分类中的一种，它以其特有的景观构成和景观功能区别于其他景观类型（如农业景观、自然景观）。城市景观的特点是建筑密集、人口拥挤，它们占有整个城市景观的大部分地域，因此，市区就是城市景观的基质，不同的功能区通过街道连接在一起，形成一个巨大的网络。城市景观中的斑块以引进斑块为主，其中的绿地类型特点是每块面积小，形状规则而数量多。廊道则几乎全部是街道。此外，噪声、污染、“热岛效应”等问题极大地影响了城市的环境质量。

随着居民生活水平的提高和环境意识的加强，对周围的居住环境也有了更高的要求。基于生态原则的城市景观规划把城市看成是自然的一个组成部分，把其中的人和景观当作一个生态系统来设计，通过调整城市景观的结构来改善景观的功能，提高居住的适宜程度。

景观生态学应用于城市景观规划中特别强调维持和恢复景观生态过程及格局的连续性和完整性。具体地讲，在城市和郊区景观中要维护自然残遗斑块的联系，如残遗山林斑块、水体等自然斑块之间的空间联系，维持城内残遗斑块与作为城市景观背景的自然山地或水系之间的联系。

1. 城市景观规划方法

基于生态原则的城市景观规划并没有统一的做法，而是根据对景观的不同理解强调对生态系统的整体维护，采取多层次、多目标的方法，这些方法彼此共容，相互补充，在规划中可以根据需要来运用。以下是部分供参考的景观规划方法。

（1）保护环境敏感区方法

城市景观规划中，某些环境敏感地区往往是表现城市景观突出特征的关键区域，但又脆弱且经不起破坏，并且难以事后补救。如一些绿地既可供游人赏玩，又为城区小动物、鸟类的生存提供栖息地。因此，在景观规划中应加强对这类地区的保护，通过调查、分析和评估确定城市的环境敏感地区的位置、范围、承受力等因素，制订相应的保护措施，防止过度的开发和不合理的土地使用。

（2）完善景观结构方法

通过改善城市景观的结构，可以保障景观功能的正常发挥。城市景观中的绿地斑块面积差异较大。大面积的绿色斑块作为城市的“绿肺”，具有多种的生态功能。小面积的绿色斑块则可以作为物种迁移和再定居的跳板以及改善城市景观的视觉效果，提高城市景观的异质性。在城市景观规划中，应以大面积绿色斑块为主，小型绿色斑块为补充，相对均匀地分布于城市绿地系统中，最大程度地发挥其生态环境效益。在规划中，不应单纯从城市本体出发，而是应该从城乡一体化的角度出发，通过绿地、环城林带等，形成绿色走廊和绿色网络，将乡村的田园风光和森林气息带入城市，实现城乡之间生物物种的良好交流，促进城市生态环境的提高和改善。通过修建各种各样的廊道，将城市中的动植物保护园与景观中野生的自然保护区或栖息地联系起来，可以有效地增强保护物种和野外物种的交换，从而提高物种保护效果。使其一方面成为城市居民休闲、娱乐、愉悦身心的地点，另一方面又可提供净化美化环境、增加生物多样性的良性城市生态环境。

(3) 生态工程方法

生态工程方法是通过维持环境某种程度的生物多样性来发挥环境的能动性，实现景观的自我维持和发展。

相应的景观规划方法就是增加城市景观生物多样性，建立各种栖息环境以获得景观的自我恢复能力。具体地，就是舍弃那种追求干净整齐、精心修饰的以视觉观赏为主的精致景观设计法，而代之以多元化、多样性，追求整体生产力的有机景观设计法。植物材料的选择以多样化为基准，道路绿化不再是一排排整齐划一的树林，可以因环境条件不同而处理成节状或块状，与周围绿地结合，构成有层次且能自然演替的群落。

(4) 环境要素分析方法

通过分析城市中关键环境要素的生态状态而获得景观规划的任务和解决问题的途径。关键的环境要素包括空气、土地、水、植物和野生动物等。

2. 城市景观规划的程序与内容

要具体开展一个城市的景观规划一般可参照如下基本步骤：

(1) 景观调查（资料搜集）

包括各种景观资源分布状况；景观生态元素的分类与调查；景观结构与景观意向的调查。

(2) 景观评价（生态与景观美质评价）

包括景观视觉质量评价；景观生态质量评价；景观心理影响评价；景观开发适宜度评价；城市发展可能造成的生态与景观美影响评价。

(3) 景观决策（规划纲要制订）

包括最佳景观结构模式的拟定；景观保护范围的确定；景观建设方法的确定；以及景观开发规划的制订。

(4) 景观规划与城市规划、区域规划的协调、配合分析与研究。

(5) 实施过程的反馈与控制。

3. 应用实例

(1) 城市公园体系

十九世纪末，西方城市开始通过建造城市公园来改善城市景观状况。其中最成功的例子是1880年，美国设计师奥姆斯特（Oimsed）设计的波士顿公园体系，该公园体系以河流、泥滩、荒草地所限定的自然空间为定界依据，利用200～1500英尺宽的带状绿化，将数个公园连成一体，在波士顿中心地区形成了环境优美、宜人的公园体系（Park System），被人称为波士顿的“蓝宝石项链”。

(2) 霍华德的花园城市和沙里宁的有机疏散理论

霍华德于1898年提出的花园城市模型是：直径不超过2km，城市中心是由公共建筑环抱的中央花园，外围是宽阔的林荫大道（内设学校、教堂），加上放射状的林间小径，整个城市鲜花盛开，绿树成荫，人们可以步行到外围的绿化带和农田，花园城市就是一个完善的城市绿色景观系统。在花园城市理论影响下，1944年的大伦敦规划，环绕伦敦形成了一道宽达5英里的绿带。

沙里宁在大赫尔辛基规划方案中一改城市的集中布局而使其变为既分散又联系的有机体，绿带网络提供城区间的隔离、交通通道，并为城市提供新鲜空气。花园城市理论和有机疏散理论对城市规划的发展、新城的建设和城市景观生态设计产生了深远的影响。1971年莫斯科总体规划采用环状、楔状相结合的绿地系统布局模式，将城市分隔为多中心结构，城市用地外围环绕10～15km宽的森林公园带，构成了城市良好的绿色景观。

6.5.4 “3S”技术的应用

1. “3S”技术简介

3S技术是遥感（Remote Sensing，RS）、地理信息系统（Geographical Information System，GIS）和全球定位系统（Global Position System，GPS）的统称。因为这三个概念的英文名称中都含有一个以S开头的单词，所以通常简称为“3S”技术。“3S”技术中RS能高效地获取大面积的地面信息；GIS具有强大的空间查询、分析和综合处理能力；GPS能快速给出调查目标的准确位置；因此可以将GIS看作中枢神经，RS看作传感器，GPS看作定位器。3S技术目前在很多领域广为利用，随着景观生态规划研究尺度的扩展，“3S”技术在规划中的作用也越来越重要，并且逐渐成为景观生态规划必不可少的方法和手段。

遥感是指在不直接接触的情况下，对目标或自然现象远距离感知的一种探测技术，狭义上是指在高空和外层空间的各种平台上，运用各种传感器（如摄影仪、扫描仪和雷达等）获取地表信息，通过数据的传输和处理，来研究地面物体形状、大小、位置、性质及其与环境相互关系的一门现代化技术科学。遥感通常按照其承载传感器的平台不同分为航天遥感和航空遥感。遥感具有可获取大范围资料、获取信息手段多、信息量大、获取信息速度快、周期短和获取信息受条件限制少等特点。目前遥感技术正经历着从定性向定量，从静态向动态的发展变化（肖笃宁，2001）。

1972年之后，美国先后发射了一系列的陆地资源卫星（1～7号陆地卫星），包括MSS（分辨率为80m）、TM（7个波段，分辨率除第六波段为120m外，其他均为30m）、ETM^{+}（8个波段，热红外波段的分辨率为60m，全色波段的分辨率为15m，其余波段的分辨率均为30m）。此外，法国发射的SPOT卫星载有高分辨率的传感器（分辨率为20m，全色波段为10m），印度发射的IRS卫星（全色波段的分辨率为6.25m），1999年美国发射成功的小卫星上载有IKONOS传感器，其空间分辨率高达1m。此外低空间高时相频率的AVHRR（NOAA系列，分辨率为1km）和其他航空遥感及测试雷达的相继投入使用，共同形成了现代遥感的基本数据源。

地理信息系统是能够存储和使用数据来描述地球表面位置的计算机系统。由于它能够同时储存空间和属性信息，所以广泛用于土地利用规划、自然资源管理、环境评估和规划、生态学研究、急救车船的派遣、地貌研究、商业用途等方面。GIS可以说是当前计算机最广泛的应用领域。它有多种数据类型，其共同特点是都有确切的空间位置。目前市场上流行的国外软件有ARC/INFO、IGDS/MRS、TIGRIS等；国内主要有MAPGIS、GEOSTAR、CITYSTAR、VIEWGIS等软件。

在GIS数据库中大致有3种数据结构，即矢量结构、栅格结构和层次结构。其中矢量结构是以点、向量、线段和多边形等来表示地理信息；栅格数据结构是将连续空间离散化，通常是将工作区均匀地划分为栅格而构成网格结构，通常采用正方形网格，也可以由遥感图像的像元直接构成网格结构。网格单元是最基本的信息存储和处理单元，网格的行列号隐含了空间实体的空间分布位置，每个网格单元记录相应空间实体的属性值；层次结构是为了有效地压缩栅格结构数据，并提高数据存储的效率而出现的一种新的数据结构。它建立在逐级划分的图像平面基础上，每一次把图像划分为4个子块，故又称为四分树表示法。

地理位置或地理坐标常常是空间资料中必须具有的重要信息，使用传统的罗盘和地物来确定景观单元的具体地理坐标往往是困难的，尤其是大尺度范围。全球定位系统是现代进行导航和定位的一种最科学的方法。因此在较大尺度上进行定位，往往采用GPS。

GPS系统是美国在20世纪60年代末70年代初研究的导航卫星测时测距全球定位系统，由24颗卫星组成，形成了一个全球范围的空间位置测量网络，通过使用各种类型的GPS接收机可以取代大地测量仪器进行各种精度的定位（包括水平空间位置和高程)。GPS是建立在无线电定位系统、导航系统和定时系统基础上的空间导航系统。它以距离为基本观测量，通过同时对多颗卫星进行伪距离测量来计算接收机的位置。由于测距是在极短时间内完成的，故可实现动态测量。

GPS主要由空间导航卫星，地面监控站组和用户设备三部分组成。GPS卫星由21颗工作卫星和3颗备用卫星组成。工作卫星分布在6个轨道面内，卫星轨道面相对地球赤道面的倾角为55°，每个轨道平面配置3颗卫星，每隔一条轨道平面配置一颗备用卫星，轨道的平均高度约为20200 km，卫星运行周期为11小时58分。因此，在同一测站上，每天出现的卫星分布图相同，只是每天提前几分钟。每颗卫星每天约有5小时在地平线上。同时位于地平线上的卫星数目最少为4颗，最多为11颗。这样的空间配置，可保证在地球上任何时间，任何地点至少可同时观测到4颗卫星，加上卫星信号的传播和接收不受天气的影响，因此，GPS是一种全球、全天候的连续实时导航定位系统。地面监控部分由5个监控站，3个注入站和1个主控站组成。用户设备系统包括GPS接收机，天线，计算设备和相关软件。用户设备的核心是GPS接收机，以利用定位卫星提供信号来得到位置、时间、运动方向、速度等信息。GPS的重要作用是对航空照片和卫星相片等遥感图像进行定位和地面校正，遥感数据在精度上还不够，因此需要GPS辅助矫正。目前在动物活动监测、生境图、植被图的制作方面得到广泛应用。在景观生态规划过程中，由于要借助大量遥感数据，因此GPS的辅助功能也日益突出。

2. 应用实例分析

下面以刘振乾、徐新良和吕宪国等于1999年对黄河三角洲和辽河三角洲湿地景观资源研究中的“3S”技术应用为例，介绍“3S”技术在研究过程中的应用。

该实验充分利用遥感（RS）领域比较成熟的图像处理、解译技术以及地理信息系统（GIS）强大的空间分析能力，以RS、GIS为主，GPS野外采样跟踪为辅，根据实验区湿地环境及湿地分布特征，将多信息源综合分析、统计，设计了技术流程图。实验中主要利用遥感影像的解译来提取湿地资源信息。

实验中采用美国LandSat TM影像作为主要信息源，充分利用了TM影像信息量丰富、地面分辨率较高等特点，同时考虑黄河三角洲和辽河三角洲地区耕作方式多样、自然景观差异明显、湿地类型多样、水分条件差异悬殊、不同景观单元植被异步生长等特点，在时相选择时，采用不同湿地类型和土地利用类型之间水分差异和物候差异显著的时期。基于以上因素，实验中黄河三角洲和辽河三角洲的遥感数据源分别采用 1997 年 5 月份的 LandSat TM 影像和 1996 年 7 月份的 LandSat TM 影像。

为了提高解译的精度，TM 影像应进行一定的处理，如辐射校正、几何校正、图像增强（分割、分类、镶嵌、复合等）。实验中所获取的 TM 影像磁带信息，已完成了辐射校正、几何校正，与地形图有较好的吻合，因而计算机处理工作的重点是图像增强。陆地卫星 TM 获取的湿地光谱信息，尽管用肉眼很难从图像上识别某些湿地类型之间的光谱差异，但是差异确实存在。大量实验已经证实不同湿地类型之间的波谱特征也有所差异。对于不同的湿地类型，波谱特征在中红外波段差异较大，因此该实验利用这一特点在中红外波段 TM_5（$1.55 \sim 1.75\mu m$）作拉伸处理，以达到识别不同湿地类型的目的。

在正式判读解译卫片之前，先结合非遥感信息源（各种统计资料）和 GPS 接收仪进行判读训练。首先依据土地利用图片资料在卫片上选取一条踏察线路（尽量让沿线湿地类型丰富），并沿线在各种不同湿地区选取观察点，确定各点坐标，然后利用 GPS 定位仪在野外对各选择点进行定位考察，确定其湿地类型、地物景观状况，并作好记录，结合影像上对应点判读，分析各湿地类型的图谱特征，建立相应的解译标志。解译标志的类别主要包括：颜色、灰度、斑块形状、纹理特征等。通过 GPS 野外跟踪考察，建立的黄河三角洲和辽河三角洲各湿地类型的解译标志包括图像灰度、分布位置、组合特点等不可缺少的判定依据。依据解译标志，在计算机上使用 CorelDraw 软件分层提取不同类型的湿地信息，此操作过程中不同的湿地类型存储于不同的层中，并赋予不同的属性码，以便于在 GIS 软件 Arcinfo 下处理，画图时斑块状地物、宽大的河流用多边形圈定，小河流和支渠等线状地物用直线或曲线标定。为了保证精确度，绘图时影像的放大倍数不得小于 800%，局部范围需放大到 4000%。

各类地物描绘完毕，转换为 Arcinfo 数据进行分层（分类）信息统计与提取。首先通过几何配准进行坐标转换，使 Arcinfo 数据的坐标系统与研究区地形图上的坐标系统完全一致。几何配准时，控制点的选取应尽量准确无误；数据转换完毕，在 Arcinfo 环境下进行编辑，修改各图层中的错误，建立拓扑关系，统计各类湿地的面积。由于 GIS 软件 ArcView 能方便、可视化地处理 Arcinfo 下的数据，因此实验最终数据汇总与处理分析及图形输出采用 ArcView 软件平台。统计黄河三角洲和辽河三角洲湿地资源数据并输出各类湿地资源分布状况图。

在湿地信息提取和转换、处理、统计过程中，各湿地类型是分图层进行的，这样不仅便于对湿地资源按类型进行统计和对比分析，而且也便于制作湿地类型分布图和各种专题图，每一图层在 Arcinfo 中为一图层（Coverage），在 ArcView 中为一专题（Theme），各图层输入 ArcView 中之后，通过定义比例尺、调配各湿地类型的颜色、线条和选择合适的图例等工作，便可生成各种类型的打印图（Layout），对之进行适当的地图整饰之后可直接由打印机或绘图仪输出，在此过程中每个湿地类型可单层输出，又可叠合在一起综合输出，图形修饰可由制作者根据地图学和读者习惯随意调整，当然可以是黑白的也可以是彩图。这对于湿地资源组成、分布、统计以及演示十分便利。

实验中为了考察上述技术流程所统计的湿地资源的准确性和数据精度，运用 GPS 接收仪进行野外抽样定点观测，来验证实验结果，同时进行统计分析，检验实验所获取的数据的准确程度。野外考察主要为验证所解译湿地类型的准确性，在每一个采样点记录实地的湿地类型和所处的经纬坐标，同时判断所解译的湿地类型是否正确。考察完毕后，统计所有数据的准确程度。

在此基础上分别对两个三角洲资源特征动态演化及资源评价进行了对比分析。

6.5.5 景观可视化技术

可视化（Visualization）是指在人脑中形成对某物（某人）的图像，是一个心智处理过程（Mental Process），促进对事物的观察力及建立概念等（Wood et al.，1994；Visvalingam，1994）。

科学计算可视化（Visualization in Scientific Computing）是通过研制计算机工具、技术和系统，把实验或数值计算获得的大量抽象数据转换为人的视觉可以直接感受的计算机图形图像。科学计算可视化技术目前的研究方向有：体可视化、流场（二维、三维矢量场和流面技术）、可视化的人机交互、数据建模、并行处理、实时动态处理技术和虚拟现实技术等等（浙江大学 CAD&CG 年报，1995；潘志庚，1997）。科学计算可视化软件系统比较有代表性的有：（1）AVS——Application Visualization System，由 Advanced Visual System 公司开发；（2）DX——Visualization Data Explorer，属于 IBM 公司；（3）IE——IRIS Explorer，原属于 SGI 公司，1995 年后，由 Numerical Algorithms Group 公司支持；（4）Vis—5D——Visualization of 5—Dimensional Data Sets，由美国 Wisconsin 大学空间科学与工程中心开发。上述系统在医学、空间科学、军事、海洋学、地质学、生物学、人类学与考古学等领域得到广泛的应用。

科学计算可视化有很广泛的应用领域，在地学领域则表现为对地学信息的可视化。近年来，由于科学计算可视化的发展和影响，地学专家对可视化在地学中的地位和作用，进行了比较深入的讨论，提出了地图可视化、地理可视化、GIS 的可视化、地学多维图解等概念，其研究框架如图 6-4 所示。

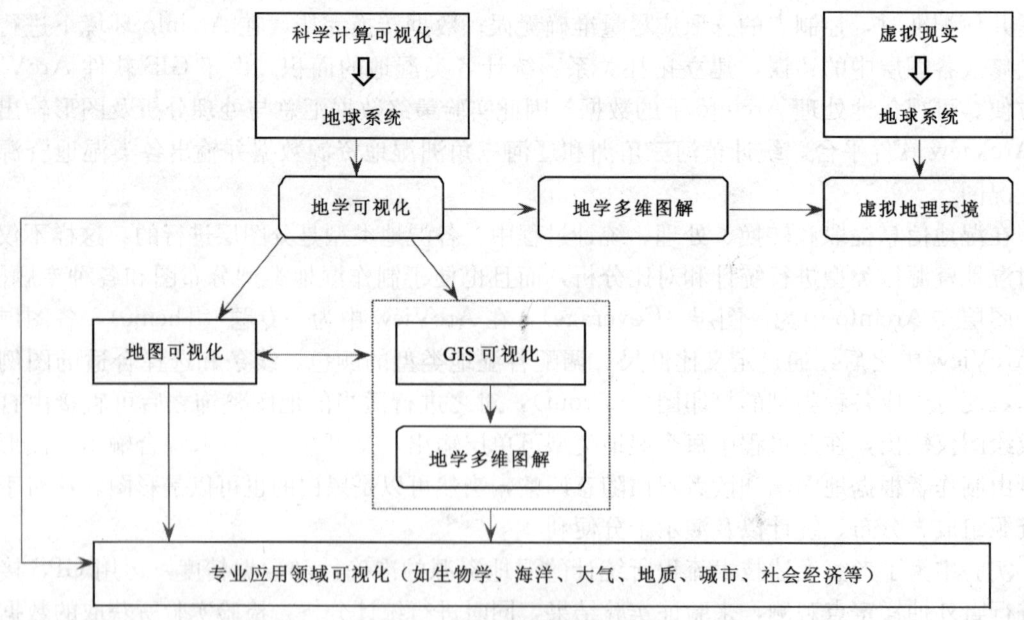

图 6-4 地学可视化研究框架

以计算机科学为基础的地学可视化与科学可视化学科有较大程度的叠合与交叉，但并不能互相替代，两者之间的相互联系、相互交流会促进两学科的共同发展。地学可视化包括地图可视化、地理信息系统（GIS）的可视化及其专业应用领域可视化如景观可视化、海洋可视化、大气可视化、地质可视化、社会经济可视化等。GIS的可视化属于地理可视化，是地理可视化的代表。地学可视化可从地图可视化和GIS可视化两方面进行理论和技术的研究。地学多维图解是GIS可视化研究的高级发展阶段。地图可视化中信息交流传输模型和地理空间认知决策分析模型的研究会促进地学多维图解模型的完善和进一步发展。

虚拟现实技术是计算机硬件、软件、传感、人工智能、心理学及地理科学发展的结晶。它是通过计算机生成一个逼真的环境世界，人可以与此虚拟的现实环境进行交互的技术。从本质上讲，虚拟现实技术（VR）是一种崭新的人机交互界面，是物理现实的仿真。它的出现彻底改变了用户和系统的交互方式，创造了一种完全的、令人信服的幻想式环境，人们不但可以进入计算机所产生的虚拟世界，而且可以通过视觉、听觉、触觉，甚至嗅觉和味觉多维地与该世界沟通。这是一种具有巨大意义和潜力的技术，正在迅速的发展之中。

近年来，随着科学技术的进步和计算机硬件的发展，基于GIS的3D景观可视化已经成为景观生态学研究的一个热点，主要用于对自然资源的可视影响评价；通过对景观的模拟与可视，可提高管理者对景观时空动态变化的认识以及公众对规划和设计的参与。

计算机可视方法从简单的3D透视图发展到虚拟现实（VR），可视化软件开发语言也从一般的单机程序语言C，Visual C++，Pascal等发展到网络的程序语言Java、Visual J++、VRML等等；可视化的应用从侧重于静态的地表矿体、油田等陆地系统到具有动态特征的生物学、海洋、大气、环境污染与变化、城市社会系统等领域。近年来，科学研究团体发展了许多不同的可视化工具，它们中的大多数很容易从Internet中获得。这些软件的发展趋势都是基于正在执行的项目和对森林景观可视化有很多专业能力，它们的典型特征主要包括：

对3D物体的渲染；

运用公众域技术（如MPEG），对3D飞行的支持；

对影像元素能力的一些支持；

对虚拟现实模拟语言（VRML）的支持；

这些软件的主要区别是在林分与景观两个尺度水平上的可视化。

目前，对景观（Landscape）的可视化，主要有如下四类可视化技术。

1. 几何模型设计

几何模型建立的是个体（或组件）特征的3D几何模型，如树、地面、植物、道路等单个3D对象的装配以创建森林林分或景观视图，描述装配模型的景观通过被渲染从一个视点产生特定的景观透过图。

2. 图像成像

图像成像是运用“cut-and-paste”或“paint”数码图像以表征景观变化的一种计算机技术，这种方法产生高质量的可视化输出，但是它的创建过程带有强烈的艺术及主观色彩，在许多情况下PC软件（如Adobe Photoshop）被用来操作这些图像。

3. 几何图像成像

几何图像成像是图像成像与几何模型设计相结合的一种综合方法，主要是在 GIS 下执行。Berris（1992）阐述了在森林景观可视化中运用该方法的可能性，但主要的困难在于由 GIS 系统产生的 3D 透视框架和带有地理参考图像配准的精确度。

4. 遥感图像三维可视化

遥感图像三维可视化是以数字地形模型（DTM）数据为基础，套合同一地区二维遥感图像，并标识文字、符号组合而成。遥感图像是描述地区的真实写照，能够真实逼真地反映描述地区的地形、地势和地貌。另外，这种图像覆盖技术还能够对所描述地区的植被格局在景观尺度上实现可视化。

5. 应用实例

（1）林分（Stand）或样地（Plot）尺度上的可视化

林分（或样地）尺度的可视化主要是用来显示收获单位布局或对特定林分的处理。有许多可视化软件可用来产生样地或林分水平上的可视化。目前，SVS 是一个理想的对样地数据（物种、高、颜色、密度、冠幅特征、树叶特征）进行可视化的系统。SVS 产生 3D 图像来描述由一系列个体（如树、灌丛）代表的林分状况，能帮助管理者对森林进行经营和管理（图 6-5）。关于该软件的具体使用方法请参阅帮助文件。

（2）卫星遥感影像三维可视化

当今国际上主流的遥感（RS）图像处理和地理信息系统（GIS）商业软件 ARCGIS、ERDAS Imaging、PCI、Ermapper、Titan GIS Scanin 和 Intergraph MGE 中均含有进行三维可视化处理的功能模块。下面以丰林自然保护区为例，简要介绍一下如何运用卫星遥感影像进行三维可视化的过程。

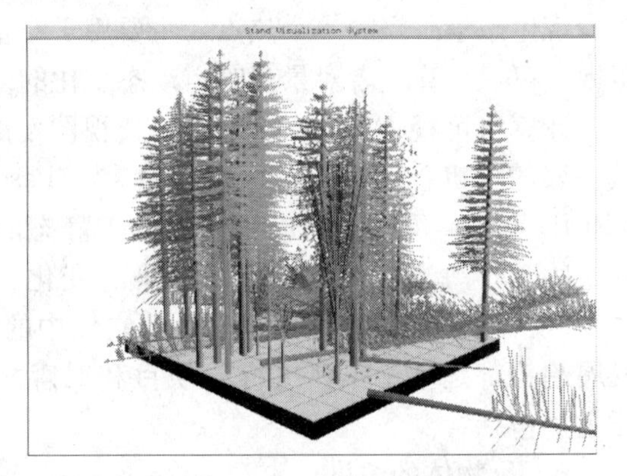

图 6-5　林分水平的可视化图像

三维高程数据生成　等高线是通过在 R2V 中手扶跟踪扫描的地形图，分别对每个区进行数字化，当各区数字化工作完成后，在 ARC/INFO 中对各区矢量数据进行合并。首先，用 Generate 命令将 R2V 采集的各区等高线或高程点矢量数据转化成 Coverage 格式；再利用 Append 命令将转化来的几个 Coverage 连接合并成一个 Coverage；合并后，结点出现冗余，用 Matchnode 将所有在指定容限值内的所有结点捕捉到一个共同位置，并用 Renode 命令统一内部标识号，为空间上一致的结点赋予同一个内部号；由于 Matchnode 操作使空间数据发生了变化，必须用 Build 命令重建拓扑关系，其中 Feature 的选择依据高程矢量数据内容而定，如若是等高线，Feature 是 Line，若是高程点，Feature 是 Point。分区矢量数据合并命令流程图见图 6-6。

DEM 模型生成　DEM 和 TIN 是 DTM 的两种特殊表现方式。DEM 中高程点是由规则的格网构成，存储为栅格文件，其中每个格网包含它的高程值。TIN 中高程点是以不规则的三角网形式出现，精度高，但处理速度慢。在 ARC/INFO 中利用 GRID 模块或 ArcMap 的 Spatial analysis 模块可由等高线或高程点生成 DEM（图 6-7），对于现成 TIN 数据，也可转换成 DEM。

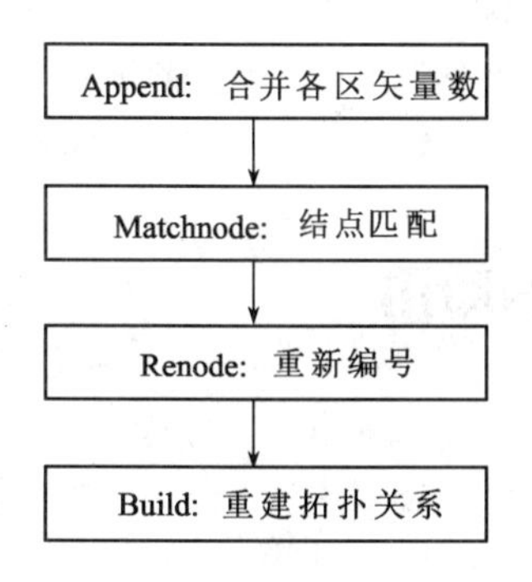

图 6-6　分区矢量数据合并命令流程图

图 6-7　丰林 DEM 模型的灰度表示

（3）遥感图像三维可视化

遥感图像三维可视化是以高程表面模型（DEM）为基础，然后按照工作需要在 DEM 上覆盖遥感图像、地理要素和文字符号标注等多种数据，生成三维地形影像。可视化数据包括图像栅格数据、地理要素矢量数据和文字符号标注数据等多种类型数据，它们的集成套合是以地理坐标为组织基础。若想将这些数据集成套合成三维地形影像，必须做到不同数据间的坐标配准，目的是将不同来源的同一地区的图像、地理要素和文字符号等数据转换到同一坐标系中。本例中是以地形图的地理坐标作为配准参考，其他数据均需转换到地形图所在的坐标系中。由前面的处理可知，DEM 是由地形图上数字化得来的等高线或高程点生成，因此，DEM 已实现了与地形图的坐标配准。遥感图像的来源渠道很多，坐标信息也千变万化，可通过图像—地形图间的几何校正实现配准，如果地形图和图像都是真实的大地坐标，配准可通过坐标转换实现，以上的几何校正和坐标转换可由遥感图像处理软件 ERDAS Imagine、PCI 等实现。地理要素和标注均是依据地形图内容而进行的特征数字化或文字符号注记，与地形图存在同一坐标系中，无需再次配准。图 6-8 所示为丰林三维地形影像，该影像由数字高程模型（DEM）、遥感栅格影像在 ArcScene 中叠加形成。

图 6-8　丰林三维地形影像

6. 问题讨论

由上已完全可见景观可视化的重要意义。既表达了专业的信息，又模拟了自然景观的特点，它本身是共享的、协同的、分布的。

世界是不能试验的，大的环境工程不能试验。甚至小到一个雕塑、一个零件，进而一栋房屋，一项工程，大而言之一场战争，其实际运作需要很多时间和经费，而且大型的过程无法重新进行，现在可能通过在虚拟现实中进行模拟和实验，找出最佳方案。景观可视化对未来景观的规划具有重要的意义，VR 技术使用前景是无可估量的，它是影响整个 21 世纪及未来的信息技术。

6.6 景观生态学的应用

6.6.1 景观生态规划与设计的内涵和特点

6.6.1.1 景观生态规划

1. 概念及内涵

不同学者对景观生态规划的理解不同，正如哈佛大学环境设计院 Carl 教授指出的，景观规划是多学科的，由于政治、经济、文化和地理的多样性，导致景观规划的结构和内容多样。目前比较认可的景观生态规划的含义是应用景观生态学原理及其他相关学科的知识，通过研究景观格局与生态过程以及人类活动与景观的相互作用，在景观生态分析、综合与评价的基础上，提出景观最优利用方案和对策及建议。其内涵包括如下几点：

(1) 它涉及景观生态学、生态经济学、人类生态学、地理学以及社会政策法律等相关学科的知识，具有高度综合性；

(2) 它建立在充分理解景观与自然环境特性、生态过程及其与人类活动关系的基础上；

(3) 通过协调景观内部结构与生态过程及人与自然的关系，正确处理生产与生态、资源开发与保护、经济发展与环境质量的关系，进而改善景观生态系统的整体功能，达到人与自然的和谐；

(4) 规划强调立足于当地自然资源与社会经济的潜力，形成区域生态环境功能与社会经济功能的互补与协调，同时考虑区域乃至全球的环境，而不是建立封闭的景观生态系统；

(5) 它侧重于土地利用与土地覆盖格局的空间与科学合理配置；

(6) 它不仅协调自然过程，还协调文化和社会经济过程。

2. 目的与任务

景观规划的目的主要是通过对景观及景观要素组结构和空间格局的现状及其动态变化过程和趋势进行分析和预测，确定景观结构和空间格局管理、维护、恢复和建设的目标，制定以保持和提高景观和景观多重价值，维护景观稳定性、生态过程连续性和景观安全为核心的景观经营管理与建设规划，并通过指导规划的实施，实现景观的可持续利用。具体任务主要有以下几点：

(1) 分析景观组成结构和空间格局现状；

(2) 发现制约景观稳定性、生产力和可持续性的主要因素；

(3) 确定景观最佳组成结构；

(4) 确定景观空间结构和科学合理的景观格局；

(5) 提出景观结构和空间格局进行调整、恢复、建设和管理的技术措施；

(6) 提出实现景观管理和建设目标的资金、政策和其他外部环境保障。

6.6.1.2　景观生态设计

1. 概念及内涵

虽然生态设计已不是一个新鲜的词语，却没有一个明确的被普遍接受和认可的概念，不同的学者对此有不同的认识。有的学者认为，“任何与生态过程相协调，尽量使其对环境的破坏影响达到最小的设计形式都称为生态设计”，“景观设计从本质上说就应该对土地和户外空间的生态设计，生态原理是景观设计学（Landscape Architecture）的核心”。而有的学者认为，“‘生态设计’无论从‘生态学’角度，还是从‘人类生态学’、‘环境生态学’的角度，或者从常规设计原则讲，都是不科学，也就是不正确的。正确的称为‘生态补偿设计’”；“减少负干扰的设计就是具有生态学意义的设计，而减少负干扰的过程，就是人类对自然环境的补偿过程，比之常规设计。能减少负干扰的设计我们称之为“生态补偿设计”。

所谓景观生态设计，是以现代景观生态学为理论基础和依据，通过一系列景观生态设计手法营建生态功能、美学功能和游憩功能的良好景观格局，满足人们休闲游憩活动的同时，实现人与自然的和谐相处以及人类社会发展的可持续。从而提高人居环境质量的景观设计，景观生态设计强调人与整个自然界的相互依存和相互作用，维护人类与地球生态系统的和谐关系，其最直接的目的是资源的永续利用和环境的可持续发展，最根本目的是人类社会的可持续发展。

2. 景观设计的生态理念

(1) 生态恢复与促进

生态系统具有很强的自我恢复能力和逆向演替机制，但是，目前很多自然生态系统除了受到自然因素的干扰之外，还受到剧烈的人为干扰。并且，今天的设计师面对的基础越来越多的是那些看来毫无价值的废弃地、垃圾场或其他被人类生产破坏了的区域。用景观的方式修复场地，促进场地各系统的良性发展成了当代景观设计师尤其是具有很强社会责任感的设计师的一大责任。他们面对那些满目疮痍的场地时，首先考虑的问题是如何进行生态的恢复；如何通过景观设计的方法促进场地生态系统的完善。

(2) 生态补偿与适应

工业时代的景观消耗了大量的非可再生资源，面对日益减少的自然资源和伤痕累累的环境，景观设计师们也开始将自己的使命与整个地球生态系统联系起来，探索更适宜又可减少环境影响的设计手法和景观元素，以此来补偿人类对自然所犯的“罪恶”，科学技术的发展满足了这些设计师的愿望，现在，他们已经通过各种手段减少对非可再生资源的消耗。并开始利用太阳能，风能等自然的力量来维持环境对能量的需求，从而适应现代生态环境的需要。

(3) 保护性生态景观设计

对区域的生态因子和物种生态关系进行科学的分析研究，通过合理的景观设计，最大限度减少对原有自然环境的破坏，以保护良好的原生生态系统。设计人员利用生态设计方法减少人为干扰因素，保护基地内的自然生态环境与生态系统，使其更加健康可持续发展。

6.6.1.3　景观生态规划与设计的关系

景观生态规划与景观生态设计以及景观生态管理构成了景观生态建设（肖笃宁和李晓文，1998），属于景观生态学的应用研究，它们在国土整治、资源开发、土地利用、生物生产、自然保护、城乡建设以及旅游开发等领域发挥了重要作用。从国内外景观生态规划与设计的实践来看，内容不尽相同。景观生态设计更多地从具体的工程或具体的生态技术配置景观生态系统，着眼范围较小，往往是一个居住小区、一个流域、各类公园和休闲区域的设计；而景观生态规划则从较大尺度上对原有景观要素的优化组合以及重新配置或引入新的成分，调整或构建新的景观格局及功能区域，使整体功能最优。景观生态规划强调从空间上对景观结构的规划，具有地理学中区划研究的性质，通过景观结构的区别，构建不同功能区域，而景观生态设计强调对功能区域的具体设计，由生态性质入手，选择其理想的利用方式和方向。

6.6.2 景观生态规划与设计的原则

6.6.2.1 景观生态规划原则

1. 自然优先原则

保护自然景观资源和维持自然景观生态过程及功能，是保护生物多样性及合理开发利用资源的前提。自然景观资源包括原始自然保留地、历史文化遗迹、森林、湖泊以及大的植被斑块等，它们对保持区域基本的生态过程和生命支持系统及生物多样性保护具有重要意义，因此应优先考虑。

2. 持续性原则

景观生态规划的持续性以可持续发展为基础，立足于景观资源的持续利用和生态环境的改善，保证社会经济的持续发展。

3. 针对性原则

针对不同地区景观的不同结构、格局和生态过程，以及不同的规划目的，选择不同的规划手段和方法。如针对维护城市绿化环境的城市规划、为维护农村农业合理结构的农业规划以及保护生物多样性为目的的自然保护区规划等。因此，在开展具体景观规划时，应该针对规划目标及内容，采取不同的规划方法。

4. 多样性原则

多样性是指一个特定系统中环境资源的变异性和复杂性。景观多样性是描述生态镶嵌式结构拼块的复杂性、多样性，包括斑块多样性、类型多样性和格局多样性（傅伯杰，1996）。因此，在景观规划过程中要充分考虑维持合理的景观多样性，才能使景观更加稳定和可持续。

5. 综合性原则

景观生态规划是一项综合性很强的工作。其一，景观生态规划基于对景观的起源、现状、变化机制的理解，对它们的分析不是某单一学科能解决的，也不是某一专业人员能完全理解景观内在的复杂关系并做出合理的决策。景观生态规划需要多学科合作，包括景观规划者、土地和水资源规划者、景观建筑师、生态学家、土壤学家、森林学家、地理学家等。其二，景观生态规划是对景观进行有目的的调整，调整的依据是内在的景观结构、景观过程、社会—经济条件以及人类价值观。这就要求在全面和综合分析景观自然条件的基础上，同时考虑社会经济条件、经济发展战略和人口问题，还要进行规划方案实施后的环境影响评价，只有这样，才能增强规划成果的科学性和应用性。

6.6.2.2 景观生态设计的原则

景观生态设计不仅仅是保护场地、利用可再生资源、种植绿色植物等手法的简单叠加，而是通过这些手法为日益枯竭的资源和衰败的环境寻找新的发展平台，景观设计师在生态设计中将自己要做的作品放在整个地球生态系统中来考虑，以能促进地球生态系统的进一步完善为使命。具体原则如下：

1. 4R 原则

"4R" 即 Reduce，Reuse、Recycle 和 Renewable 四个原则。"Reduce"，主要是指减少对各种资源尤其是不可再生资源的使用；"Reuse"，是指在符合工程要求的情况下对基地原有的景观元素进行再利用；"Recycle"，主要指建立回收系统，充分考虑和利用可回收材料和资源；"Renewable"，主要指利用可再生资源、可回收材料。

2. 自然优先原则

自然元素及生态系统有它的演变和更新的规律，同时具有很强的自我维持和自我恢复能力，景观生态设计要充分利用自然的能动性使其维持自我更新，减少人类对自然影响的同时，使之增加生态效益。同时，设计应当从了解周围环境开始。一个适合场地的园林生态设计，必须先考虑当地整体环境和地域文化所给予的启示，因地制宜地结合当地生物气候、地形地貌进行设计，充分使用当地建材和植物材料，尽可能保护和利用地方性物种，保证场地和谐的环境特征与生物多样性。

3. 最小干预最大促进原则

所谓最小干预最大促进原则是指通过最少的外界干预手段达到最佳的视觉及景观效果。景观设计总是在一定的场地上进行的，人类的活动对自然环境会产生一定的干扰，生态的设计会把干扰降到最低并且努力通过设计的手段促进自然生态系统的物质循环和能量利用，维护本底的自然过程与原有生态格局，促进区域生态系统的健康发展，即：最小干预最大促进。

图 6-9　秦皇岛汤河公园绿林中的红飘带

以秦皇岛汤河公园为例，绿林中的红飘带（图 6-9），最少的人为干预，最大的城市化效果。该案例展示了城市绿地设计和建设中，如何利用原有场地资源，用最少的设计，最简单、经济的人工干扰，来创造一个真正节约的城市绿地，为该区域居民提供最多最好的生态服务。这个案例试图说明如何在城市化过程中保留自然河流的绿色与蓝色基底，最少量地改变原有地形和植被以及历史遗留的人文痕迹，同时满足城区居民的休闲活动需要，创造一种当代人的景观体验空间。在完全保留原有河流生态廊道的绿色基底上，引入一条以钢为材料的红色飘带，使之达到了自然、生态、健康、和谐及灵动的景观效果。

6.6.3　景观生态学应用实例分析

6.6.3.1　实例一：城市绿化景观规划与设计

1. 景观生态基本原理在城市绿化中的应用

（1）斑块

以斑块的大小、形状及边缘效应等理论应用于城市园林中点与重点面的规划，主要寻求城市中点及主要专用绿化（面）的布置、大小、形式的生态效应及其相互关系，为城市绿地系统规划中公园、广场、小游园的定位、定规和定形提供生态学依据。

城市景观是一个高度人工化的景观，其中的建筑物斑块及廊道占优势，绿地斑块及廊道少，产生了严重失衡的现象。因而在城市景观结构中应增加绿地廊道及绿地斑块，根据城市现状确定绿地斑块的最佳位置与最佳面积，尽量使其均匀分布于城市景观格局中。同时设计中应放弃过于强调视觉差的景观设计，提倡因地制宜，根据生态学原理兼顾美学特性，以本地种为主，实行乔、灌、藤、草立体配置，充分利用空间资源，提高绿地自然度，形成稳定协调的城市绿地生态系统，以利于抵抗不良因素的干扰，从而体现城市景观中人与动物、植物的控制共生。

在城市大园林规划中，我们应把城区内各种“生境岛”（城市内分散的园林相当于被城市海洋包围的“生境岛”）看作大园林的有机组成部分，利用岛屿地理学原理在城市“生境岛”之间以及与城外自然环境之间修建绿色廊道，形成城市园林网络，把自然引入城市，不仅给生物提供更多的栖息地，而且利于野生动植物的迁移。从景观生态学角度看，大型植被斑块具有更多的生态功能，能为整体景观的改善和可持续发展提供更多条件；小的植被斑块可以作为物种迁徙的歇脚地，保护与规划分散的稀有种类和小生境有利于提高景观的异质性，所以小斑块是大斑块的补充，但不能取而代之，应将二者有机地结合起来，并科学设计廊道，使之通过廊道连接起来，使城市生态系统的能量流动和物质循环更加顺畅。

（2）廊道

许多研究表明，对于带状道，因为带宽较宽，包含一个由丰富的内部生物种所组成的中心环境，而且其内部种、边缘种的多样性格局随廊道宽度不同而变化，这对城市绿地系统绿廊设计有重要的参考价值，为城市道路、滨河等线状地带提供科学依据，包括线状绿地形式、树种选择、线与面的生态制约与支持关系等。

在城市景观中，廊道既是各种流的通道（人口流、物质流、能量流、资金流、信息流等都通过廊道穿梭于城市与外围腹地以及城市内各节点和斑块之间，维持整个城市的功能），又是造成景观破碎的原因和前提，同时还是决定城市景观轮廓的主要原因，可以认为，城市廊道的发展引导整个城市景观格局的发展。城市的廊道可分为 3 种：绿道、蓝道和灰道。

绿道是以植物绿化为主的线状要素，如街道绿化带、环城防护林带、滨水河岸植被带等。绿色廊道的植物配置应以乡土植物为主，兼顾观赏性，以地带性植被类型为设计依据，保持自然的本底。绿色廊道要有一定的宽度，才能防止外来物种的入侵。一般而言，河岸植被带的宽度在 30m 以上时就能有效地降低温度，提高生境多样性，控制水土流失，保护生物多样性；道路绿化带宽度在 60m 宽时，可满足动植物迁移和传播以及生物多样性保护的功能。蓝道主要是城市中各种河流、海岸等；灰道指那些人工味十足的街道、公路、铁路等。灰道直接反映城市的外貌形象，也是构成城市风貌特色的基础。因此，不同道路应当体现不同品味与不同主题，如历史特色、文化连续性以及现代化发展内涵等。

（3）本底

在景观要素中本底是占面积最大、连接度最强、对景观控制作用也最强的景观要素。孔性和连通性是本底的重要结构特征。

由于现代城市特别是特大城市包括了其周围的郊区，将市区与郊区进行整体规划是城市生态建设的主要内容。要根据景观生态学原理和方法，合理地对城郊景观空间结构进行规划，使廊道、斑块及基质等景观要素的数量及其空间分布合理，使市区内、郊区内及市郊之间的信息流、物质流与能量流循环畅通，既要使城郊景观符合生态学原理，又具有一定景观美学价值。

2. 东北地区绿化植被景观改进与设计

（1）东北地区植被景观存在的问题

① 目前运用的植物种类较少

目前东北地区应用于城市绿化的乔灌草品种不足百种，主要应用的物种也就 30 多种，相比该区域植物种类显得少而单调。这主要是由于自然因素造成的，冬季气温低，除常绿树种，一般植物绿期较短，每年近 4 个月时间难以见到绿色，这是寒区城市环境设计中的不利因素。东北地区地处北温带，属受季风影响的大陆性气候，四季分明，冬季寒冷漫长，据记载，能反映东北地带性的园林植物种类达 600 多种。因此挖掘和应用东北地区的本地物种，引种本地带范围内及国外相近似气候区的植物是主要改进措施之一。

② 秋冬季植物形态较差

除受气候影响外，还有一部分是人为因素造成的。行政决策者对植物种植产生的影响，将南方种植效果好的树种盲目引种到北方，没有考虑地方气候特点，造成大量浪费。科研机构方面，彩叶树及姿态较好的树种育苗较少，苗圃中常见种苗只有 40 余种。

（2）植物配置的原则

植物配置的原则主要是适地适树原则，以发挥不同绿化物种的最大生态效果。从人工种植、景观效果两个角度考虑，在选择树种时应调查应用区域的生态环境，做到适地适树；但一些重要的景区景点，为美观需求要选择一些基本上适应本地条件的树种进行人工驯化种植。在树种搭配上、群落组合上也要考虑适地适树，每一组合都要按照艺术原理，符合美学上的需求，不适应的树种不能搭配，美观上的设计与植物的生态要求需要有机地结合起来。树种的选择应能够反映本地区的地方特色和历史文化传统，每一城市都有各自的植物群落，如内蒙古应体现温带草原的特色，疏林草地，因此植物配置应结合草原景观和当地特有树种，如蒙古栎、蒙古扁桃、锦鸡儿等。

配置形式多样化的原则：高大通直的树形能在空间中产生垂直感，可作为其他景物的背景树。低矮和开阔的树形使设计构图产生一种宽阔感和外延感，可作为不同形体景物的调和树种。造型奇特的树木中作为孤植树，放在突出的位置上，构成独特的景观效果。结合列植、群植等多种配置形式，以弥补寒地植物种类的不同。植物的平面配置上应点、线、面结合，立体配置上应上、中、下相结合，还可结合其他景观要素等进行设计。

植物立体化设计的原则：推广乔灌草相结合的复层绿地结构，发展停车场绿化、屋顶绿化及立体绿化，增加城市绿量。北京市对绿量计算采用的是叶面积的总量，单位为 m^2。就不同植物的合理运用从功能角度给出参考数据，提出了乔灌草配置的适宜比例为 1∶6∶20。即在 $29m^2$ 的绿地上应设计 1 株乔木、6 株灌木（不含绿篱）、$20m^2$ 草坪，可以借鉴运用于东北地区的绿化配置。

（3）东北地区绿化植被景观改进的方法

① 运用景观生态学原理进行植物筛选

植物群落的确定：东北地区有着良好的天然植被，通过对东北地区的植被情况进行调查，确定在当地的自然条件下比较稳定的植物群落的结构，此方法不同于以往的绿化植物筛选，主要是筛选适宜的植物群落，针对破坏较为严重区域可以更加有效达到生态恢复的效果。

群落不同物种的重要值分布：分别从密度、频度和优势度三个角度研究植物的数量特征，尤其是重要值则可以反映出该种植物在整个群落中的地位和作用。

群落多样性：通过物种丰富度、均匀度以及物种多样性指数评价各群落多样性水平。

植物配置：通过上面植物群落的确定和群落植物中重要值的计算，可以确定在东北地区可以正常生长的主要植物名单；通过群落多样性的各种指标的计算可以进行不同层次群落物种多样性和不同群落间物种多样性的比较，进而得出结构良好、多样性丰富的群落结构以及主要物种，并提出最佳植物配置模式。

② 从景观生态学出发，构建植物景观

不同面积和形状的绿地中物种数量的确定：在景观规划设计中，针对不同的景观要素有不同的面积和形状。我们可以把绿地作为斑块进行处理。斑块的大小、形状以及破碎化程度对能量营养的分配特别是对物种多样性的影响是十分明显的。破碎化造成物种的灭绝，因此在破碎化程度比较大的地方的植物种类一定少。如果在设计中运用了过多的植物种类，在今后发展过程中也会生长不良甚至是死亡。大小和形状一定的斑块中生长的植物的种类大体上是一定的（由于环境条件的差异，也会出现一定的差异）。可以应用岛屿地理学理论在规划设计之初就需要确定植物种类的多少，一是避免在植物景观构建中造成不必要的浪费，二是避免在发展中景观的破败或是植物景观的单调。

不同绿地的植物配置：由于绿地的形状和大小不同造成了应用于绿地中的植物种类数量的不同，因此植物的配置也是不同的。给定一块绿地后，要根据绿地的形状和大小确定绿地中的植物种类数量。根据植物种类数量选择不同的植物群落结构，确定植物名称，同时一定要注意绿地的小环境。树种选出后根据群落结构和绿地的地形、地貌等进行合理布置。

6.6.3.2 实例二：保留与再利用的景观设计

对场地原有元素的保留和对原有材料的再利用作为一种生态的景观设计手法自20世纪70年代一直受设计师的青睐。20世纪70年代后随着工业时代向后工业时代的转变。出现了大量的工业废弃地。景观设计师面对曾经有过辉煌历史的工业元素，面对工业遗留的斑斑痕迹，并不是去掩盖和消灭，而是尊重场地现状，采用了保留、再利用及艺术加工等处理方式，取得了良好的景观效果。

1. 美国西雅图煤气厂公园设计

1972年Richard Haag主持设计的美国西雅图（Seattle）煤气厂公园（Gas Work Park）开历史之先河，首先应用了“保留、再生与利用”的设计手法。面对原煤气厂杂乱无章的各种工业废弃设备，Richard Haag因地制宜，充分尊重历史和基地原有自然及人文特征，把原来的煤气裂化塔、压缩塔和蒸汽机组保留下来，用以记录工厂发展的历史；并把压缩塔和蒸汽机组涂成红、黄、蓝、紫等不同颜色，用来供人们攀爬玩耍，实现了对原有元素的再利用（图6-10、图6-11）。

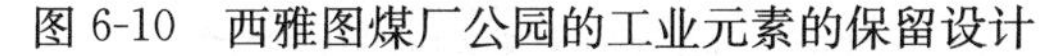

图 6-10　西雅图煤厂公园的工业元素的保留设计　　图 6-11　西雅图煤气公园的改良土壤的草地

2. 德国鲁尔工业园区—杜伊斯堡北部风景园

继西雅图煤气场公园改造成功后，德国鲁尔工业区众多工业废弃地的改造都应用了类似的生态设计手法，比较典型的是杜伊斯堡北部风景园（Duisburg Nord Landscaep Park）（图 6-12）、欣北星公园（Nordstern Park，Gelsenkirchen）。彼得·拉兹（Peter Latz）设计的杜伊斯堡北部风景园保留了原钢铁厂中的高炉等工业设施供游客安全地攀爬、眺望（图 6-13），废弃的高架铁路可改造成为公园中的游步道，并被处理为大地艺术的作品，工厂中的一些铁架可成为攀缘植物的支架，高高的混凝土墙体可成为攀岩训练场（图 6-13）（王向荣，2003；周曦，2003）。彼得·拉兹还对原址中遗留的钢轨、铁砖等材料进行了充分的再利用，铁砖块被拼成“金属广场（Piazza metallie）”（王晓俊，2000）。公园的处理方法不是努力掩饰这些破碎的景观，而是寻求对这些旧有的景观结构和要素的重新解释。

图 6-12　杜伊斯堡北部风景园全景

图 6-13　杜伊斯堡北部风景园攀岩场

该景观设计的成功之处在于它从未掩饰历史，任何地方都让人们去看、去感受，建筑及工程构筑物都作为工业时代的纪念物保留下来，经过设计它们不再是丑陋难看的废墟，而是如同风景园中的点缀物，供人们欣赏（图 6-14）。其次，从生态学设计理念出发，原工厂中的植被均得以保留，荒草也任其自由生长，真正体现了风景园的自然特性。工厂中原有的废弃材料也得到尽可能地利用。红砖磨碎后被用作红色混凝土的部分材料，厂区堆积的焦炭、矿渣也成为一些植物生长的介质或修路的材料（图 6-15），工厂遗留的大型铁板变成了广场的铺装材料。第三，水可以循环利用，污水被处理，雨水被收集，引至工厂中原有的冷却槽和沉淀池，经澄清过滤后，流入埃姆舍河。拉茨最大限度地保留了工厂的历史信息，利用原有的“废料”塑造公园的景观，从而最大限度地减少了对新材料的需求，减少了对生产材料所需能源的索取，真正实现了节能的设计理念。总体分析，本次设计拉茨将上述要素分成四个景观层：

（1）铁轨公园结合高架步道营建出了公园中的最高层，它像整个公园的脊柱一般，不仅仅是景区内部的散步通道，还建立了各个市区间的联系，增强了城市沟通，并且增添了开放性空间的功能。

（2）在公园的底层上是水景观层，利用以前的废水排放渠收集雨水，雨水引至工厂中原有的冷却槽和沉淀池，经澄清过滤后流入埃姆舍河。

（3）公园内各式各样的桥梁和四通八达的步行道一起构成的道路系统作为第三个层面。

（4）功能各异的使用区和构思独特的花园一起自成体系，在这一层面上游客可以充分体验独特的工业景观。这些层自成系统，各自独立而连续地存在，只在某些特定点上用一些要素如坡道、台阶、平台和花园将它们连接起来，获得视觉、功能和象征上的联系。

图 6-14　杜伊斯堡北部风景园旧设备

图 6-15　杜伊斯堡北部风景园一角

由于原有工厂设施复杂而庞大，为方便游人的使用与游览，公园用不同的色彩为不同的区域作了明确的标志：红色代表土地，灰色和锈色区域表示禁止进入的区域，蓝色表示开放区。公园以大量不同的方式提供了娱乐、体育和文化设施。独特的设计思想为杜伊斯堡风景公园带来颇具震撼力的景观，在绿色成荫和原有钢铁厂设备的背景中，摇滚乐队在炉渣堆上的露天剧场中高歌，游客在高炉上眺望，登山爱好者在混凝土墙体上攀登、市民在庞大的煤气罐改造成的游泳馆内锻炼娱乐，儿童在铁架与墙体间游戏，夜晚五光十色的灯光将巨大的工业设备映照得如同节日的游乐场。我们从公园今天的生机与十年前厂区的破败景象对比中，感受到杜伊斯堡风景公园的魅力，它启发人们对公园的含义与作用重新思考。

6.6.3.3　实例三：生态优先主导的景观设计

应用生态学原理进行设计就是要保护自然生态环境不受或尽量少受人类的干扰，因此对场地原有生态环境的保护是每个设计师都应该做到的。佐佐木事务所（Sasaki Associates）在美国查尔斯顿水滨公园（Charleston Waterfront Park）设计中成功地运用和发展了这一设计理念，设计师不仅保留而且扩大了公园沿河一侧的河漫滩，用以保护具有重要生态价值的沼泽区域，同时，为满足人们的亲水性，公园设计了一条 120m 长的平台步道，步道近端为一大钓鱼台（图 6-16）。

图 6-16　美国查尔斯顿水滨公园平台步道设计

彼得·沃克事务所（Peter Walker 和 Partners）在 IBM 索拉纳（IBM Solana）园区总体规划中，也提出了景观与环境优先的原则，并且在工程建设过程中力争使生态影响减小到最小程度，因此设计中保护了大片珍贵的草原与岗坡地等当地自然景观（王晓俊，2000）（图 6-17）。

图 6-17　IBM 索拉纳（IBM　Solana）园区总体景观

最具代表性的还应属中山岐江公园，面对保护古榕树和防洪的双重挑战，设计师根据河流动力学原理开渠成岛，保护了场地原有的古榕树，同时也满足了过洪断面的要求（俞孔坚，2003）（图 6-18）。

图 6-18　中山岐江公园古榕树保护景观设计

6.6.3.4 实例四：利用自然规律优化生态系统的景观设计

自然生态系统有它自身的演变规律，同时具有很强的自我维持、抗干扰以及自我恢复能力，利用自然的力量实现生态系统的恢复和再生，可以大大节约资源，并且减少废弃物的产生。四川成都府南河活水公园就利用了人工湿地系统处理污水，先抽取府南河水，注入400m^{3}的厌氧沉淀池、植物塘、植物床、养鱼塘、氧化沟等水净化系统，使之由浊变清，最终重返府南河。上海梦清园同样是借助自然规律实现生态系统优化的景观设计典范，不仅构建了一套生态净水系统，还设置了采集太阳能和风能的装置，为水泵提供部分动力，充分利用了自然规律（何均发，1999）。尊重自然发展过程，增强场地的自我维持机制，发展可持续的处理技术已成为当代景观设计中与生态理念相融合的又一科学范例。

尽管从外在表象看来，大多数的景观或多或少体现了绿色，但绿色的不一定是生态的，从生态的角度看，自然群落比人工群落更健康且更有生命力。一些设计师已经认识到了这一点，他们在设计中或者充分利用场地上原有的自然植被，或者建立一个框架，为自然演替及再生过程提供条件（王晓俊，2000）。俞孔坚教授在中山岐江公园设计中就运用了大量的当地乡土植物，如白茅、象草和莎草等，营建了具有地方特色的生态景观，在改善场地生态系统的同时，使公园的地域和文化氛围更加突出，充分体现了“野草之美”（图 6-19）（俞孔坚，2003）。美国西雅图煤气场公园的设计中，设计师没有把污染的土壤全部挖掉，而是在土壤中加入腐殖质以增加土壤肥力，并培植微生物和植物来促进土壤的恢复，大大改善了濒临危机的生态系统，为场地生态系统的自然再生提供了有利的条件。德国海尔布隆市砖瓦厂公园（Ziegeleipark，Heilbronm）中的挡土墙很好地保护着野生植物，保持着荒野的景象，自然的再生植被形成了与其他城市公园人造景观截然不同的景观（图 6-20）（王向荣，2003）。

图 6-19　中山岐江公园野草之美

图 6-20　德国海尔布隆市砖瓦厂公园挡土墙设计

6.6.3.5 实例五：综合应用实例分析：德国巴伐利亚州环保部新楼设计

德国巴伐利亚州环保部新楼位于奥古斯堡市南部，占地 5hm^2，它由三座东西向的长条形主楼组成，并在东西两侧与南北向的附楼相连接（图 6-21）。建筑由 Wimmer + Wimmer 事物所设计；外部环境由 Valentien + Valentien 事物所瓦伦汀教授主持设计。设计师们本着维护自然生态系统自身生态平衡的态度，没有对场地进行大规模的人为改造，而是从场地的自然客观条件出发，利用原有地形及植被，优先保护好原有的生境条件，如土质、土壤环境、日光照度等，避免大规模的土方改造，从而使该场地在最大限度保护好原有生境生态条件的前提下，创造出不同的小生境，形成丰富的植物群落景观。建成后新楼的外部景观极尽自然生态之美，不仅为人类提供了一个良好的外部空间，也为动物、植物提供了一个良好的栖息地。这是一个较典型的景观生态设计实例，以下从生态景观设计理念、地表水循环设计理念和植被设计理念等方面进行解析。

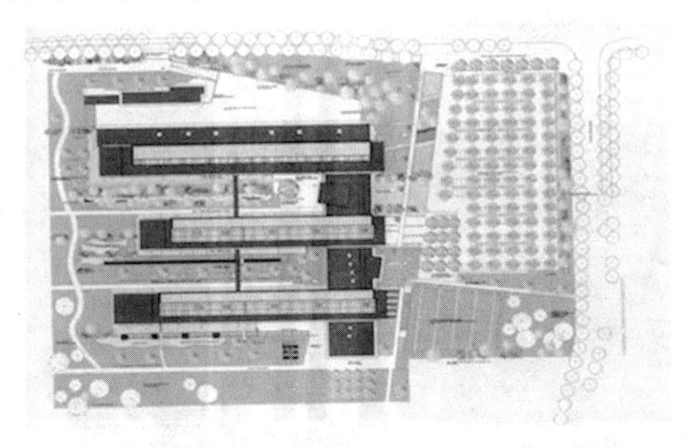

图 6-21　德国巴伐利亚州环保部新楼的外部景观环境平面图

1. 设计充分维护自然界本身的缓冲和调节功能

生态设计的关键之一，就是要把人类对环境的负面影响控制到最小程度。因为自然界在其漫长的演化过程中，形成一个自我调节系统，维持生态平衡。其中水、植被、土壤、小气候以及地形等生态因子在该系统中起决定性作用。因此在规划设计时，应该因地制宜，利用原有地形及植被，避免大规模的土方改造工程，尽量减少因施工对原有环境造成的负面影响。

在总体规划设计时，设计师把建筑用地控制在最小比例。只占总用地面积的 20%；另外 35%用作交通用地，其中一半是露天停车场和附属维修用地；其余约 45%为绿地。并且对 60%的屋顶进行绿化，使其发挥绿地功效，露天停车场种植高大的落叶乔木（0.45 乔木/车位）以降低地面温度。

对交通用地地面材料，则根据具体情况进行选择。地下水源可能产生污染的地段，如附属维修用地及主要车行道，采用硬质材料，通过地面排水管道系统向地下排送雨水，并且在排水管出口设置过滤装置，防止地面的油污污染地下水源。硬质地面面积仅占交通用地总面积的 20%左右，其余 60%为半硬质地面，15%为软质地面。

2. 设计为动植物创造出丰富多样的生境空间

在最大限度保护好原有生境条件的前提下，根据具体情况，创造出不同的小生境，丰富植物群落景观。设计师在有限的空间内共设计了 10 种不同的草地群落景观。运用碎石、卵石或块石矮墙来分隔组织空间，矮墙是用钢丝网加固定型、石料填充而成，极尽自然之美，其中空隙又能为昆虫、蜘蛛及小爬行动物提供一个良好的栖息空间。

3. 设计充分节约原材料，减少能源消耗

设计师经过合理分析和精确计算，使停车场面积比原定指标节省了 10%，在施工中尽量采取简单而高效的措施，多选用本地建筑材料，对施工过程中报废的材料进行分类筛选，既节省原材料，又能产生良好的艺术效果。例如，在主要出入口处，设计师利用报废的混凝土预制板，创作出类似中国山石盆景的园林小品，极具情趣。

在道路建设中，基层材料多采用土石方工程中挖出的碎石料。屋顶绿化中所用的土壤，一半来自于施工中挖出的表层土。总长约 1300m 的矮墙，其中 40%的卵石和碎石采自土石方工程，25%的矮墙材料是建筑施工中的废料，大约有 200m³。

在种植设计上，设计师更多地选择地带性乡土植物，使其形成一个生长良好而稳定的生态群落，大大减少了正常养护管理成本及工作量（如洒水、施肥等）。这部分绿地占总面积的 90%左右。

设计师合理利用雨水，使其作为主要的灌溉及水景资源，从而减少水资源浪费（图 6-22）。

图 6-22　德国巴伐利亚州环保部新楼的雨水收集设计

4. 地表水循环设计理念

充分利用天然降水，使其作为水景创作主要资源，尽量避免硬质材料作为地面铺装，最大限度地让雨水自然均匀地渗入地下，形成良好的地表水循环系统，以保护当地的地下水资源。该区 90%的屋面和 80%的地面排水是通过处理而均匀地渗入地下。

对硬质地面，如主要道路或水泥铺面，利用地面坡度和设置雨水渗透口使雨水均匀地渗入地下。对半硬质地面如镶草卵石、块石铺面，雨水直接渗入。而屋面雨水大部分（60%～70%）通过屋面绿化储存起来，经过蒸腾作用向大气散发，其余部分则经排水管系统向地面渗透或储存，并为水景创作提供主要的水源。

水景集中在三座主楼形成的院落之间，为了使其各具特色，设计师采用了不同的处理法，前提是水要取之于天然降水，这些水景的形式和容积是通过对屋面雨水的蓄积量计算来设计的。该建筑 2/3 的屋面进行了屋顶绿化，约有 30%的屋面雨水日常能保持在 600m³ 左右，这就为院落总水景设计提供了重要参数。

北边的院落，没有做水池或水渠，而是设计了一个容积为 370m³ 的雨水自然渗透系统，让屋面雨水自然而均匀地流入地面以形成一个半湿润的小生境，并配植桦木林灌丛，形成具有自然特色的院落景观。

设计师在中间院落设计了一个长约 100m 容积为 190m³ 的水渠，其间种植乡土草本植物和农家果树，具有浓郁的地方特色。在南边院落则设计了一组别具情趣的水池组合，每个水池的容积均为 90m³，其间由一个水池连接，且每个水池有高差变化，每当雨水充足时，可形成小瀑布景观，动静有致。在水池中还留有种植池，种植不同的水生植物（图 6-23）。

5. 植被设计理念

巴伐利亚州环保部的植被设计主要是根据场地不同的立地条件，选择乡土植物，构建形成多样的地带性植物群落景观。

（1）草地景观。该地区历史上典型的地带性植被为平坦的牧场草地。与之相适应，设计师根据立地条件，选择不同的乡土草种进行种植，形成主要的植被景观，其面积占整个绿化面积的 70%。在边缘地带，由于多为沙质土壤，土壤养分贫乏，故种植耐干旱或半干旱的草种。

图 6-23　德国巴伐利亚州环保新楼的地表水循环设计

建筑物附近，因土壤经过改良，并利用雨水渗透系统使其湿润，从而选择多花且喜湿的草种。在该区总共形成了 10 种不同的草地植物群落，它们的生长和演替情况将为环保部门的科研人员提供第一手资料。

（2）植被自然演替理念

10%的绿地保留了原有的地带性植被群落，对该区的设计理念是优先保护好原有的生境条件，如土质、土壤因子、日光照度，使原有群落演替进程不受施工影响照常进行。

设计师还巧妙地运用占地 $2000m^3$ 的太阳能储蓄池作为植被演替的试验场。由于储蓄池表面由不同的石质土组成（如花岗石、玄武岩、石灰石及砂石等），为植物生态学家提供了不同的耐干旱贫瘠等极端生境条件，便于选择特殊植物种类开展相关研究。

本 章 小 结

景观生态学是生态学的一个重要层次。通过本章的学习使学生理解景观生态学中如景观、尺度、格局等一些基本概念，掌握景观生态学的核心理论，并能够应用景观生态学的研究方法，利用 3S 技术及可视化技术等进行城市规划和建筑设计等实践。

思 考 题

6-1　景观生态学在建筑规划领域的指导作用有哪些？

6-2　思考尺度问题在景观生态学研究中的重要意义。

习　题

6-1　什么是景观和景观生态学?
6-2　景观生态学的研究对象。
6-3　简述景观生态学的基本理论包含哪几个方面。
6-4　简述岛屿生物地理学的基本理论。
6-5　景观三要素有哪些?
6-6　什么是斑块?有哪些类型?
6-7　什么是廊道?结构特征有哪些?
6-8　试论述景观的功能。
6-9　简述景观生态的几种研究方法。
6-10　简述景观生态规划与设计的内涵。
6-11　景观生态规划与设计应遵循哪些原则?

第 7 章　生态学原理在建筑学领域的应用

本章主要内容：

本章主要讲述生态学中的系统性原理、协调平衡原理、循环再生原理、生态位原理和物种多样性原理等在建筑学领域的应用和体现。通过对国内外经典建筑生态节能设计实践的分析，指出将生态学原理应用于建筑学，实现建筑与环境的协调与平衡，是未来建筑学发展的方向。

在建筑领域，20 世纪 60 年代，美籍意大利建筑师保罗·索勒瑞把生态学和建筑学两词合并，即生态建筑学。1969 年，美国著名风景建筑师麦克哈格所著《设计结合自然》一书出版，标志着生态建筑学的正式诞生。20 世纪 90 年代，可持续发展的思想融入到生态建筑思潮中来。1993 年，美国国家公园出版社出版的《可持续发展设计指导原则》中列出了"可持续的建筑设计细则"，标志着生态设计理念走向了规则化。在建筑设计及建筑过程中考虑生态学理念及思想，将有助于建筑师更好地认识到环境生态系统各因素对建筑系统的影响及其与建筑之间的动态关系，建筑系统的开放性、空间性等对生态系统的影响等，从而在进行建筑设计时与生态系统间保持良好的生态平衡关系。

7.1　系统性原理

自然生态系统是通过生物与环境、生物与生物之间的协同进化而形成的一个不可分割的有机整体。人类也处在一个社会—经济—自然复合而成的巨大系统中。当进行建筑时，不但要考虑到自然生态系统的规律，更重要的是，还要考虑到经济和社会等系统的影响力。建立在对系统成分的性质及相互关系充分了解基础之上的整体理论，是解决生态环境问题与生物资源保护的必要基础。只有应用整体性原理，才能统一协调当前与长远、局部与整体、开发与环境建设之间的关系，保障生态系统的平衡和稳定。在生态建筑设计中，首先要求我们应当从生态整体即系统性的观点出发，使得建筑物与自然环境、社会人文环境以及经济环境之间达到和谐共生，成为一个有机整体，使得人、建筑与环境构成一个良性循环的生态系统。

从生态学的角度看，建筑系统是地球生态系统中各种不同能量和物质材料的组织形式之一，建筑系统的运行过程包括建筑系统各要素的安装、制造、使用、弃置和重新利用等环节，均与生态系统及环境之间存在着相互作用。因此建立整体的生态建筑观，并将其运用到建筑设计实际工作中具有十分重要的意义。

7.1.1　建筑系统与环境系统的动态关系

环境是人类赖以生存和发展的必要条件，具有空间和时间上的无限性，内容上的广阔性以及形式上的复杂多样性。同时环境还具有客观性，人的周围都可称之为环境，所以环境是相对于人来讲的，环境的核心是人，环境因人而变。人类利用日益发展的科技手段改造自然，持续不断和广泛的城市化以及土地过度开发，已经使人工环境与自然环境的角色发生了转换：人工环境从被包容系统扩大为包容系统，而自然环境则从包容系统退化为被包容系统。受到这种转换的影响，生物圈中各个生态系统充斥着人工的元素，人工系统逐步增加，减弱了生态系统的自我调节、恢复、抗干扰和同化吸收能力。

我们周围的建筑类型多种多样，每种建筑反映着不同时期、地域以及民族等特有的生态环境本质。因此建筑设计时应该利用环境系统的巨大包容性和自我稳定性的特点，将建筑系统融入环境系统中，利用多样化途径，完善环境系统的有机组成部分，使建筑系统融于周围生态系统中。也可以说环境是由自然—社会—建筑—人组成的复杂的生态系统，这就是环境的生态本质。

7.1.2　建筑系统的特性

生态建筑的基本功能要求就是生态系统的基本要求。满足生态系统的基本要求是生态建筑的基本目的。因此，我们只有了解了建筑系统的特性，才能更好地协调建筑与生态系统的关系，实现建筑的基本目的。

7.1.2.1　建筑系统的开放性

在人类进化与发展过程中，一方面，生态系统中的生物有机体不断适应环境，同时又作用于环境。另一方面，不同生物之间相互依赖、相互制约，从而使生态系统处于一种微妙的、相对稳定的状态中。这种相对稳定是动态的生态平衡，是生态学研究的核心问题。

目前的建筑设计师习惯于将建筑系统视为一种相对静止和不可变的实体，忽视了建筑系统的动态变化。从系统论的观点看，建筑具有动态开放性。一方面，作为一种次级系统，建筑系统是生物圈的重要组成部分，是生物圈中能量流动和物质循环的一个环节。在这个环节中，人们集中了生态系统中部分物质和能量，将其按照规划确定的模式进行使用和配置，其输入是矿物质、农业产品和化工燃料、水、空气和土地资源等，输出则为系统运行过程中产生的废水、废热和再利用物质等。另一方面，作为一个独立的开放系统，生态系统中物质循环与能量流动体现在建筑系统中每一个元素的来源与流动及循环的途径。而在流动和循环的途径转换点上，例如建筑材料的选择、不适当的低效率技术以及材料配置都会对生态系统的良性循环造成影响，甚至损害。

建筑领域内的生态平衡就是建筑和周围生态环境的平衡。以前，由于缺乏生态学思想，建筑设计、城市建设规划中的许多不当甚至错误造成了区域生态平衡的破坏。如，集中建设商业区、体育场区等，造成了服务空间和被服务空间的不平衡，造成了交通拥堵等等实际问题，不仅浪费能源与资源，同时也给千百万人造成每天往返的烦恼与疲劳，给城市带来车流、噪声以及更大的环境污染等问题。

7.1.2.2　建筑系统的空间异质性和时间性

1. 建筑系统对周围生态系统的空间置换

生态系统受到空间置换的影响通常有两种表现形式：一是特定地点的生态系统被转移到其他地点；一是外来的能量和物质改变了原有的系统组成和物质循环途径以及能量流动模式。建筑会导致土壤侵蚀，地下水的流向和水位也会随之改变，甚至影响空气流动的方向和速度以及太阳辐射等，而机械人工环境则彻底改变了周围生态系统的部分结构与功能。例如，人工填海、挖山取石等人类活动对周围生态系统都会产生不可逆转的影响。

2. 动态的生态建筑观

从系统论的观点看，建筑系统包含各部分之间的相互作用也是随时间变化而变化的，这需要建筑设计师在设计过程中，采用“适应性”、“灵活性”以及“合理废弃”等设计思想，充分体现动态的生态建筑观。

同时，建筑系统是动态变化的系统，即建筑系统与特定设计地段的生态系统之间的相互作用是动态和变化的，建筑系统将会不停地与周围生态系统相互作用，直至使用寿命终结。因此，建筑设计时需要考虑建筑系统全寿命过程中与周围生态环境的相互作用与相互影响。

7.1.3　建筑设计与生态系统平衡

生态平衡是指生态系统在一定时间内结构和功能上的相对稳定状态。其物质和能量的输入与输出接近相等——即使受到外来干扰，也能通过自我调节或人为控制恢复到原有的稳定状态。

传统的建筑设计往往注重建筑的位置、功能与形态等因素，而忽略他们与设计元素、能源、资源、生态因子以及废弃物回收利用等之间的关系。生态的建筑设计是根据各地不同生态特点，考虑节能、节水、方便美观以及适用等因素，在适当的时间、适当的条件下采取适宜的技术，保护环境，节约资源与能耗，营造良好的建筑生态系统，并使之成为与周围环境和谐、良性循环的人工生态系统。生态的建筑设计体现在建筑规划与设计、实施以及建筑后期养护等各个阶段，不同阶段各有侧重，而建筑规划与设计阶段是构成建筑系统活动的第一步，是将生态的观点、理念和思想融入建筑系统的关键阶段。

因此在进行建筑设计时，建筑设计人员要把建筑视为一个微型的生态系统，通过生态设计充分利用太阳能、风能等自然能量，考虑建筑空间的形体与自然空间的关系，选择合理的建筑朝向和建筑型体；营造良好的局部建筑小气候，室内空间与室外空间相结合，同时考虑采暖、通风、照明、电气等方面的高效与协调等，降低建筑系统对自然生态系统的影响，使建筑系统尽量更好地融入周围生态系统中。

7.2　协调与平衡原理

处理好生物与环境的协调与平衡，则首先要考虑的是环境的承载力（又称环境容纳量）。如果生物的数量超过了环境承载力的限度，就会引起系统的失衡和破坏。如果掌握好生物与环境的关系，就能充分利用自然环境的空间和资源，使之成为自然、和谐、统一的整体。

7.2.1　建筑设计要尊重自然

1. 建筑与自然环境共生

在对建筑物进行规划设计时，首先要遵循这一原则，即尽可能尊重和保留有价值的生态要素，尽量少地干扰和破坏原初自然环境，使建筑环境与周围自然生态环境融合共生。为此，在设计时必须对场地周围的地形、地貌、植被、水文、土壤、太阳辐射、风力与风向等因素进行详细调查、采样及科学系统研究。设计时，必须尊重这些自然因素及条件，必须考虑建筑物对这些生态因子所可能造成的影响，根据这些因子的本质特性，科学地确定建筑面积，因地制宜设计合理的建筑类型，选用对周围生态环境干扰最少的建筑材料，减少对水资源的破坏和污染，全方位考虑建筑绿化设计，降低能源消耗，使得设计出的建筑物系统对这些自然因素的影响降至最小。

2. 建筑与社会环境和谐

建筑是凝固的音乐，因此，建筑物在与自然环境共生的同时，还必须与社会环境和谐。因此，在建筑方案设计之前，必须对当地的风土人情、地域景观以及文化历史等进行详细的调查，在此基础上，选择恰当的建筑语言，设计恰当的空间形态，使建筑物对当地的地域景观、传统建筑能够起到保护和发展的作用，对居民原有的生活方式能够起到保持和促进作用，对土地、能源与交通不构成巨大压力，能够让居民参与建筑设计与街区更新过程，保持地域的恒久魅力与活力等。

7.2.2 “天人合一”自然观在现代生态建筑中的体现

7.2.2.1 “天人合一”自然观

人与自然的关系历来是哲学家和思想家所关心的问题。关于人与自然的关系，中国哲学中有天人合一论。“天人合一”就是赋予“天”即自然以“人道”的思想。

“天人合一”这一思想在我国具有十分悠久的历史，并在我国传统的天人关系论中居于主流地位，中国古代的哲学、文学、历史学以及建筑学在内的科学技术无不深受其影响。

“天人合一”哲学思想对中国传统城市和建筑影响深远。

首先是对城市选址的影响。古代在城市选址上都是很讲究的。城市选址一般是平原广阔、水陆交通便利、水源丰富、地形高低适中、气候温和及物产丰盈。《管子·乘马》中提到：“凡立国都，非于大山之下，必于广川之上。高毋近旱而水用足。下毋近水而沟防省；因天材，就地利。”总之，是要选择生态环境比较好的地方建城市。

其次是对城市规划思想的影响。“天人合一”、“天人感应”思想的表现之一，就是找到了“天命”的代言人，作为“天”与“人”合而为一的桥梁，这就是所谓的“天子”。“天子”是国家和社会的中心，象征“天子”和皇权的皇宫就是其所在城市的中心。加之“天圆地方”思想的影响，中国的都城一般都以皇宫为中心对称布局，这是中国古代都城的基本模式，这种模式又影响到其他城市的规划和建设，形成中国古代城市通常的中心对称布局模式。城市的平面布局和内部空间结构是城市规划的主要内容，也是城市规划思想最重要的体现形式。从总体上看，中国古代城市规划强调战略思想和整体观念，强调城市与自然结合，强调严格的等级观念，这些显然都受到“天人合一”思想的影响。

第三，对中国城市园林建设的影响。园林是城市规划的重要组成部分。中国园林以山水为主，主要表现自然美，在世界上享有盛名，强调“虽有人作，宛自天开”，使人工美和自然美融为一体，这显然是受“天人合一”思想影响的结果。由于园林本身受外界干扰最少，因此可以认为中国园林是中国“天人合一”思想在建筑中最成功的、最明显的表达之一。

第四，由“天人合一”思想演化而来的阴阳五行、风水等思想，都对我国古代的城市和建筑产生了影响。可见，“天人合一”思想不仅是我国古代自然哲学观的核心，而且是我国传统城市和建筑取得辉煌成就的思想保障，对今天的城市建设发展和建筑创作也具有重要的指导意义。

7.2.2.2 “天人合一”自然观在近现代生态建筑中的体现

1. 近现代注重生态的设计思想

作为现代建筑设计思想的源泉之一，19 世纪的建筑师和理论家所崇尚的折衷主义主要通过下述途径做到仿效自然这一点：模仿自然结构的高效率，利用地方材料建造墙体，墙体的基础建立在岩石或土层之上，而采用的各种装饰则体现出对于丰富自然界的忠实崇拜。所有这一切都体现了生态设计的思想。

1925 年柯布西耶提出了“新建筑五点”，其中两点是建筑底层的架空和屋顶花园。依照他的设计，底层架空保证了地面绿地的通畅，屋顶花园则“恢复被房屋占去的地面”，增加绿化，便于充分接触自然。

早在 1910 年爱德加・钱伯雷已经提出“旱桥城市”的构思，即地上两层，楼顶为行车的马路的格局。彼得・贝确那认为 18 世纪晚期的功能主义建筑——例如维多利亚时期的医院建筑，以及早期乌托邦社会主义的构想——如傅里叶的“法朗西斯”（Phalansteres）规划方案，都值得建筑师进一步发掘其中的含义，成为注重生态的建筑设计的源泉。

2. 近现代注重生态设计思想的实践实例

（1）流水别墅

流水别墅是现代建筑的杰作之一，它位于美国匹兹堡市郊区的熊溪河畔，由 F・L・赖特设计（图 7-1）。别墅的室内空间处理也堪称典范，室内空间自由延伸，相互穿插；内外空间互相交融，浑然一体。流水别墅在空间的处理、体量的组合及与环境的结合上均取得了极大的成功，为有机建筑理论作了确切的注释，在现代建筑历史上占有重要地位。

赖特所遵循的将作品与其时其地环境融为一体的有机建筑设计原则，就已经体现了深层生态学的设计原则。由于设计过程是一个动态变化的过程，所以赖特认为没有一座建筑是“已经完成了的设计”，建筑始终持续地影响着周围的环境和使用者的生活，并同时持续受到周围环境和生物的影响。在《自然的住宅》（The Natural House）一书中，赖特强调了整体概念的重要性，认为建筑必须同所在的场所、建筑的材料以及使用者的生活有机地融为一体。

图 7-1　流水别墅

流水别墅这个建筑具有活生生的、原生的、超越时间的质地，坐落于宾夕法尼亚的岩崖之中，超凡脱俗，建筑内的壁炉是以暴露的自然山岩砌成的，瀑布所形成的雄伟的外部空间使该建筑更为完美，自然与人悠然共存，呈现了“天人合一”的最高境界。

（2）阿尔及尔市“奥布斯”规划

柯布西埃在 1930 年至 1933 年发展的阿尔及尔市“奥布斯”规划中，利用一些绵长的多层建筑，取代了常见的街坊组团。他不仅将城市建设在巨大的鸡腿柱上，保持大片绿地的通畅，而且将机动车道占据其中的一层，形成一种复式路网体系，减少了道路占用土地的面积。“房屋在路面以下有 6 层，在路面以上又有 12 层，使‘旱桥城市’的概念活生生地体现出来。各层之间隔为 5m，形成了一块‘人造场地’，每个单独用户可以在其间‘随心所欲’地建造双层单元”，这种用户双层单元，在柯布西埃的草图中，就像不动产公寓一样，同样布满了绿化带。

3. 现代发展较为成熟的生态建筑思想及实践

当今世界，人口剧增，资源锐减，生态失衡，环境遭到严重破坏，人类生存和发展与全球的环境问题矛盾越来越突出，生态危机几乎到了一触即发的程度。在严峻的现实面前，人们不得不重新审视和评判我们现时正奉为信条的城市发展观和价值理念。

(1) 现代生态建筑思想

为了建筑、城市、景观环境的“可持续”，建筑学、城市规划学、景观建筑学学科开始了可持续人类聚居环境建设的思考。在城市发展和建设过程中，必须优先考虑生态问题，并将其置于与经济和社会发展同等重要的位置上；同时，还要进一步高瞻远瞩，全面考虑有限资源的合理利用问题，即我们今天的发展应该是“满足当前的需要又不削弱子孙后代满足其需要能力的发展”。这就是1992年联合国环境和发展大会“里约热内卢宣言”提出的可持续发展思想的基本内涵，它是人类社会的共同选择，也是我们一切行为的准则。建筑及其建成环境在人类对自然环境的影响方面扮演着重要角色，因此，符合可持续发展原理的设计需要对资源和能源的使用效率、对健康的影响、对材料的选择等方面进行综合平衡和考虑，从而使其满足可持续发展原则的要求。近几年提出的生态建筑及生态城市的建设理论，就是以可持续发展原则为依据，探索人、建筑与自然三者之间的关系，为人类塑造一个最为舒适合理且可持续发展的环境理论。生态建筑是21世纪建筑设计发展的方向。

(2) 现代生态建筑思想实践实例

雷根斯堡是德国文化古城。位于德国拜恩州（巴伐利亚）多瑙河和支流雷根河的汇合处。雷根斯堡的新型住宅非常出名，由托马斯·赫尔佐格负责设计，它主要体现的生态、节能、经济，紧贴能源紧张这个命题（图7-2）。该住宅的基地被绿树环绕，而它的周围是一些建于20世纪50年代的多层建筑，地面标高低于街道水平面2m。并有一条来自周围自然生态系统的小溪从中流过。为了与这些有生命力的自然环境形成对比，设计师设计了一栋结构简洁的住宅。无论是室内还是室外设计，都充分考虑了几何美学特征和节能环保的理念。

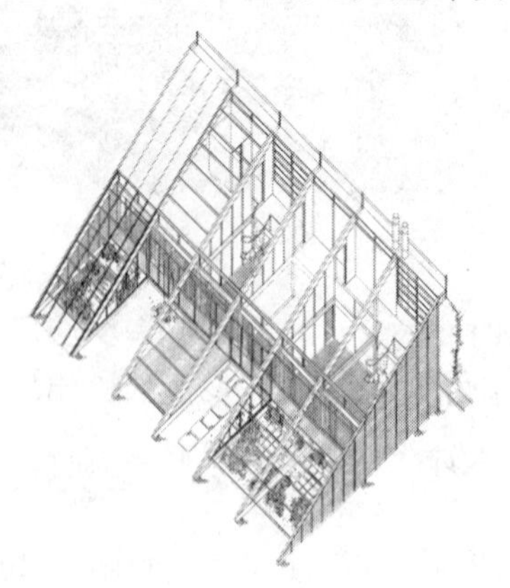

图7-2 雷根斯堡的新型住宅

该设计将基地沿着南北轴线分为四个区域：位于北面入口处，建筑围墙与攀爬植物所形成的层面之间的区域；辅助功能和休闲区域；面向南面的主要空间；面向花园的温室。建筑的玻璃表面在冬季可以直接利用太阳能。较高的透明度带来的结果是，人们经由一系列的步骤感受建筑由室外转化为室内。可滑动的分割也给建筑带来了意想不到的变化可能性。由于建筑由大面积的玻璃覆盖，这意味着在内部可强烈地感受到那些狂风、细雨的天气变化，而雪后整个别墅被覆盖，看不到外面的景色，直到最终积雪沿着大面积的玻璃表面滑落。在此过程中也顺便清洗了玻璃。

屋顶有锌钛板覆盖，在有玻璃的区域，用单层加厚玻璃。地板下设有 20cm 的绝缘层，地下供暖系统便位于此。锌钛板可以自由装备和拆卸，夏天太阳太猛烈了，铺开锌钛板，把阳光反射出去，可以降低室内温度。建筑师认为石板铺成的地面呈现给人轻巧的外观是十分重要的，于是他选择了产于基地附近的一种石灰石。

木骨架由层叠胶粘在一起的软木构成，采取一种三角形断面设计，这是一种有效抵抗风力的支撑形式。鉴于当地水位较高，别墅被支撑在地面以上。高绝热外墙背部的通风外皮使用的是俄勒冈松板。技术和构造细节被故意暴露出来，并且被整合进建筑的几何秩序中，形成了独特的美学效果。

雷根斯堡住宅的外墙是高绝热外墙，150mm 厚，里面包括了一层 89mm 厚的保温层和 30mm 厚的空气间层。在气候较为严寒的德国起到很有效的保温作用。

在冬季保温效果就很容易理解了。这是一个玻璃盒子，会有温室效应，这样储存太阳的热量，可以节约暖气的使用量。因为北向斜屋顶，建筑可以直接享受到非直射的阳光，让生活起居空间充满了光线。冬季，玻璃屋顶除了可以采光之外，还可以促进室内通风和储热。

雷根斯堡住宅的室外和温室里的铺地是砾石，砾石是一种比热容很小的材料，也就是说，它吸收同等的热量，温度升高是其他东西的好几倍；反之亦然。在冬季白天，砾石吸收太阳光的热量，处于升温和储热状态，它和玻璃盖顶一起维持室内的温度。冬季晚上，没有了太阳光的照耀，室内温度开始下降，这个时候，吸收了一整天热量的砾石就开始散热了。砾石散发出来的热量继续维持室内的温度，防止室内温度骤降。

因为是地面供热，加热了近地面的空气，热空气往上升，形成了上下对流，保证了室内通风。

雷根斯堡住宅的花园一侧有一个小小的开口，这个开口对于住宅的通风来说起了举足轻重的作用，因为夏季室内温度高，而冷空气的压强要比热空气大，所以温室花园下面的小开口的冷风会往里灌，而对于上端的开口，热空气会往上升，这样自然形成对流，通风又降温。

在有砾石铺地的温室小花园和室内之间有玻璃隔断，这个隔断可以自由开合，可以调节进热量。夏天太热了，可以关上玻璃隔断，那样子砾石散出来的热量就不会影响到室内。

7.3　循环再生原理

地球以有限的空间和资源，长期维持着众多生物的生存、繁衍和发展，奥秘就在于物质能够在各类生态系统中，进行区域小循环和全球地质大循环，循环往复，分层分级利用，从而达到取之不尽用之不竭的效果。传统建筑业在建设与运营过程中消耗了大量资源并排放了大量污染物，对我国脆弱的生态环境造成了不可逆转的影响（林少培，2000），这种以牺牲环境为代价获得经济发展的模式已受到政府和环保人士的高度关注。因此，生态建筑是我国建筑业发展的必然趋势。在生态建筑的设计与建造中充分利用自然界的能源，并充分考虑节能与生态因子的相互关系，达到节能、环保以及循环再生的目的。

7.3.1 生态建筑的节能设计（新能源的使用）

科学的发展推动了技术的进步，利用高科技技术和材料减少对不可再生资源的利用已成为当今生态设计的重要手法之一。巴黎的阿拉伯世界研究所中心截获太阳能和躲避太阳光为目的的镜头快门式窗户是高技术和现代形式结合的体现，不管现在看来它的设计是否成功，它所体现的设计理念都表现了人们对自然能源的一种关注（高黑，2005）（图 7-3）。

Bodo Rasch 为沙特阿拉伯麦加某清真寺广场设计的遮阳棚是有太阳能电池控制其开合的，伞的机械用电可由太阳能电池自行解决（图 7-4 和图 7-5）。以最大限度应用自然能源为导向，以德国为代表的世界各国的研发机构开发出了多种用于建筑和景观的太阳能设备，例如德国研发的航空真空管太阳能收集器、高效太阳能电池、隔热透明玻璃等（周曦，2003）。目前，我国已有建成的公园采用太阳能灯具，如上海炮台湾湿地森林公园。2000 年德国汉诺威世博会荷兰馆最上层屋顶花园上的风车，也反映了当代设计师对风能等新能源的关注与利用（高黑，2005）（图 7-6）。

图 7-3　巴黎阿拉伯世界研究中心截获太阳能

图 7-4　沙特阿拉伯麦加某清真寺广场上完全利用太阳能的遮阳棚白天自动打开

图 7-5　沙特阿拉伯麦加某清真寺广场上完全利用太阳能的遮阳棚傍晚闭合

图 7-6　2000 年德国汉诺威世博会荷兰馆

7.3.2　建筑与水环境系统

7.3.2.1　建筑水环境的概念

水环境是一个以水为主体的包括水生物、污染物以及土壤、植被等在内的复杂水生态系统，是一个传输、储存和提供水资源的水体及与之密切相关的各种自然因素和社会因素的综合体，包括水体自身的内在环境以及水体周边的与水相关的外在环境。而建筑水环境是指围绕人群的建筑或建筑群内，可直接或间接地影响人类的功能正常的水体及与之相关的各种自然因素和社会因素的总体。

7.3.2.2　生态建筑中水环境的规划

按照生态建筑的思想，根据建筑总体规划方案，结合当地自然条件和水环境状况，全面统一规划建筑或建筑群内各种水体系统，提出设计区域内水环境总体规划方案，充分发挥各系统的功能，使其相互联结、协调与补充，并对水环境工程进行初步的效益分析，是实现以合理的投资达到最好的住区水环境的经济、社会及环境效益的重要手段，也是生态住宅水环境工程设计与建设的重要依据。

7.3.2.3　生态建筑中水环境配置的几个主要方面

水的回用与水的循环是生态建筑中水环境规划的战略目标，也是实现节约水资源，提高水环境质量的重要措施。它包括污水处理及中水利用、雨水回收与利用、景观水的循环与净化等。

1. 污水处理与中水利用

以建筑或建筑群内的生活废水（洗浴排水、洗衣废水等）作为中水水源，生活废水经室内收集排放系统到室外排水系统，作为建筑区域内水处理站水源，经适当处理后，一般作为建筑区域冲厕用水、景观水体补水、绿地用水、道路浇洒用水，有时也再经进一步处理作为洗车用水。对于远离城市、周围无市政污水与雨水排放设施的建筑或建筑群，排出的生活污水经收集后在建筑区域内建独立的污水处理站，经适当处理后作为住宅冲厕用水，景观水体补水，绿地用水及道路浇洒用水等。由于远离城市的建筑群，多为中、低密度建筑群，建筑群中一般都有较大面积的景观水体，处理后污水主要作为景观水体的补水，可以做到建筑区污水“零排放”，保护了环境，并且充分利用污水资源。

2. 雨水回收及利用

生态建筑或建筑群必须采取雨、污分流制，要求雨水合理利用。对于地处年降雨量大的小区，要求结合建筑或建筑群实际情况，有效地收集、贮存、净化及利用屋顶雨水，在一定范围内作为非饮用水：如绿化用水、景观水体补水、浇洒道路用水、洗车用水以及并入中水系统作为中水利用。对于地处年降雨量较少，且降雨时间较集中地区的建筑或建筑群，将屋顶雨水及地表径流雨水采用多种渗透设施进行渗透净化。建筑或建筑群内的雨水通过绿地草坪，最大限度增加雨水的自然渗透，补给地下水。

3. 利用洁净的天然能源

按照生态建筑的理论，利用洁净的太阳能供应热水是必不可少的。同时也应该在设计中充分考虑太阳能作为其他能源的价值。生态建筑不仅巧妙地利用了自然资源，而且给我们的居住环境带来了一场新的革命。

7.3.2.4 应用实例

1. 德国的第一座生态办公楼

德国在柏林建造了第一座生态办公楼。楼的正面安装了一个面积64 m^2 的太阳能电池来代替玻璃幕墙，其造价不比玻璃幕墙贵。屋顶的太阳能电池负责供应热水。大楼的屋顶设储水设备，用于收集和储存雨水，储存的雨水被用来浇灌屋顶上的草地，从草地渗透下去的水又回到储存器，然后流到大楼的各个厕所冲洗马桶。楼顶的草地和储水器能局部改善大楼周围的气候，减少楼内温度的波动。

2. 日本的第一幢高层生态住宅楼

日本在九州市新建了一幢环境生态高层住宅。这幢生态住宅，温热水由太阳能供给。即住在住宅内的居民所用温热水，不用煤加热，而是用装在大楼南侧的太阳能集热器提供。这种太阳能收集器，在晴天，可使储水箱中的水加热到沸腾，即使下雨天，也能使水加热到约55 ℃。公寓外的停车场的地面混凝土具有良好的透水性能，使雨水存留于地下，与停车场内的树林形成一种供水循环系统。

7.4 生态位原理

7.4.1 生态位基本原理

生态位（Niche）是物种在生物群落中的地位及其与食物和天敌的关系。在生态系统中，每一个物种都有自己的生态位，并以此保持系统的正常运行（傅桦，2008）。1957年，哈奇金森（Hutchinson GE）认为生态位是生物单位生存条件的总和，提出了多维生态位或超体积生态位的概念，认为生态位是多维资源的超体积，每种生物对资源和环境变量的选择范围是多维的。这一生态位概念实际上是指种群在以环境资源或环境条件梯度为坐标而建立起来的多维空间中所占据的位置（张峡丰，2008）。多维超体积生态位因其偏重生物对环境资源的需求而比空间生态位和功能生态位更能反映生态位的本质含义而被学术界所接受，为现代生态位理论奠定了基础（包庆德，2010）。生态位强调生物物种在空间、营养和竞争中的关系。正如美国生态学家奥德姆（Odum EP）所说，生态位决定于生物生活在哪里，它们如何改变和适应这些环境条件，以及它们如何受到其他生物的约束等。因此，可以认为，生态位是生物物种占据的空间和具有的功能的总称（傅桦，2008）。

生物生存离不开其所在的环境，构成环境的各种要素统称为环境因子。在环境因子中，对生物生长、发育、生殖、行为和分布有直接或间接影响的环境要素称之为生态因子，所有生态因子构成了生态环境。生态位理论普遍认为在生态空间中所有的生物均具有相应的生态位，在生态因子的变化范围内，能够被生物实际、潜在占据利用或适应的部分就是生态位，因此生态位主要由生物与生态因子两个要素构成。生态因子的变化范围称为基础生态位，被生物实际占据利用或适应的部分称为实际生态位，潜在占据利用或适应的部分称为潜在生态位，实际生态位与基础生态位的接近度体现了生态位适宜度，常用生态位宽度测度表示（张峡丰，2008）。

7.4.2 建筑生态位及其特征

如上所述，生态位是一个既抽象又内涵丰富的生态学名词。它不仅已经渗透到了现代生态学研究的诸多领域，成为了生态学中最重要的基础理论研究内容之一，而且日益广泛地应用于政治、经济、农业、工业和城市建设等领域，并取得了积极的研究成果，促进了人类生态文明的发展，形成了强有力的理论分析和实践工具（张峡丰，2008）。在城市规划、建筑设计领域也已开始探讨这一概念的应用，并有研究指出所有的生物均具有适宜的生态位，关键是看两者的关系是处于对位状态还是错位状态，对位就会充分保持它的功能和稳定性并且可持续发展，错位就会走向衰败（栗德祥，2007）。对于建筑与空间的研究就是挖掘生态因子，以合理应用现实的生态位，努力开拓潜在的生态位，使原来不被生物适用和利用的生态位转变成现实的生态位。已有研究将超体积生态位与系统论结合，利用层次分析法(AHP)构建以城市建筑生态化为目标的生态位宽度主观评价体系，并对评价方法进行了初步探讨（张峡丰，2008）。

7.4.2.1　建筑生态位的界定

建筑虽然不是传统定义上的生命体，但任何建筑都要经历从材料的开采、加工运输、规划设计、建造、使用维修、更新改造，直至最后的拆除与废弃物的处置这一整个“生命周期”过程，表现出类似于生命体一样的出生、成长、成熟和衰亡的过程。早在 20 世纪初，世界著名建筑大师赖特（ Frank Lioyd Wrignt）在谈到有机建筑时曾称之为“活”的建筑，意指“建筑与一切有机生命相类似，总是处在一个连续不断的发展进化之中”。在日本，以丹下健三（ Kenzo Tange）为代表的新陈代谢派的“生命系统”建筑观同样将生命过程的特点引入建筑现象中，认为建筑与有机生命体一样，处于不断的生长变化的动态过程中（曲冰，2005）。

建筑在其整个生命周期内始终与外界之间存在着物质与能量的交流，受环境影响的同时也对环境产生各种影响。建筑的这种类生命特征要求人们在进行建筑活动时，可以从生物学的观点出发，视建筑为有机整体，研究其内外物质和能量的循环利用与再生机制，应用生态技术，解决以往建筑活动所带来的环境污染、资源和能源短缺等问题。

基于上述分析，借鉴生态学的生态位原理，可以将“建筑生态位”定义为：在建筑所处的自然和社会环境背景下，建筑生命体从所在的自然与社会环境中所能获得的各种自然资源和社会资源的总和，包括各种资源的类型、数量及其在空间和时间上的分布，它反映了建筑生命体在环境中的性质、功能、地位和作用的定位，也反映了建筑在其生命周期物质、能量、信息流动过程中所扮演的角色，是建筑生命体与环境互动适应后的客观状态（李积权，2012）。多个具有相同建筑生态位的集合表达了建筑群体之间的一种共同发展状态，显示出了特定环境下的建筑特有的地域特征。

目前，在我国工程项目建设中存在很多建筑“短命”现象，主要原因来自于建筑生态位的“错位”，也就是建筑与作为生态因子的自然和社会环境要素不相适应，建筑背离其应有的生态位，丧失其存在和发展的资源与环境基础，造成其寿命的终结。因此，建筑生态位概念的提出将有助于人们从可持续发展的角度研究建筑生命体在其所处的自然与社会环境中的作用和功能。

7.4.2.2　建筑生态位的基本特征

建筑生态位的概念源于生物物种的生态位概念，其实质是建筑提供给人类的或者是可被人类所利用的各种生态因子和生态关系的集合。建筑生态位从一个侧面反映了人类生存的状况和诉求，与生物生态位相比具有以下基本特征。

1. 多维性

建筑反映人类社会发展变化的要求，它是在特定自然与社会环境下的产物，并和与其相关的影响因素综合构成了复合的生态系统，建筑生态位与生物生态位一样，体现出多维度、超体积的特征。由于人类具有自然与社会的双重属性，因此，作为人类居所的建筑，其生态位不仅可以反映出自然生物生态位的基本特点，而且还具有社会生态位的基本特征。因此，建筑生态位可以从自然与社会两方面进行分解。例如，在自然维度方面可以从建筑所处的气候条件、地形地貌、生物环境以及物质资源等方面进行考察和研究；在社会维度方面可以从政治、经济、文化与技术等方面加以研究。因此，建筑生态位可以进一步分解为建筑自然生态位和建筑社会生态位。依据构成社会的基本要素，建筑社会生态位还可分为建筑文化生态位、建筑经济生态位和建筑技术生态位等多维度向量，建筑生态位的多维性与建筑的各属性密切相关，体现了人类建筑活动的多样性需要。

2. 生态位的重叠与分离

生态位重叠一般是指不同物种的生态位之间的重叠现象或共有的生态位空间，即两个或多个物种对资源位或资源状态的共同利用。资源很丰富，供应充足，生态位重叠也不发生种间竞争，反之，生态位稍有重叠，即发生激烈的种间竞争。竞争的结果是只能留下强者（傅桦，2008）。生态位分离是指物种为了减少对资源的竞争而形成的在选择生态位时存在某些差别的现象，即 2 个物种在资源序列上利用资源的分离程度。生态位分离指两个物种在资源序列上利用资源的分离程度，这是环境胁迫或竞争的结果，是生态位重叠的消除和生态位差异的产生。生态位分离是物种进化的基本动力，亦是生物多样性变化、群落结构变化与演替的主要原因，是物种共存的必要条件（包庆德，2010）。

在建筑自然生态位方面，由于人类建筑活动空间范围的不断扩大，占据了建筑场地原有物种的生态位，造成自然生物生态位与建筑生态位重叠，必然对原自然生态系统造成一定程度的干扰和破坏。而且，人类的群居和对土地资源的高度利用也造成了各建筑生态位的相互重叠，重叠程度越高，可利用的环境资源越匮乏，对资源和能源的需求竞争就越激烈（李积权，2012）。目前我国存在大量无序的资源与能源使用状况，必将带来大气污染、水体污染、热岛效应、垃圾围城等一系列城市环境问题。因此，建筑的合理规划与布局、城市和建筑规模的适当控制、城市建筑环境中的绿地保护与生态系统修复、可持续的能源供给系统等是促进各生态位分离，达到和谐共存的基本要求。在建筑社会生态位方面，当今世界文化的全球化现象导致建筑文化生态位重叠，建筑地域特征的丧失与国际样式建筑风格的泛滥造成千城一面的消极化后果。因此，必须遵循生态位分离的原理，强调建筑的地域文化特征，传承不同地域特有的建筑文化和人们的生活方式，丰富世界建筑文化宝库，这对世界文化的多样性和人类的可持续发展具有重要意义（李积权，2012）。

3. 生态位的扩充与压缩

生态位扩充指的是由于生物单元无限增长的潜力所引起的态和势的增加。生态位扩充是生态系统发展的本能属性，生物的发生发展过程即是其生态位扩充的具体体现（朱春全，1997）。生态位扩充是生物圈演变的动力，是生命系统发展的本能属性。任何生物都有无限扩充其生态位的能力，试图占据更大的生存和发展空间，发挥更大的生态作用。而一旦扩充无疑将引起竞争。生态位宽度是一个生物所利用的各种资源之总和，表示某物种利用资源的程度。如果出现外来种群侵入并发生竞争，这种竞争会导致生境压缩，而不会引起食物类型和所利用资源的改变，这种情况就称为生态位压缩（林文雄，2007）。人类生态位的扩充是指人类社会的发展状态和对环境的影响或支配能力（即态和势）相对于生物圈中其他生物种类的态和势的提高（朱春全，1997）。

建筑活动是人类社会最基本的活动之一，它不仅要侵占大片的土地，而且在其生命周期内将耗费大量的资源和能源，对人类的可持续发展造成重大影响。建筑生态位的扩充实质上是人类生态位扩充的表现形式之一，其扩充的结果一方面必然以消耗其他生物与环境资源为代价，带来了人口、粮食、资源、能源、环境等问题，另一方面也促使人类要不断提高其与自然相协调的能力（朱春全，1997）。人类在不断扩充其自身生态位的同时，还应依靠科技进步和生态修复等手段主动提高环境的生态承载力。因此，建筑生态位的扩充必须以提高环境资源利用率、改善生态环境和降低能耗等一系列有利于可持续发展的措施为前提，否则，建筑生态位就会受到压缩，生态位宽度变窄，从而导致建筑生命体的品质下降，直接影响人类的生存与发展。

7.4.3　建筑生态位的构建

生态位构建是指有机体通过新陈代谢、活动和选择，部分地创建和部分地毁灭自身生态位、改变环境，进而改变其环境中生物与非生物的自然选择源的一种能力。人类的建筑活动要得以可持续发展，在建筑规划设计阶段就必须根据生态位原理，采取生态位策略，通过构建可持续建筑生态位，促进人与自然、人与社会的和谐发展。

7.4.3.1　生态位构建原理

在自然界可变资源环境中，所有的有机体都具有修复它们生存环境的能力。有机体不仅是自然选择的被动承受者，而且也是修复环境的主动工程师。从深层意义上讲，有机体能够通过生态位构建活动，规律性地改变环境中的生物与非生物选择源并且在进化中产生反馈信息（韩晓卓，2008）。Jones 等的研究表明：有机体能够修改它们的环境并且部分地控制其所在生态系统中的部分能量流和物质流（Jones，1997）。有机体的这种修复作用对其能量流与物质流的控制、生态系统的恢复以及物种营养关系等有着深远的影响（韩晓卓，2004）。

关于物种的生态位构建研究则属于生态位研究领域中的最新命题，生态位构建理论强调进化过程中自然选择与生态位构建的共同作用，扩展了现有的进化思想，同时也为物种适应性的研究、解释不同尺度上的生态学现象提供了新颖的理论依据（颜爱民，2007）。生态位构建不仅反映在自然界动植物有机体的生存与进化过程中，而且适用于人类的自身活动，因为人类活动对自然及其自身的生态环境有着重要的影响和支配作用。

建筑生态位构建是依据生态位构建理论，从生态学的角度研究建筑有机体的生态位构建过程，使建筑可以和与其相关的生态因子之间建立良性互动的发展态势，修复因人类不合理的建筑活动所造成的对生态环境的破坏。可持续的建筑生态位构建是人类面对全球日益恶化的生存环境所采取的一种积极策略，是人类社会主动依靠自身的智慧构建可持续发展的人居生态环境的过程。基于人类的自然与社会的双重属性，建筑生态位的构建必须考虑建筑所处的自然条件与社会状况等因素，从自然和社会两方面构建建筑生态位。与其他生物体的生态位构建不同，建筑生态位的构建将在很大程度上体现人类社会的主导作用。建筑生态位可以通过人为构建而不断改善，保持建筑与自然、建筑与社会的相互和谐，促使建筑生态位朝着有利于改善人类生存环境的方向发展。

7.4.3.2 建筑自然生态位构建

建筑生态学着重研究人类建筑活动对所在地域自然生态系统的影响，是探求生态学原理运用于建筑学的理论和方法。对应于这一研究范围，建筑自然生态位强调的是建筑在一定区域范围内自然生态系统中所处的生态位，反映的是建筑生命体符合其所处自然环境的存在状态，是指在以自然生态条件梯度为坐标而建立起来的多维空间中所占据的位置。其生态位的维度包括气候条件、地理位置、水资源状况等，表现在建筑特色上则是显著的建筑地理气候特征。如我国湿热地区西双版纳的“干阑”建筑，其建筑形式具有高度的气候适应性。

建筑规划设计一方面要尊重建筑的自然选择，顺应其本身的自然条件。同时，还应通过建筑自然生态位的构建提高建筑对环境的适应能力。建筑自然生态位构建是根据当地的自然生态环境，遵循生态学和建筑科学的基本原则，采用现代科学技术手段，依据生态位原理进行建筑的过程中，适当拓宽建筑生态位宽度，提高建筑综合利用自然资源的能力，实现能量流与物质流的平衡控制，使建筑与周围生态环境成为一个有机整体。现代生态学研究表明：物种的生态位宽度越宽，该物种对资源利用的多样性程度越高，种群间、种群与环境间共存的稳定性更强。通过拓宽建筑生命体各维度上生态因子的可利用幅度，可提高建筑对环境的适应性。以气候维度为例，建筑在气候资源方面的生态位宽度越宽，则表明建筑能够在相同的气候条件下获取更多的气候资源来维持建筑生命体的功能，从而减少对其他资源的依赖程度。如表 7-1 所示，建筑自然生态位构建可以从气候、土壤、水资源、建材、绿化以及废弃物循环利用等方面采取有利于建筑与环境共生的生态位策略，提高建筑生命体与周围环境的融合性以及可持续性。

表 7-1 建筑生态位构建

<table>
<tr><th colspan="2">生态位</th><th colspan="2">建筑生态位策略</th></tr>
<tr><td rowspan="15">建筑生态位构建</td><td rowspan="6">建筑自然生态位构建</td><td>气候适应性</td><td>太阳辐射控制与太阳能利用；建筑朝向、形态、表皮气候适应性；风能利用、天然采光</td></tr>
<tr><td>土地资源有效利用</td><td>原有地形地貌保护；地下空间开发与利用；地热利用；节地设计</td></tr>
<tr><td>水资源保护与利用</td><td>自然水系保存、节水设备应用；雨水收集利用、废水回收与利用</td></tr>
<tr><td>建材本地化可再生利用</td><td>就地取材、使用可再生材料；建材循环利用</td></tr>
<tr><td>绿化系统维护与补偿</td><td>植被多样性维护、生物生境保存；人工绿化湿地系统补偿</td></tr>
<tr><td>废弃物循环利用</td><td>废水、废热、废材的回收与利用；垃圾的分类处理与利用</td></tr>
<tr><td rowspan="9">建筑社会生态位构建</td><td rowspan="5">文化生态位</td><td>传统地域文化建筑载体的更新与保护</td></tr>
<tr><td>提高建筑文化承载品质，丰富建筑文化因子</td></tr>
<tr><td>构建适应地方多样性生活形态的建筑空间</td></tr>
<tr><td>适应文化发展的建筑更新与可持续利用</td></tr>
<tr><td>促进社会和谐发展的建筑空间规划设计</td></tr>
<tr><td rowspan="4">技术生态位</td><td>传统适宜技术的应用与创新</td></tr>
<tr><td>资源综合有效利用技术的开发</td></tr>
<tr><td>构建绿色建筑技术体系</td></tr>
<tr><td>建筑技术人才培养</td></tr>
</table>

续表

生态位		建筑生态位策略	
建筑生态位构建	建筑社会生态位构建	经济生态位	控制与地方经济发展相适应的建设经费投入
			建立低碳建筑经济激励政策与财税制度
			降低劳动消耗和提高建筑物的使用价值
			建立全寿命周期建筑效益评价体系

注：引自李积权，2012。

7.4.3.3　建筑社会生态位构建

人类的自然与社会双重属性决定了其发展过程不仅要经历长期的自然选择，还要经历人类特有的社会选择。在现代经济学的理论体系中，社会选择理论是福利经济学的基础内容，属于规范经济学的范畴（赵定涛，2005）。此处提到的建筑社会选择是相对于建筑自然选择而言的，强调的是处于社会生态系统中的建筑生命体对社会环境的适应性。依据生态位构建理论，建筑同样是在社会选择和社会生态位构建的共同作用下发展起来的。若建筑的社会选择看作是被动地适应社会环境的话，那么建筑的社会生态位构建则可视为主动地迎合和改变社会环境，通过建筑规划设计，营造有利于增进人类社会文明进步的人居环境，促进人类社会的和谐发展。如表 7-1 所示，根据社会构成要素，建筑社会生态位构建可以从经济、文化、技术等不同层面加以分析，采取生态位策略，构建可持续的建筑社会生态位。

7.5　物种多样性原理

一般来说，物种繁多而复杂的生态系统具有较高的抵抗力和稳定性。以往农业和林业生产为追求最大物种产量，常常忽略生物多样性而连年种植单一品种，这往往会造成病虫害增加，环境恶化。举个例子，在辽宁西部的章古台地区，最初进行林带建设时，单一种植了大片的樟子松林，由于没有一条昆虫与其天敌相生相克的食物链，使得偶然滋生的松毛虫肆虐一时，很多地方的樟子松因此大面积死亡。同样的原因，前几年仅一种小小的杨树天牛就将宁夏、内蒙古等地的几十亿株杨树毁于一旦。因此对于一个生态系统而言，较高的生物多样性是维持其稳定、平衡和较高生产力的前提，在进行生态建筑设计和开发过程中，在建筑的绿化以及建筑群生态环境处理上，要充分考虑物种多样性的原理，使之真正成为绿色可持续的生态建筑。

7.5.1　建筑的绿化原则与思想

在生态建筑设计中，一定要注重环境的绿化设计，创造出良好的局部微气候。

首先，在建筑群落周围，尽量不使用或少使用渗透性差的硬质铺地，尽可能多地铺设渗透性强的生态铺地，多种植绿化效果明显的乔木，扩大草坪面积。

其次，建筑物的立面，对墙面、屋顶、阳台进行绿化。墙面绿化主要是在墙面种植绿色藤状植物，避免阳光照射墙面，降低外墙表面温度。屋顶绿化是采用屋面蓄水覆土种植技术，以建筑屋顶部平台为依托进行蓄水、覆土并栽种植物花草和灌木。阳台绿化是在居民家的阳台上种植一些花草植物。

再次，从整体出发，通过借景、组景、分景、添景等手法，协调住区内外环境。例如：设置亲水景点，景点视线通廊等。

7.5.2 建筑与园林植物的生态配置

7.5.2.1 生态绿化是实现生态园林的重要手段

在“绿色建筑”的诸多基本建造要素中，园林绿化工程是最直观、最基础的工作，是建立保护城市建筑生态安全的绿色屏障。随着生态园林的深入与发展，以及景观生态学、全球生态学等多学科的引入，植物景观的内涵已经从传统的依赖植物造景视觉景观，发展到维持城市生态平衡、保护生物多样性以及再现自然的高层次阶段。

7.5.2.2 生态绿化的造景需遵循的原则

生态绿化的造景应遵循一定的原则。在绿色建筑的框架下，城市园林绿化更应强调它的景观性、生物多样性和适地适树的基本原则。在城市建筑绿化中，生态绿化不是绿色植物的简单堆积、简单的返璞归真，应从生态学角度更加体现出植物群落的美，体现科学和艺术的完美融合。在熟练掌握各种植物的观赏特性和造景功能的前提下，通过对植物群落的动态变化及相关功能的研究，完成整个植物群落的合理配置，达到预期的景观效果。要维持城市的生态平衡，要遵循物种多样性原则，提高植物群落的观赏价值，避免有害物种的入侵。只有丰富的物种种类，才能形成丰富多彩的植物群落景观。更为重要的是要根据“适地适树”的原则，进行植物配置，植物在长期发育过程中形成了各自适应环境的特性，合理选用乡土树种进行合理配置，是构建生态园林的真谛。

7.5.2.3 生态绿化的植物配置

1. 植物配置的意义

运用生态绿化的植物群落配置技术，可以构建大园林概念下的园林生态系统，也可以构建城市园林中的绿地系统、城市公园和景观环境。由多种绿化形式构成的植物群落，可以吸收有毒有害气体，增强空气负氧离子，可以有效改善城市生态环境。达到降噪、降温、增湿以及除菌等效果，有效改善建筑微环境，并营造视觉舒适的氛围。生态植物群落配置技术，是通过园林植物配置实现的。园林植物是指在园林中作为观赏、组景、分隔空间、装饰、庇荫、防护和覆盖等用途的植物，要具有形体美和色彩美。园林植物的配置，既要遵循其艺术通则，满足人们的视觉需求，又要根据植物的生态习性，组成多种配置形式。

2. 植物配置原则

园林植物在一定的空间内共同组合，形成一种形体并与周围环境表现出既定的氛围，从而给人以美感。主要原则概括为：重点突出、对比微差、韵律节奏、比例尺度、层次渗透、均衡稳定以及多样统一。

3. 植物配植形式

植物间的组合，可以形成各种配植形式，总体上有孤植、对植、列植、丛植、群植和混植。

（1）孤植：树木的单位栽植称为孤植，孤植树有两种类型，一种类型是与园林艺术构图相结合的庇荫树。这类树要求冠大荫浓，寿命长，第二种的孤植树是单纯作艺术构图中的孤赏树应用。要求体型端庄或姿态优美。开花繁茂，色泽鲜艳。

孤植的作用：作为园林绿地空间的主景，遮阴树、目标树，应表现单株树形体美。

孤植的位置：孤植树的种植地点应选择比较开旷、开敞的地方，不仅要求保证树冠有足够的生长空间，而且要有比较适合的观赏视距的观赏点。最好还有如天空、水面、草地等景物环境作为背景衬托。一般选择在岛屿、桥头、园路尽头或转角处，假山悬崖、岩石洞口，建筑前广场等绿地布局中，都可以配植孤植。

(2) 对植是将两株树按一定的轴线关系作相互对称或均衡的种植方式，在园林构图中作为配景，起陪衬和烘托主景的作用。在规则式种植中，利用同一树种、同一规格的树木依主体景物的中轴线作对称布置，两树的连线与轴线垂直并被轴线等分，无论在道路两旁、公园或建筑入口都是经常运用的。这种规则对称种植的树种，树冠比较整齐，种植的位置既不要妨碍交通，又要保证树木有足够的生长空间。在自然式种植中的对植是不对称的，但左右仍应均衡。多用在自然式园林的进口两侧及桥头、蹬道的石级两旁与建筑物的门口两边。自然式对植最简单的形式是将两株树布置在构图中轴的两侧，必须采用同一树种，但大小和姿态必须不同，动势要向中轴线集中，与中轴线的垂直距离，大树要近，小树要远，两树的连线不得与中轴线垂直。自然式对植，也可以左侧为一株大树，而右侧为同种的两株小树；也可以是两个树丛，但树丛的组合成分，左右必须相近似，双方既要避免呆板的对称形式，又必须相对应。

(3) 列植是将乔木、灌木按一定的株行距成排成行地栽种，形成整齐、单一、气势大的景观。它在规则式园林中运用较多，如道路、广场、工矿区、居住区、建筑物前的基础栽植等，常以行道树、绿篱、林带或水边列植形式出现在绿地中。列植如果是两行以上，可以采用正方形或三角形的栽植形式。在自然式园林中也可布置一些列植式，构成整形局部，如建筑物前基础栽植或林带等。

(4) 丛植：是指一株以上至十余株的树木，组合成一个整体结构。丛植可以形成极为自然的植物景观，它是利用植物进行园林造景的重要手段。一般丛植最多可由15株大小不等的几种乔木和灌木组成。丛植与孤植的区别在于丛植主要让人欣赏组合美，整体美，而不过多考虑各单株的形状色彩如何。

(5) 群植又可以叫做是树群，从数量上看它比丛植要多，丛植一般在15棵以内，群植可以达到20～30株，如果连灌木一起算可以更多。与丛植的区别：丛植往往能够显现出各个植物体的个体美，丛植中各个单株可以拆散开单独观赏，其树姿、色彩、花、果等观赏价值很高；群植则不必一一挑选各树木的单株，而是力图使他们恰到好处地组合成整体，表现出群体的美。此外，树群由于树木株数较多，整体的组织结构较密实，各植物体间有明显的相互作用，可以形成小气候小环境。

(6) 混植与群植中的混交林相同。

7.6　生态建筑的节能设计实践及国内外经典建筑生态分析

7.6.1　生态建筑评估体系

7.6.1.1　生态节能建筑评估体系

在我国建筑能耗在社会总能耗中占比重相当大，约占全国总能耗的16%左右，按照预测，这一比例将会在2020年提高到25%～30%，超越交通、农业等其他行业用能居能耗的次位，仅次于工业用能。因此减少建筑能耗对于提高我国整体能源利用效率来说具有十分重要的意义。

目前世界各国都是通过建立绿色建筑认证评价体系，规范本国节能建筑的建造标准，较为完善的绿色建筑评价标准如下：

1. 美国的绿色建筑评估体系 LEED（The Leadership in Energy and Environmental Design），LEED 体系覆盖了从建筑设计、建造一直到最终运行完整的评估和指导体系。并根据建筑物最终用途不同，详细划分为新建建筑、既有建筑、内部空间和外墙、学校、零售商场、卫生机构、住宅和社区发展八个分体系。其中每一部分都有针对减少建筑能耗的专项内容。评价结果采用打分制，按照最终分数排列等级。

2. 德国的生态建筑导则 LNB（Leitfaden Nachhaltiges Bauen），LNB 体系更加关注建筑与生态、经济、社会以及人的关系，并包括了从建筑设计、建造、使用到改建完整的评估体系。该体系主要包括 7 个基本准则，分别为资料收集准则；建筑和社区规划准则；健康和舒适准则；能源和信息准则；室外设施规划准则；建筑和社区可持续性评价准则以及建筑许可准则。这些准则的最终实现是通过具体的措施和数据完成的。

3. 英国的绿色建筑评估体系 BREEAM（BRE Environmental Assessment Method），BREEAM 体系从管理、健康与福利、能源利用、交通、水利用、材料利用、土地使用以及生态、污染控制等几个方面对建筑进行综合评估，并最终对各项进行打分，按照最终得分将建筑的绿色等级分为通过、好、很好和优秀。根据建筑物使用用途不同，该体系又细分为办公建筑、住宅、法院、工业建筑、监狱、零售商场、学校、多功能居住建筑等多个详细评估系统，同时 BREEAM 还建立了对于上述建筑类型之外建筑的预约评估，生态建筑的评估以及针对英国以外建筑的评测体系。

4. 澳大利亚的建筑环境评价体系 NABERS（National Australian Built Environment Rating System），NABERS 体系目前包括对于办公建筑和住宅的评测系统，并为澳大利亚境内建筑提供在线评测服务。

5. 加拿大的评估体系 GB Tools（Green Building Assessment Tool），GB Tools 是一款界面化的绿色建筑评测软件，包括评测，数据输入，文字报告，图形化输出四个模块。该软件可以为多功能居住建筑，办公建筑以及学校提供评测服务。

6. 日本的 CASBEE（Comprehensive Assessment System for Building Environment Efficiency），CASBEE 体系主要从建筑物生命周期各个不同阶段出发，包括了建筑设计、新建建筑、已有建筑和建筑改造四个分体系。同时针对具体情况，又建立了针对临时建筑、简易建筑、缓解热岛、城市发展以及住宅进行评测的专门体系。该体系也十分注重国际交流。

7. 新加坡的 GMAC（Green Mark Assessment Criteria），GMAC 体系将建筑分为居住建筑和非居住建筑，并分别提出相应评测指标。每个分体系都包括能源利用效率、水利用效率、环境保护、室内环境质量以及其他绿色特征 5 个强制评分项以及可再生/清洁能源利用一个额外加分项。按照最终分数，将绿色建筑等级分为合格、黄金、黄金加以及白金四个等级。

8. 中国绿色建筑评价标准（GB/T 50378—2006），我国绿色建筑评价标准按照建筑物使用功能，对住宅建筑和公共建筑分别进行评定。该体系关注节地与室外环境、节能与能源利用、节水与水资源利用、节材与材料资源利用、室内环境质量、运营管理 6 项目标。按照满足项数的多少，将绿色建筑划分为 3 个等级。

各国绿色建筑评价体系中对于建筑用能效率都给出了十分清晰的标准，LEED 在新建建筑评估体系中优化能源使用一项，按照新建建筑以及改建建筑相对 ASHRAE/IESNA 标准节能的百分数确定最终分数。具体见表 7-2。

表 7-2　新建筑节能标准表

新建筑节能（%）	改建建筑节能（%）	得分
10.5	3. 5	1
14	7	2
17.5	10.5	3
21	14	4
24.5	17.5	5
28	21	6
31.5	24.5	7
35	28	8
38.5	31.5	9
42	35	10

BREEAM 在住宅评估体系中能源一项，按照建筑物 CO_2 排放量相对现有标准减少的百分数来表征该建筑物的节能效果，并最终确定分数。具体见表 7-3。

表 7-3　建筑物 CO_2 排放减少量与节能效果

CO_2 排放减少量（%）	1	2	4	6	8	10	12	14
分数	0.76	1.52	2.27	3. 03	3. 79	4.55	5.30	6.06
CO_2 排放减少量（%）	18	22	30	40	50	60	70	
分数	6.89	7.57	8.33	9.09	9.85	10.61	11.35	

7.6.1.2　零能耗建筑

在建设生态社区以及低能耗建筑发展的过程中，逐渐发展出一种零能耗建筑的全新建筑节能理念。“零能耗”建筑的设计理念是希望建造只利用可再生资源就满足居民生活所需的全部能源的建筑设区。这种“零能耗”社区不向大气释放二氧化碳，因此，也可以称为“零碳排放”社区。

英国 ZED 公司是推广这项技术最早的建筑公司，该公司最著名的项目是位于伦敦南部莎顿区的“贝丁顿零能耗”生态村（BEDZED）。目前，ZED 公司正在向中国推广他们的成功经验，在长沙与当代集团合作建造零能耗示范项目。

我国也正在对零能耗建筑技术进行积极实践。从 2005 年开始，上海实业集团与英国建筑设计公司 Arup 合作，计划在崇明岛东滩地区建设世界上首个可持续发展的生态城市。一期工程面积 630hm^2，将提供 2 万人的住房与办公场所，预计将于 2020 年左右完工，建成后可容纳 8 万居民；全部工程完工后，总共可容纳 50 万居民。根据项目开发计划，未来的东滩生态城市将实现低碳无污染排放，未来的东滩城将实现能源自给，所有住宅和商用建筑都使用可再生能源。

7.6.2 生态建筑节能设计措施

7.6.2.1 生态建筑节能设计

遵循绿色建筑节能理念，建筑节能最终的目标是减少建筑物对电能的消耗，以及有效控制对于热（冷）量的需求。生态绿色建筑节能具体的措施如下：

1. 合理确定生态建筑朝向和平面形状，合理规划空间布局及控制体型系数。

合理确定建筑朝向和平面形状，合理规划空间布局及控制体型系数可以有效控制建筑物夏季得热，减少空调冷负荷，减少夏季空调用电，另一方面可以增强冬季自然得热，减少热负荷，减少冬季供热用能。

2. 加强建筑的密闭性。

加强建筑的密闭性，可以有效减少不必要的风渗透，减少建筑物的热（冷）负荷，从而达到节能目的。

3. 加强建筑的隔热性。

建筑物应该选用高热组的维护结构，这样可以明显降低建筑物的热（冷）负荷，是建造绿色建筑十分重要的一个环节。

4. 选用大热质建筑材料。

选用大热质建筑材料可以通过大热质建筑材料蓄热（冷）的特点，一定程度缓解昼夜温差对生态建筑热（冷）负荷的影响。

5. 采用被动得热式自然通风。

采用被动得热式自然通风既可以降低冬季通风热负荷，又可以减少风机消耗的电能。

6. 使用低能耗家电、灯具。

对于居住区来讲，鼓励居民使用低能耗家电、节能灯具，例如节能冰箱、节能电视和声控灯具等可以有效节约建筑对电能的需求；

7. 增强自然采光。

增强自然采光可以减少建筑物尤其是商业建筑白天对电能的需求。

8. 不使用电加热水。

应该使用燃气或者生物质热电联产设备或者太阳能热水系统为建筑物提供全年所需的生活或者供热热水，避免作为高位能源的电能的消耗。

9. 使用清洁能源为建筑发电、供热（冷）。

建筑应该依照本地条件，多利用太阳能光伏发电，微型风力发电，燃气或者生物质热电联产，地源、水源热泵等清洁能源为建筑物提供电能以及热能。

7.6.2.2 公用设施及外部环境节能设计措施

建筑公用设施主要包括道路交通、供水、排水、燃气、供热、电力、通信、防灾等基础设施。随着生态建筑的不断发展，基础设施耗能也将逐渐成为城市建筑群的耗能大户。

1. 节约用水

建筑群内部贯彻节约用水可以减少水厂的处理规模，降低给水泵的传输流量，从而在水的处理和输配两个环节减少给水系统能耗，是减少建筑群给水系统能耗最根本的途径。同时可以通过使用节水器具，提高人们的节水意识，收集雨水与使用再生水等诸多途径，有效地减少用水量需求，从而达到降低给水系统能耗的目的。

2. 建立给水管网、污水、燃气及供热自动监控管理系统

自动监控管理系统可以检测城市水厂以及给水管网的运行状况，并根据实际用水情况对整个给水系统进行调节，从而优化了供水系统的用能效率，降低了给水系统的能耗。可使用目前最为常用的给水系统自动控制基础系统 SCADA（Supervisory Control and Data Acquisition），该系统包括中央调度控制系统、通信信道、数据采集终端系统等多个子系统，并可以结合管网地理信息系统（GIS）、管网水力计算模型、水费管理系统和供水优化调度决策支持系统，建立相应的应用技术。

同时建立 SCADA 污水厂自动监控管理系统，从整体上对污水处理厂各个环节进行监测、调控，以此减少不必要的能耗。

建立 SCADA 燃气系统自动监控管理系统，通过城市燃气管网数据采集、监测控制、调度管理等技术手段，生态城市燃气供应系统不必要的能耗将得到有效的减少。

建立 SCADA 换热、供热系统自动监控管理系统，全面提高供热技术水平，对于保证供热系统优质供热、经济节能起到十分重要的作用。

3. 降低供电系统耗损

降低电网线路的线损，在生态建筑电网规划、设计、施工、维护的各个阶段都应该考虑到降低电网线损，以减少不必要的电能浪费。降低变压器的线损，生态建筑通过使用节能型变压器，保持主变经济运行，及时停运空载变压器，增装必要的无功补偿装置等等措施可以有效减少变压器的线损，进一步降低电网的不必要耗损。

7.6.2.3　减轻热岛效应设计

城市热岛效应是城市气候中典型的特征之一，它是城市气温比郊区气温高的现象。在气候学近天空大气等温线图上，郊外的广大地域气温变动很小，犹如一个宁静的海面，而城区则是一个分明的高温区，犹如突出海面的岛屿，因为这种岛屿代表着高温的城市区域，所以就被形象地称为城市热岛。在夏季，城市部分地域的气温，能比郊区高 6℃甚至更高，形成高强度的热岛。城市热岛的形成，一方面是在现代化大城市中，人们的日常生活所发出的热量；另一方面，城市中建筑群密集，沥青和水泥路面比郊区的土壤、植被具有更大的热容量（可吸收更多的热量），而反射率小，使得城市白天吸收储存太阳能比郊区多，夜晚城市降温缓慢仍比郊区气温高。

城市热岛通常会加重城市空气污染，降低居民居住的舒适度。这样势必增加了城市用于过滤、通风以及空调等设备的能耗。因此如何减轻生态城市热岛效应，是城市设计者需要重点考虑的问题。减轻生态城市热岛效应的具体方法如下：

1. 合理安排建筑物的空间布局

城市通风是降低“热岛效应”最有效的方式，因为通过风形成的局部大气环流，可以带走建筑物群中的污染物以及热量，以此改善城市的空气质量，降低城市的温度。因此，要在建筑物群的设计中注意建筑物的平面和立面的布置效果，道路以及绿带的宽度以及位置，从而形成一个风循环的有利环境，使风能够在一定的范围内形成一个环流。同时，在规划上还需要注意对建筑物群规模的控制，规模过于庞大，将带来交通、供水、污染等诸多问题，同时也将导致城市通风不畅，热岛效应几乎不可避免。

2. 要加强绿色交通的建设

减少城市的耗能以及污染，据统计，建筑在生产和使用过程中要消耗全球资源中能源的

50%，水资源的42%，原材料的50%，耕地的48%。而在城市中，建筑几乎是最大的热源和污染源。相对建筑来说，汽车则是移动的污染源，在很多城市中汽车尾气污染已经占到大气污染的70%以上，汽车废气含有一氧化碳、氮氧化物、二氧化硫、焦油和重金属等多种危害人类身体健康的污染物。因此建设绿色建筑以及绿色交通对于缓解城市热岛效应有着十分积极的意义。

3. 要增加生态城市的绿化率

增加城市绿化覆盖率，可以大大减弱热岛效应，绿地能充分吸收太阳的辐射，所吸收的辐射能量又有大部分在光合作用中转化为化学能，这样就可以转移掉大量的热量。据有关资料显示，每公顷绿地平均每天可从周围环境中吸收81.8兆焦耳的热量，相当于189台空调的制冷作用；平均每天吸收1.8t的二氧化碳，显著削弱了温室效应的产生。此外，每公顷绿地可以年滞留粉尘2.2t，将环境中的大气含尘量降低50%左右，有效抑制了大气升温。由此可见，建立集中绿地也是一种直接而有效的降低城市“热岛效应”的做法。

4. 要维系好建筑物区域的自然水体

建筑前原有范围内的河流、水库、湿地都是很好的降热资源，应该好好地加以应用。水的热容量大，在吸收相同热量的情况下，升温值最小，水面通过蒸发吸热，可降低空气的温度。如果水体流动，则还可带走大量的城市热量。此外，水中的生物吸收了太阳能，将其转换成生物能，又带走大量的热量，降低了周边的温度。因此，要珍惜已有的自然水体，充分利用这些资源，改善建筑区热环境，降低“热岛效应”。在“热岛效应”明显的闹市区，也可采用人工水体，如喷泉来降低地面温度。

5. 要建设可渗透地面

被太阳烘烤的厚实的混凝土路面在雨水作用下，形成蒸汽，不仅高温没有降下来，反而让城市更加热气腾腾，加剧了“热岛效应”。为此，应积极倡导建筑群内的道路、人行道和住宅小区铺设再渗透混凝土路面或可渗透地砖。

6. 要充分应用太阳能清洁能源，减少由于化石燃料燃烧带来的污染以及热量

利用诸如太阳能、风能等清洁能源并不会增加热量，也不会产生污染物，这将成为未来建筑群能源利用的一种发展方向，同时也是一种减轻城市“热岛效应”的有效途径。

要综合应对“热岛效应”。现代文明社会的发展，带来了繁荣，带来了进步，也带来了城市。城市“热岛效应”涉及行为科学和自然科学，涉及城市建筑与气象物理等领域，涉及人类的身体健康和心理健康，为此，在城市设计、建设以及管理过程中，也应该相应地综合考虑减轻生态城市“热岛效应”的具体措施。

7.6.2.4 居民生活节能途径

能源消耗作为一种人类行为，居民本身的能源利用习惯对生态建筑能源消耗量的影响也是至关重要的。通过宣传、教育以及相应的政策法规的约束，可以在居民中培养一种节能的意识，从而消除了很多人为的不必要能源浪费，减少了生态城市能源需求量。

1. 养成良好的节能习惯

宣传并培养居民良好的节能习惯，例如随手关闭空置房间的电灯；不使用电脑或者电视的时候，选择关闭而不是待机，拔掉长期不使用的电器的电源线等等。

2. 选择更自然的生活方式

鼓励居民选择更自然的生活方式，例如白天使用自然光照明，使用自然晾晒的方式晾干

衣物，在合适的外出距离范围内尽量采取步行，选择爬楼梯以减少对电梯的使用等等。

3. 设置节能提示物

建筑群内应该设置节能提示物，例如在人流集中的区域设置节能宣传电子显示屏；在居民家中设置数字可视电表、水表以及煤气表，使居民经常可以注意到自家的能源消耗量。

4. 设立奖励与惩罚措施

设立与能源消耗相关的奖励与惩罚措施，例如制定峰谷电价；按照一定标准制定用水、用气、用电定额，并制定相应的超定额价格。

7.6.3　案例解析

7.6.3.1　案例一　杭州绿色建筑科技馆

1. 项目简要介绍

2009 年 11 月 1 日，位于杭州能源与环境产业园西南区的绿色建筑科技馆正式投入使用。该科技馆是一座四层楼的建筑，高 18.5m，钢框架结构。总投资 6000 万元，占地 $1348m^2$，总建筑面积 4679 m^2。它采用国内外最新建筑技术，被称作“绿色建筑科技馆”（图 7-7）。建筑设计主要由英国德·蒙特福特大学、清华大学建筑节能研究中心、中国建筑研究院上海院绿色建筑研究中心、杭州城建设计院等单位共同完成。

图 7-7　杭州绿色建筑科技馆

该设计是不需空调的建筑典范，作为一个集成当今世界十大先进节能技术的建筑节能系统，全年能耗不到一般同类建筑的 1/4。凭借其超常的节能效率，它再一次掀起了全社会建设节能建筑的热情，引领建筑节能新技术的创新与发展。据介绍，杭州绿色建筑科技馆建筑外形整体向南倾斜 15°。这样可避免夏日阳光直射室内，采用地源热泵系统，在地下 60m 深处构筑水循环系统，用冷热交换的办法使室内降温，不需使用空调，整个建筑节能率达 76.4%。

2. 建筑节能要点

（1）科技力促高效率节能

在节能技术运用上，项目设计团队坚持节能优先、可持续发展的策略，集成采用了当今国内外最先进、适用的建筑节能技术系统，其中包括：被动式通风系统，尽可能多地利用屋顶自然采光和不需要耗能的日光照明系统，设计中使建筑倾斜形成建筑自遮阳系统；使用智能化自动调节的外遮阳通风百叶系统；环保合理的外围护系统；温度、湿度独立控制的空调系统；雨水收集、中水回用系统；能源再生电梯系统等。这些都是可以大量普及推广的建筑节能技术。

（2）故意南倾 15°

为了最大可能收集太阳能，杭州绿色建筑科技馆的设计人员在进行项目设计时故意将整个建筑体向南倾斜了 15°。夏季太阳高度角较高，向南围护结构可阻挡过多太阳辐射；冬季太阳高度角较低，热量则可以进入室内，北向可引入更多的自然光线。它能降低太阳辐射的不利影响，改善室内的舒适环境。

（3）集成环保节能材料

除了使用先进的节能技术和清洁能源外，杭州绿色建筑科技馆还采用大量的节能环保材料，如建筑物南北立面采用的钛锌板，东西立面采用的陶土板，均属于可回收循环使用、自洁功能的绿色环保型建材。

凭借采用集成的低能耗、生态化、人性化的建筑形式及先进的节能环保建筑技术产品，杭州绿色建筑科技馆日前正式被住房与城乡建设部列入建筑节能和可再生能源利用示范项目（图 7-8）。

图 7-8　杭州绿色建筑科技馆侧面

7.6.3.2　案例二　国内外生态节能社区建设实践

1. 英国贝丁顿生态社区

贝丁顿“零能耗发展”社区位于伦敦附近的萨顿（Sutton）市，由隶属于英国著名的生态建筑设计事务所比尔·邓斯特（Bill Dunster）的 ZED 公司设计。该项目被誉为英国最具创新性的住宅项目，其理念是在不牺牲现代生活的舒适性的前提下，建造节能和环保的和谐社区（图 7-9）。于 2002 年建成的社区占地 1.7hm²，包括 82 个单元（271 套公寓）和 2369m² 的办公、商用面积。

图 7-9　英国贝丁顿生态社区

贝丁顿“零能耗发展”社区的“零能耗”得益于两大特色：其一是按照节能原则设计的建筑物；其二是社区能耗来源于内部的可再生能源。具体如下：

（1）建筑节能

建筑师通过各种措施减少建筑的热损失，并尽可能使用太阳能获得热量：

1）各建筑物紧凑相邻，以减少建筑的总散热面积。

2）为减少建筑物的表面热损失，建筑物的楼顶、外墙和楼板都采用 300mm 厚的超级绝热外层；窗户选用内充氩气的三层玻璃窗；窗框采用木材以减少热传导。

3）每一居民户朝南的玻璃阳光房是其重要的温度调节器：冬天，阳光房吸收了大量的太阳热量来提高室内温度；而夏天将阳光房打开变成敞开式阳台，利于散热。

4）采用自然通风系统将通风能耗最小化。风力驱动的换热器可随风向的改变而转动，一边排出室内的污浊空气，一边利用废气中的热量来预热室外寒冷的新鲜空气。在此热交换过程中，最多有 70%的通风热损失得以挽回。

（2）热电联产系统（Combined Heat and Power System，简称 CHP）

有些能耗是生活中必需的，如居民用水与用电。贝丁顿社区采用热电联产系统为社区居民提供生活用电和热水。同时，该系统以可再生资源——木材为燃料。根据供应量，系统每年的木材需求量是 1100t，其来源包括周边地区的木材废料和邻近的生态公园中管理良好的速生林。整个社区需要一片三年生的 70hm^2 速生林，每年砍伐其中的三分之一，并补种上新的树苗，以此循环。树木成长过程中吸收的二氧化碳，在燃烧过程中等量释放出来，符合零温室气体排放原则。

（3）绿色交通计划

贝丁顿社区的“绿色交通计划”包含三个层面：

1）减少居民出行需要：社区内的办公区为部分居民提供在社区内工作的机会。公寓和商住、办公空间的联合开发，使这些居民可以从家中徒步前往工作场所，减少社区内的交通量。同时，为减少居民驾车外出，物业管理公司也作了多方面的努力，包括：为社区内的商店组织当地货源，提供新鲜的环保蔬菜、水果等食品；退台式屋顶每上一层都往里设个退缩位，为下一层公寓营造露台或花园，鼓励居民在自家花园中种植蔬菜和农作物；社区内还设置多种公共场所——商店、咖啡馆和带有儿童看护设施的保健中心，满足居民多样化的生活需要。

2）推行公共交通：社区建有良好的公共交通网络，包括两个通往伦敦的火车站台和社区内部的两条公交线路。开发商还建造了宽敞的自行车库和自行车道。遵循“步行者优先”的政策，人行道上有良好的照明设备，四处都设有婴儿车、轮椅通行的特殊通道。社区为电动车辆设置免费的充电站。其电力来源于所有家庭装配的太阳能光电板（将太阳能转换为电力），总面积为 777m^2 的太阳能光电板，峰值电量高达 109 kwh，可供 40 辆电动车使用。

3）提倡合用或租赁汽车：为满足远途出行需要，社区鼓励居民合乘一辆私家车上班，改变一人一车的浪费现象。当地政府也在公路上划出专门的特快车道（Car Pool），专供载有两人以上的小汽车行驶。同时，社区内设有汽车租赁俱乐部，目的是降低社区内的私家车拥有量，让居民习惯于在短途出行时使用电动车。

2. 德国汉诺威 Kronsberg 生态小区

汉诺威市康斯柏格（Kronsberg）城区是欧洲最大的生态示范城区，有 1200hm^2，强调城市规划的可持续发展。康斯柏格（Kronsberg）居住小区是为 2000 年汉诺威世界博览会而开发的居民小区，总面积 150 hm^2。博览会期间用于接待参会人员，会后销售给当地居民，目前共有 3000 户居民。该社区是以生态优化、花园型城市和社区型城市为特色的绿色环保小区。2001 年在奥地利的林茨市（Linz），汉诺威市（Kronsberg）城区以生态化的设计从来自 83 个国家的 1260 个竞争项目中脱颖而出，获得了能源节约奥斯卡大奖第二名。

在住房设计方面强调能源节省，尝试新的防风隔热结构。在取暖方面采用热电联产实现区域就近供暖，减少热量损失。还有 100 多户居民使用太阳能，太阳能所提供的能源能达到所消耗能源的 40%。社区外围建设的风力发电项目为社区提供电力，同时又减少了 20% 的 CO_2 排放量。城区建设期间所挖的土壤也都再利用到周围的农业和景观美化上，减少了交通运量。Kronsberg 最有特色的是它的节水设计，整个城区就是个大的雨水收集站，雨水被收集，储存，生态净化，被用做绿化灌溉，蓄水池又是小区景观必不可少的亮点。不仅仅在宏观设计上，很多细节，譬如整个城区都使用节能灯，住户水龙头都带节水控制等很多方面都体现了节省能源、生态生存的主题（图 7-10）。

图 7-10　德国汉诺威 Kronsberg 生态小区

3. 瑞典马尔默市 Bo01 住宅示范区

该项目位于瑞典马尔默市西码头区，占地 $30hm^2$，总体建筑面积 12 万 m^2，于 2005 年全部竣工。该项目获得奖项包括：欧洲 100 个可再生能源推广小区之一、欧洲 2001 年房屋博览会主办地以及 2001 年欧盟“推广可再生能源奖”。

项目楼体与普通楼房或者住宅小区相比较，能源需求减少 20%～31%，人均对土地和基础设施的占用减少 45%～59%，人均节水 10%，建材总需求量减少 10%，建材废弃物量减少 20%。

该项目 100%利用当地的可再生能源，包括风能、太阳能、地热能、生物能等。其中风能利用主要依靠来自于距小区以北 3km 处的一个 2MW 风力发电站（图 7-11），该发电站能够满足 Bo01 小区所有住户的家庭用电，热泵及小区电力机车的用电；太阳能利用则是依靠一个 $120m^2$ 的太阳能光伏电池系统和 $1400m^2$ 的太阳能集热板（其中 $1200m^2$ 为平板，$200m^2$ 为真空板）。地热资源利用则是采用地源热泵技术，通过埋在地下土层的管线，把地下热量“取”出来，然后用少量电能使之升温，供室内暖气或提供生活热水等。同时该项目还利用住宅区的生活垃圾和废弃物，通过马尔默市的市政处理站可以将生产的电力和热力回用于小区。

在建筑材料和技术上，该项目选择了断桥式喷塑铝合金门窗、高效暖气片（配以可调式温控阀）、可调式通风系统、节能灯具、空心砖墙及复合墙体技术、热量回收的新风系统、复合外墙外保温墙板、植被绿色屋顶等技术，以减少建筑的能耗。

4. 长沙 ZED quarter 社区

该规划方案是中国当代集团与 ZED 公司合作设计的零能耗社区规划方案，该方案选址位于湖南长沙，占地 $1.4hm^2$。规划的初衷是将该社区设计成为包括当代集团总部大楼以及商业建筑在内的多功能商业区。如果零能耗的理念能被广泛接受，该方案最终会加入居住住宅，成为商业、居住综合社区（图 7-12）。

图 7-11　瑞典马尔默市 Bo01 住宅示范区风能发电网

图 7-12　长沙 ZED quarter 社区规划图

由于是零能耗社区，该方案在设计的时候融入了大量的节能要素。其中包括利用城市通风减轻城市热岛效应，使用热泵系统为建筑供热以及供冷，利用太阳能光伏电池以及小型风力发电设备为建筑供电，使用生物质热电联产为建筑供热供电，提高建筑的隔热性能以及利用自然通风减少建筑能耗。同时该方案的停车位全部位于地下，并且计划只使用清洁能源汽车，以减少交通能耗。该方案的最终目的是希望人们放弃高能耗的生活方式，转而选择一种低能耗的城市生活方式。

7.6.3.3　案例三　北京奥林匹克公园

北京奥林匹克公园，位于北京北中轴线上，南临北四环路，北至洼里，占地 $12km^2$（图 7-14），是 2008 年奥运会的主赛场及生活主体社区。奥林匹克公园中心区共建有 10 个比赛场馆，如国家体育馆、国家游泳中心（水立方）与可容 9 万观众的国家体育场（鸟巢）等。整座奥运中心的选址、设计、施工及赛后利用等，均充分体现绿色奥运、人文奥运和科技奥运的全新理念。

（1）居住建筑

北京市民用建筑节能设计标准规定的采暖指标为每平方米 32W，而奥运村运动员服务中心的采暖指标仅为每平方米 8W，利用可再生能源的贡献率为 65.7%，与常规建筑相比实现节能 83%。

奥运村内居住建筑的玻璃窗，除了采用双层设计外，还在两层玻璃之间冲入了惰性气体，外面镀上一层低辐射膜。有了这三层保护，夏季较强的太阳辐射会被反射回去，而冬天室内的热量则不会散发出去，可以减少房间内的热负荷。

奥运村里的空调和供暖系统采用了水源热泵技术。奥运村里制冷和供暖所需的能量全部从经过污水处理厂处理后的再生水中提取。利用再生水与位于地下的热泵机组进行再交换，不仅提高了空调机制冷和制热的效率，而且还省去了传统的冷却塔和室外机，也就避免了因室外机向外散热而造成大型建筑周围的热岛效应。利用这套系统可以比普通空调节电 40% 以上，可替代焦煤 3600 余 t，减排 CO_2 7200 余 t。

建筑内的热水系统则使用楼顶上铺设的太阳能集热板。这种集热板上的每个集热片能够自动寻找太阳照射的角度，只要水平安装在屋顶就能实现遮阳加热两不误。整套系统使用寿命为 20 年，每年能使奥运村节电约 550 万度，减少 CO_2 排放约 600t。

为了实现“微能耗”，奥运村运动员服务中心在设计中体现了七大原则：被动节能技术优先、重视可再生能源利用、新排风能量回收、系统与设备高能效、跨季节蓄冷与夜间蓄冷有机结合、保障能源互补性、提供健康舒适的室内外环境。

在微能耗幼儿园示范工程中，能源系统在设计之初就充分考虑了奥运村所处的地理气候环境，对其周围可资利用的可再生能源进行了详细的整体优化分析，因地制宜地开发利用了太阳能、风能、地能等可再生能源。

(2) 照明

在照明方面，太阳能路灯、太阳能庭院灯、太阳能草坪灯、光导管以及 LED 电子发光等绿色照明技术，也将散布在奥运村内各个需要的位置。利用光导管技术采集自然光，就可以为奥运村的地下室、车库、值班室等提供自然光照明。

(3) 奥运场馆

为避免耗费巨大的能源，“鸟巢”将采取自然通风。即利用场内的负荷产生的热压，通过和建筑师的配合，在整个体育场底层设置进风口，体育场的顶部是膜结构，设置合理的排风措施，使得体育场自然通风满足观众舒适度的要求（图 7-13)。

图 7-13　鸟巢

图 7-14　北京奥林匹克公园全景图

北京奥运会柔道跆拳道比赛场馆内开装储存阳光的采光罩。每个气球似的采光罩里藏着将近 150 个口径达到 53cm 的光导管。它能收集并储存室外的光线，通过有放大作用的漫射器将光线均匀地洒进场馆，从而实现采光“零耗能”。

绿色奥运项目还包括：热管技术、热回收型组合式空调机组、浅层地表水热能利用技术、室外铺砌路及广场采用可渗透地面、多功能机械通风技术、室内空气净化技术、空调采暖加湿、除湿和控制技术、绿色节能灯具、节能照明控制系统、节能供配电技术及设备、节能节水及环保绿地灌溉技术、水池防渗与节水技术、泳池水处理系统、先进的中水处理技术及设备、景观水系水质保持与再生水利用技术、中水高效应用技术及设备、雨水净化、存储再利用技术及产品、节水型供水系统技术及产品、节水型器具等。

7.6.3.4　案例四　上海世博会场

2010 年世博会场地选址上海中心城黄浦江两岸，位于南浦大桥—卢浦大桥地区，规划范围为 5.28km^2。同时，为加强地区空间、环境的整合与协调，周边规划设置 1.4km^2 左右的建设协调区（图 7-15）。

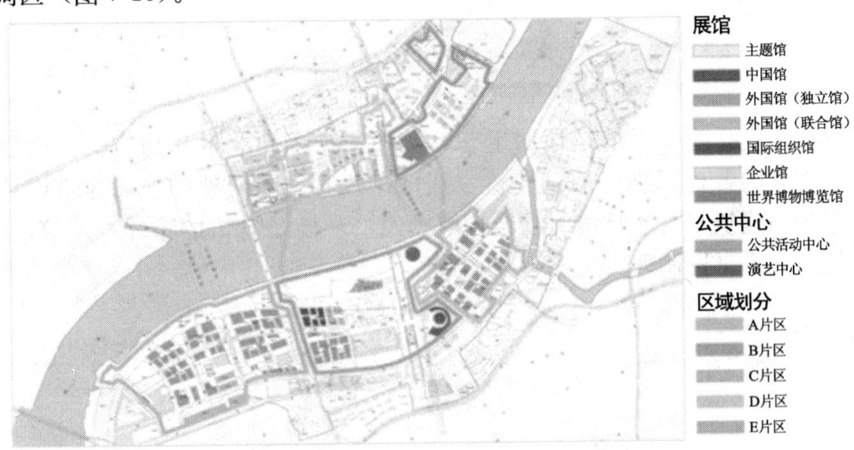

图 7-15　上海世博会各场馆分布图

世博会的举办时间是 5 月到 10 月，这期间正值盛夏季节，高温酷暑无疑是世博会面对的一大难题，为解决这一问题，有关部门采用了一套城市设计生态评价体系。

城市设计生态评价体系对 5.28km^2 的世博园区进行了包括太阳辐射、废气排放、风向路线等在内的各项模拟试验。以风向模拟为例，2010 年上海世博会举办期间正值夏季，主要受东南季风影响，因此世博园区的建筑不仅走向大多为东南方向，窗户也朝东南方向敞开。

为了最大限度利用好穿堂风，世博园区的部分展馆还将采用底层挑空的设计，将展馆变身成导风板，届时就算馆内温度超过 30℃，也不用开空调，从而节约了电力。除了季风，在展馆和绿地的设计中，太阳阴影也有了用武之地。

上海世博会园区的绿化覆盖率将超过 40%，在为观众提供蔽荫和休息场所的同时，也将起到为园区降温的作用。

同时世博园将率先使用 LEED 国际绿色建筑权威认证，并将现代新技术应用到世博场馆中。这些技术包括建筑技术、信息技术、交通技术等。其中最为重要的是以绿色和智能建筑为主体的建筑技术。绿色建筑技术主要包括绿色配置、自然通风、自然采光、低能耗围护结构、太阳能利用、地热利用、中水利用、绿色建材、节水节能设备、立体绿化等方面的高新技术。智能建筑技术主要是以现代信息网络技术为基础的全自动或半自动控制技术。

世博园区基础设施的建设将体现“科技世博”、“生态世博”的理念，特别是在清洁能源利用方面，体现先进性和导向性，拟采用太阳能光伏发电技术；在废弃材料再生循环利用方面，体现勤俭办博，科技创新，拟采用水资源综合利用技术及废混凝土、废沥青和废材料用于筑路技术；在环保生态方面，体现以人为本，拟采用地下城生态通风及环境控制技术等。

本 章 小 结

从生态学的角度，建筑系统是地球生态系统中各种不同能量和物质材料的组织形式之一。本章将生态学的各种原理应用到建筑实践中，并通过国内外的经典建筑设计的案例分析，使学生意识到建筑与自然环境、社会环境及经济环境是有机的整体，建筑设计要使人、建筑与环境构成一个良性循环的生态系统。

思 考 题

7-1　在全球气候变暖大背景下，我们的建筑与设计更应该考虑哪些问题?

7-2　思考一下什么才是真正的“生态住宅”，从国内外案例中分析如何实现“生态住宅”?

7-3　思考在建筑设计中如何实现"低碳"规划与设计?

习　题

7-1　建筑系统的特性体现在哪些方面?

7-2　如何在建筑设计中体现生态平衡?

7-3　“天人合一”哲学思想对中国传统城市和建筑影响体现在哪些方面?

7-4　生态建筑中水环境配置应注意哪些方面的问题?

7-5　试阐述生态位的基本原理以及如何构建建筑生态位?

7-6　建筑的绿化设计应遵循哪些原则?

7-7　生态建筑节能设计的具体措施有哪些?

7-8　生态绿化的植物配置的原则和形式有哪些?

7-9　减轻生态城市热岛效应的具体办法有哪些?

习题参考答案

1-1 生态学是研究有机体与其周围环境相互关系的科学。生态学是研究生物住所的科学，强调的是生物与栖息地环境之间的相互关系。生物包括植物、动物、微生物及人类自身，而环境则包括生物环境和非生物环境，生物环境指同种或异种的其他生物有机体，非生物环境是指光、温、水、大气、养分元素等无机因素。

1-2 按照现代生物学的组织层次来划分，生态学的研究对象为生物大分子、基因、细胞、器官、个体、种群、群落、生态系统、景观等；按生物类群来划分，生态学的研究对象为：植物、微生物、昆虫、鱼类、鸟类、兽类等生物类群；按照生物的生境类别来划分，则有陆地生态学、海洋生态学、河流生态学等；根据生态学应用的领域来划分，则有农田生态学、恢复生态学等。

1-3 生态学发展大体经历了三个时期：（1）建立前期，主要是描述生物与环境的关系，树立了“天人合一”的思想及道德观。（2）建立和成长期，以生态学作为一门生物学分支学科的成立作为标志。此后一直到20世纪50年代，生态学主要集中在种群生态学、群落生态学领域开展研究，生态学基础理论框架得以建立。（3）现代生态学时期，20世纪50年代以来，人类的经济和科学技术获得了史无前例的飞速发展，带来了环境、人口、资源和全球变化等关系到人类自身生存的重大问题。在解决这些重大社会问题的过程中，生态学与其他学科相互渗透，相互促进，并获得了重大的发展。可持续发展以及建筑生态学等观念出现并逐步完善，随着人类生态意识的加强，人类普遍意识到人类只是地球上生态系统的有机组成部分，不是自然统治者，人类和所有生命都应该和谐相处。在建筑学中主要体现为利用洁净能源，使用绿色建材、绿化、自然通风和采光，防止对大气、水体和土壤的污染，沿袭建筑文脉等等。从学科的发展趋势来看，建筑学和城市规划无论在理论和实践方面势必要进一步生态化。

2-1 环境是指某一特定生物体或生物群体以外的空间，以及直接或间接影响该生物体或生物群体生存的一切事物的总和。

生态因子是指环境中对生物的生长、发育、生殖、行为和分布有着直接或间接影响的环境要素，如温度、湿度、空气和其他生物等。

生态因子也可认为是环境因子中对生物起作用的因子。任何一种生物的生存环境中都存在着很多生态因子，这些生态因子在其性质、特性和强度等方面都各不相同，他们彼此之间相互制约，相互组合，构成了多种多样的生存环境，为各类生物的生存进化提供了丰富的生境类型。

2-2 美国生态学家 V. E. Shelford 提出了耐受性法则的概念，他认为生物的存在与繁殖，不仅要受到生态因子最低量的限制，而且也受生态因子最高量的限制。生物对每一种生态因子都有其耐受的上限和下限，上下限之间就是生物对这种生态因子的耐受范围。

生物的生存和繁殖依赖于各种生态因子的综合作用，其中限制生物生存和繁殖的关键性因子就是限制因子。任何一种生态因子只要接近或超过生物的耐受范围，它就会成为这种生物的限制因子。一旦找到了限制因子，就意味着找到了影响生物生存和发展的关键性因子，并可集中力量研究它。

2-3 （1）太阳辐射强度对植物生长和植物形态的生态作用：太阳辐射是绿色植物光合作用的能量来源，接受一定量的光照是植物获得净生产量的必要条件；（2）太阳辐射光谱对植物生长的生态作用：如果光照强度分布不均，则会使树木的枝叶向强光方向生长茂盛，向弱光方向生长不良，形成明显的偏冠现象；（3）太阳辐射时间的生态效应（光周期）：分布在地球各地的动植物长期生活在具有一定昼夜长度变化格局的环境中，借助于自然选择和进化而形成了各类生物所特有的对日照长度变化的反应方式，这就是在生物中普遍存在的光周期现象。

2-4 主要表现在低温和高温对植物的影响。

（1）低温对植物的生态作用，主要体现在寒害、冻害和生理干旱等三方面；

（2）高温对植物的生态作用，主要表现在叶片灼伤、生理活动受到抑制等。

2-5 水的生态作用包括降水量（影响植物的生长、发育及分布）、大气湿度（影响植物的蒸腾、蒸散及水循环）和土壤水分（是决定植物分布和生长的限制性因子）。

不同的植物种类，由于长期生活在不同水分条件的环境中，形成了对水分需求关系上不同的生态习性和适应性。根据植物对水分的关系，可把植物分为水生植物和陆生植物。他们在外部形态、内部组织结构、抗旱、抗涝能力以及植物景观上都是不同的。

2-6 温度因子是生物生存和舒适感的一个决定性因素，也是建筑行业重点考虑的问题。不仅要考虑温度效应对建筑结构的影响，同时要注意尽量减少对周围空间温度的影响，并营造舒适的室内温度环境。例如：城市绿地、喷雾、绿色屋顶等。

3-1 在一定空间中同种生物个体的集合称为种群。种群的基本特征包括种群的大小和密度；出生率和死亡率；年龄结构和性比；种群的空间格局。

3-2 比利时的数学家弗胡斯特从指数方程出发，认为种群可利用的食物量总有一个最大值，它是种群增长的一个限制因素。种群的增长越接近这个上限，其增长率越慢，直至停止增长，这个最大值称为容纳量（K）。这样有限环境下种群数量增长的数学模型为：

$$\frac{dN}{dt}=rN\left(\frac{K-N}{K}\right)$$

这就是逻辑斯蒂方程。

逻辑斯蒂方程与指数方程的差别，在于增加一个修正项（$1-N/K$）。按照逻辑斯蒂模型的描述，在有限环境下种群数量是S型曲线，S型曲线有一条上渐近线，这就是K值，即环境容纳量。模型中的（$1-N/K$）所代表的生物学意义是未被个体占领的剩余空间。若种群数量（N）趋于零，则（$1-N/K$）接近于1，即全部K空间几乎未被占据和利用，这时种群呈现指数增长；若种群数量（N）趋向于K，则（$1-N/K$）逼近于零，全部空间几乎被占满，种群增长极缓慢直到停止；种群数量由零逐渐增加，直到K值，种群增长的剩余空间逐渐变小，种群数量每增加一个个体，抑制增长的作用就是$1/K$，这种抑制性影响称为环境阻力，也有人称为拥挤效应。

3-3 *K*-选择的生物种群比较稳定，种群密度常处于K值（环境容纳量）周围，可称为*K*-对策者。它们通常出生率低，寿命长，个体大，具有较完善的保护幼体的机制。子代死亡率低，一般扩散能力较弱，但竞争能力较强，即把有限能量资源较多地投入到提高竞争能力上，适应于稳定的栖息生境。

r-选择的生物，它们的种群密度很不稳定，很少达到K值，大部分时间保持在逻辑斯蒂曲线的上升段，为高增长率。属于*r*-选择的生物称为*r*-对策者。通常出生率高，寿命短，个体小，常常缺乏保护后代的机制，子代死亡率高。通常有较大的扩散能力，适应多变的栖息生境。

3-4 种间竞争：具有相似要求的物种，为了争夺有限的空间和资源，各方都力求抑制对方，结果给双方带来不利影响；

共生：两种生物彼此互利地生存在一起，缺此失彼都不能生存的一类种间关系。在自然界里，种间共生形式多种多样，合作的程度也有浅有深，效果可以是互惠的，也可以是单方受益，另一方无损；

协同进化：两个相互作用的物种在进化过程中发展的相互适应的共同进化。协同进化的现象是普遍存在的。

3-5 随着植株播种密度进一步提高和高密度播种下植株的继续生长，种内个体对资源的竞争不仅影响到植株生长发育的速度，而且影响到植株的存活率。在高密度的样方中，有些植株死亡了，于是种群开始出现“自疏现象”。

Yoda等（1963）把自疏过程中植株存活个体的平均干重（w）与种群密度（d）之间的关系用下式表达：

$$W = Cd^{-a}$$

式中，a为－3/2区间内的一个恒值，因此有人把上面经验公式称为－3/2自疏法则。

4-1 生物群落为特定空间或特定生境下若干生物种群有规律的组合，它们之间以及它们与环境之间彼此影响，相互作用，具有一定的形态结构与营养结构，执行一定的功能。也可以说，生态系统中具有生命的部分就是生物群落。

特征：具有一定的物种组成；不同物种之间的相互影响；形成群落环境；具有一定的外貌和结构；一定的动态特征；一定的分布范围；群落的边界特征。

4-2 多数群落具有垂直结构或成层现象，它是群落中各种生物彼此间充分利用营养空间而形成的一种适应现象。群落的成层性包括地上成层现象与地下成层现象，层的分化主要由植物生活型决定。在发育成熟的森林中，上层乔木可以充分利用阳光，而林冠下被那些能有效地利用弱光的下木所占据。穿过乔木层的光，有时仅占到达树冠的全光照的1/10，但林下灌木层却能利用这些微弱的、光谱组成已被改变了的光。在灌木层下的草本层能够利用更微弱的光，草本层往下还有更耐阴的苔藓层。

任何群落中的主要环境因子在不同地点上所起的作用往往是不均匀的，如小地形的影响、土壤湿度、盐渍化程度、上层荫蔽等。而在群落内，各种生物本身的生态学特性、竞争能力以及它们生长、发育、繁殖和传播的方式也很不同。由于这两方面因素相互作用，在群落内不同地点上很自然地存在着一些植物或动物构成的小组合。即“小群落”。这些小群落交互错杂地排列在一起，就形成了群落的水平结构或镶嵌性，水平结构是指群落在空间的水平分化，也即群落的镶嵌现象。

4-3 生态学意义上的岛屿强调“隔离”和独立性。许多研究证实，岛屿中的物种数目与岛的面积有密切关系。一般来讲，岛屿面积越大，岛屿中的物种数目越多，这种岛屿面积越大容纳生物种数越多的效应称为岛屿效应。岛屿效应是一种普遍现象，主要是与生物种迁入和迁出的强度和岛屿空间上生物基础生态位的分配有关。

自然保护区是具有明显边界、对某些物种进行有意识保护的相对封闭的区域。在某种意义上讲是受其周围生境“海洋”所包围的岛屿。因此，岛屿生态理论对自然保护区的设计具有指导意义。一般地说，保护区面积越大，能支持或“供养”的物种越多，面积小，支持的种数也少。但对某具体物种而言，面积的大小决定于下列情况：(1) 若每一小保护区内都是相同的一些种，那么大保护区能支持更多的种。(2) 隔离的小保护区有更好的防止传播流行病的作用。(3) 如果在一个异质性极高的区域中建立保护区，多个小保护区能提高空间异质性，有利于保护物种多样性。(4) 对密度低、增长率慢的大型动物，为了保护其遗传性，较大的保护区是必需的。保护区过小，种群数量过低，可能会因为近亲繁殖使遗传特征退化，也易于因遗传漂变而丢失优良物种。(5) 在各个小保护区之间的“通道”或走廊，对于保护是很有帮助的，它能减少被灭亡的风险，细长的保护区有利于迁入。

4-4 T. W. Connell 等提出了中度干扰假说，即中等程度的干扰水平能维持高的物种多样性。其理由是：①在一次干扰后少数先锋种入侵缺口，如果干扰频繁，则先锋种不能发展到演替中期，因而多样性较低；②如果干扰间隔期很长，使演替过程能发展到顶极群落，多样性也不高；③只有中度干扰程度使多样性维持高水平，它允许更多的物种入侵和定居。

4-5 在一定地段上，一个植物群落依次被另一个植物群落所代替，即为群落演替。

原因：植物繁殖体的迁移、散布和动物的活动性；群落内部环境的变化；种内和种间关系的改变；外界环境条件的变化；人类的活动。

4-6 覆盖在地球表面的主要植被类型有热带雨林、亚热带常绿阔叶林、温带落叶阔叶林、寒温带针叶林、草原、荒漠和水生植物群落等。

4-7 (1) 城市植被环境的变化，城市化的进程改变了城市环境，也改变了城市植被的生境，因为强烈的人为干扰，城市植被处于完全不同于自然植被的特化生境中。

(2) 城市植物区系成分的变化，城市植被的区系成分与原生植被具有较大的相似性，尤其是残存或受保护的原生植被片断。另一方面，人类引进的或伴人植物的比例明显增多，归化率即外来种对原植物区系成分的比率越来越大。

(3) 城市植被格局的园林化，城市植被在人为规划、设计、布局和管理下，大多形成了乔木、灌木、草本和藤本等各类植物配置的园林化格局。

(4) 城市植被结构单一化，城市植被结构分化明显，并趋单一化。除了残存的自然森林或受保护的森林外，城市森林大都缺乏灌木层和草木层，藤本植物更为罕见。

(5) 城市植被偏途化演替，城市植被的形成，更新或是演替均在人为干预下进行，植被演替是一条按人的绿化政策发展的偏途途径。

4-8 城市植被的功能可概括为美化环境、保护环境、净化环境、调节小环境气候条件的生态效益，保护生物多样性及创造经济价值的绿化产业。

4-9 以群落为基本单位；地带性原则；生态演替原则；以潜在植被理论为指导；保护生物多样性原则；整体性和系统性原则。

5-1 生物群落与其生存环境之间，以及生物种群相互之间密切联系、相互作用，通过物质交换、能量转换和信息传递，成为占据一定空间、具有一定结构、执行一定功能的动态平衡整体，称为生态系统。

特征：生态系统是生态学上的一个主要结构和功能单位，属于生态学研究的最高层次；生态系统内部具有自我调节能力；能量流动、物质循环和信息传递是生态系统的三大功能；生态系统中营养级的数目受限于生产者所固定的最大能值和这些能量在流动过程中的巨大损失，因此生态系统营养级的数目通常不会超过5～6个；生态系统是一个动态系统。

5-2 生物放大指某些在自然界不能降解或难降解的化学物质，在环境中通过食物链的延长和营养级的增加在生物体内逐级富集，浓度越来越大的现象。

许多有机氯杀虫剂和多氯联苯都有明显的生物放大现象。（1）消灭害虫的同时，无选择地将益虫、益鸟和害虫的天敌杀死。（2）DDT不溶于水，而溶于脂肪，极易通过食物链而浓集。（3）DDT通过食物链进入动物体后，使钙代谢功能丧失，从而使鸟类蛋壳变薄，雌鸟孵卵时将蛋压破，从而使禽类的数量减少。

措施：首先是在源头上下工夫，减少对环境的污染。其次，通过培植或发现对污染物有较高降解效能的菌株、植物，用于对土壤、水、肥的净化处理。

5-3 （1）林德曼效率指的是在能量传递过程中，每个营养级只能从上一营养级中得到约十分之一的能量。（2）能量单向流动，不可逆。

5-4 植物所固定的太阳能或所制造的有机物质就称为初级生产量或第一性生产量。影响初级生产力的主要因子有阳光、水、营养元素、植物类型、污染等。

5-5 将残株、尸体等复杂的有机物分解为简单有机物的逐步降解过程，称为分解作用。生态系统中的分解作用同样是一个非常复杂的过程，它由降解过程、碎化过程和溶解过程等三个步骤组成。

5-6 碳循环的基本路线是从大气储存库到植物和动物，再从动植物通向分解者，最后又回到大气中去。其循环途径有：①在光合作用和呼吸作用之间的细胞水平上的循环；②大气CO_2和植物体之间的个体水平上的循环；③大气CO_2—植物—动物—微生物之间的食物链水平上的循环。这些循环均属于生物小循环。此外，碳以动植物有机体形式深埋地下，在还原条件下，形成化石燃料，于是碳便进入了地质大循环。当人们开采利用这些化石燃料时，CO_2被再次释放进入大气。

5-7 主要过程包括：固氮；氨化作用；硝化作用；反硝化作用。

固氮：只有通过固氮菌的生物固氮、闪电等的大气固氮，火山爆发时的岩浆固氮以及工业固氮等4条途径，转为硝酸盐或氨的形态，才能为生物吸收利用。

氨化作用：当无机氮经由蛋白质和核酸合成过程而形成有机化合物以后，这些含氮的有机化合物通过生物的新陈代谢又会使氮以代谢产物（尿素和尿酸）的形式重返氮的循环圈。土壤和水中的很多异养细菌、放线菌和真菌都能利用这种富含氮的有机化合物。这些简单的含氮有机化合物在上述生物的代谢活动中可转变为无机化合物（氨）并把它释放出来。这个过程就称为氨化作用。

硝化作用：含氮化合物难以被直接利用，必须使它们在硝化作用（Nitrification）中转化为硝酸盐。这个过程在酸性条件下分为两步，第一步是把氨或者铵盐转化为亚硝酸盐（$NH_4 \rightarrow NO_2^-$）；第二步是把亚硝酸盐转变为硝酸盐（$NO_2^- \rightarrow NO_3^-$）。亚硝化胞菌（*nitrosomonas* 属）可使氨转化为亚硝酸盐，而其他细菌（如硝化细菌）则能把亚硝酸盐转化为硝酸盐。

反硝化作用：指把硝酸盐等较复杂的含氮化合物转化为 N_2、NO 和 N_2O 的过程，这个过程是由细菌和真菌参与的。

5-8 原因：生物种类成分的改变；森林植被的破坏；环境破坏如不合理的资源利用、水土流失、气候干燥、水源枯涸等，都会使生态系统失调，生态平衡遭到破坏。

对策：1. 自觉地调和人与自然的矛盾，以协调代替对立，实行利用和保护兼顾的策略；2. 积极提高生态系统的抗干扰能力，建设高产、稳产的人工生态系统；3. 注意政府的干预和政策的调节。

5-9 生态系统服务是指人类直接或间接从生态系统得到的利益，主要包括向经济社会系统输入有用物质和能量、接受和转化来自经济社会系统的废弃物，以及直接向人类社会成员提供服务。

按照进入市场或采取补偿措施的难易程度，生态系统服务可以划分为生态系统产品和生命系统支持功能。生命系统支持功能主要包括固定二氧化碳、稳定大气、调节气候、对外来干扰的缓冲、水文调节、水资源供应、水土保持、土壤熟化、营养元素循环、废弃物处理、传授花粉、生物控制、提供生境、食物生产、原材料供应、遗传资源库、休闲娱乐场所以及科研、教育、美学、艺术等。

5-10 森林生态系统的服务功能主要体现为涵养水源、保持水土、调节气候、净化空气、营养元素循环、生物多样性维持、旅游和生产有机质及提供生态系统产品等。

6-1 在生态学中，景观的定义可概括为狭义和广义两种。狭义景观是指在几千米至几百米范围内，由不同类型生态系统所组成的、具有重复格局的异质性地理单元。广义景观则包括出现在从微观到宏观不同尺度上的、具有异质性或缀块性的空间单元。

景观生态学（Landscape Ecology）是研究景观单元的类型组成、空间配置及其与生态学过程相互作用的综合性学科。

6-2 景观生态学的研究对象和内容可概括为以下三个基本方面：景观结构、景观功能、景观动态。

（1）景观结构：主要指景观组成单元的类型、多样性及其空间相互关系。例如，景观中不同生态系统（或土地利用类型）的面积、形状和丰富度，它们的空间格局以及能量、物质和生物体的空间分布等。

（2）景观功能：主要指景观结构与生态学过程的相互作用与关系，或景观结构单元之间的相互作用。这些作用主要显示在能量、物质和生物有机体在景观镶嵌体中的运动过程中。

（3）景观动态：主要指景观结构和功能随时间的动态变化。包括景观结构单元的组成成分、多样性、形状和空间格局的变化，以及由此导致的能量、物质和生物分布与运动差异。

6-3 景观生态学的基本理论至少包含以下几个方面：

(1) 系统论：景观生态学从研究对象和研究方法上就体现着综合、整体等系统论思想。

(2) 岛屿生物地理学理论：达到平衡状态的物种数主要取决于岛屿的大小和岛屿离种源的距离，即面积效应和距离效应。①离大陆越近的岛屿生物多样性越高，其物种比较容易与大陆的物种交换基因，但又因为地形的隔离造成生物隔离，所以生物多样性高。②岛屿的面积越大，生物多样性就会越高，岛屿面积越大所能容纳的生物越多。

(3) 等级理论与尺度效应：①等级理论认为自然界是一个具有多分层等级结构的有序整体，在这个有序整体中，每一个层次或水平上系统都是由低一级层次或水平上的系统组成，并产生新的整体属性。在等级系统中，任何一个子系统都有自己上一级归属关系，是上一级系统的组成部分，同时，其对下一级系统有控制关系，即它由下一级子系统构成。等级理论认为任何系统只属于一定的等级，并具有一定的时间和空间尺度。②尺度是对所研究对象的一种限度，一般是指对某一研究对象或现象在空间上或时间上的量度，分别称为空间尺度（或者空间分辨率）和时间尺度。尺度蕴含了对细节的了解水平。时间和空间尺度包含于任何景观的生态过程中。

(4) 自组织理论：自身创造物质和具有能量流动的系统能在相对较高的有机组织上更新、修复和复制自身。这种系统包括生物系统、生态系统和社会系统，也包括以太阳为能量来源的景观生态系统。随着时空尺度的变化，生态系统间存在着强烈的自组织性相互作用。

(5) 边缘效应：边缘效应即指斑块边缘部分由于受相邻斑块和周围环境的影响而表现出与斑块中心部分不同的生态学特征的现象。由于斑块边缘生境条件的特殊性、异质性和不稳定性，使得毗邻斑块的生物可能聚集在这一生境重叠的边缘区域中，不但增大了边缘部分中物种的多样性和种群密度，而且增大了某些生物种的活动强度和生产力。

6-4 Mac Arthur 和 Wilson（1967）提出“岛屿平衡理论”，认为一个岛屿上的物种数实际上是由迁入和灭绝两者的平衡决定的，当物种的迁入率和灭绝率相等时岛屿物种的数目趋于达到平衡。而这种平衡是一种动态的平衡，物种不断地灭绝或被相同的或不同的种类所替代。

达到平衡状态的物种数主要取决于岛屿的大小和岛屿离种源的距离，即面积效应和距离效应。

6-5 景观要素有三种类型：斑块（Patch），廊道（Corridor），基质（Matrix）。

6-6 斑块是一个与周围环境在外貌或性质上不同，并具有一定内部均质的空间单元。

按起源可将斑块分为：干扰斑块、残存斑块、环境资源斑块、引入斑块。

6-7 廊道是斑块的一种特殊形式，景观中的廊道是两边与本底有显著区别的狭带状区域，有双重性质：一方面将景观不同部分隔开，对被隔开的景观是一个障碍物；另一方面将景观中不同部分连接起来，是一个通道。

廊道的结构特征可用以下指标表示：弯曲度、连通度、狭点、结点、廊道内环境。

6-8 景观的功能包括生产功能、美学功能和生态功能。

景观的生产功能主要指景观的物质生产能力。不同类型的景观物质生产能力表现的形式不同。但共同的特征是为生物生存提供了最基本的物质保证。

自然景观的美学功能主要体现在旅游价值上，而旅游价值与社会的进步、经济的发展密切相关。

景观的生态功能主要体现在景观与流的相互作用上。当水、风、土流、冰川、火及人工形成的能流、物流穿越景观时，景观有转输和阻碍两种作用，景观内的廊道、屏障和网络与流的传输关系密切。

6-9 景观生态的研究方法主要包括野外调查与观测、景观指数分析、城市景观规划、3S技术以及景观可视化技术等。

6-10 内涵包括如下几点：

（1）它涉及景观生态学、生态经济学、人类生态学、地理学以及社会政策法律等相关学科的知识，具有高度综合性；

（2）它建立在充分理解景观与自然环境特性、生态过程及其与人类活动关系的基础上；

（3）通过协调景观内部结构与生态过程及人与自然的关系，正确处理生产与生态、资源开发与保护、经济发展与环境质量的关系，进而改善景观生态系统的整体功能，达到人与自然的和谐；

（4）规划强调立足于当地自然资源与社会经济的潜力，形成区域生态环境功能与社会经济功能的互补与协调，同时考虑区域乃至全球的环境，而不是建立封闭的景观生态系统；

（5）它侧重于土地利用与土地覆盖格局的空间与科学合理配置；

（6）它不仅协调自然过程，还协调文化和社会经济过程。

6-11 景观生态规划原则：自然优先原则；持续性原则；针对性原则；多样性原则；综合性原则。

景观生态设计的原则：4R原则；自然优先原则；最小干预最大促进原则。

7-1 建筑系统的特性体现在建筑系统的开放性；建筑系统的空间异质性和时间性。

开放性：一方面，作为一种次级系统，建筑系统是生物圈的重要组成部分，是生物圈中能量流动和物质循环的一个环节。另一方面，作为一个独立的开放系统，生态系统中物质循环与能量流动体现在建筑系统中每一个元素的来源与流动及循环的途径。

空间异质性和时间性：

（1）建筑系统对周围生态系统的空间置换

建筑会导致土壤侵蚀，地下水的流向和水位也会随之改变，甚至影响空气流动的方向和速度以及太阳辐射等，而机械人工环境则彻底改变了周围生态系统的部分结构与功能。

（2）动态的生态建筑观

从系统论的观点看，建筑系统包含各部分之间的相互作用也是随时间变化而变化的。同时，建筑系统与特定设计地段的生态系统之间的相互作用是动态和变化的，建筑系统将会不停地与周围生态系统相互作用，直至使用寿命终结。

7-2 进行建筑设计时，建筑设计人员要把建筑视为一个微型的生态系统，通过生态设计充分利用太阳能、风能等自然能量，考虑建筑空间的形体与自然空间的关系，选择合理的建筑朝向和建筑型体；营造良好的局部建筑小气候，室内空间与室外空间相结合，同时考虑采暖、通风、照明、电气等方面的高效与协调等，降低建筑系统对自然生态系统的影响，使建筑系统尽量更好地融入周围生态系统中。

7-3 “天人合一”哲学思想对中国传统城市和建筑影响体现在：对城市选址的影响；对城市规划思想的影响；对中国城市园林建设的影响；由“天人合一”思想演化而来的阴阳五行、风水等思想，都对我国古代的城市和建筑产生了影响。

7-4 (1) 污水处理与中水利用：建筑或建筑群内的生活废水（洗浴排水、洗衣废水等）作为中水水源，生活废水经室内收集排放系统到室外排水系统，作为建筑区域内水处理站水源，经适当处理后，一般作为建筑区域冲厕用水、景观水体补水、绿地用水、道路浇洒用水，有时也再经进一步处理作为洗车用水。

(2) 雨水回收及利用：生态建筑或建筑群必须采取雨、污分流制，要求雨水合理利用。结合建筑或建筑群实际情况，有效地收集、贮存、净化及利用屋顶雨水，在一定范围内作为非饮用水或补给地下水。

(3) 利用洁净的天然能源：充分考虑太阳能作为其他能源的价值。

7-5 生态位理论普遍认为在生态空间中所有的生物均具有相应的生态位，在生态因子的变化范围内，能够被生物实际、潜在占据利用或适应的部分就是生态位，因此生态位主要由生物与生态因子两个要素构成。

建筑生态位构建是依据生态位构建理论，从生态学的角度研究建筑有机体的生态位构建过程，使建筑可以和与其相关的生态因子之间建立良性互动的发展态势，修复因人类不合理的建筑活动所造成的对生态环境的破坏。包括建造自然生态位构建和建筑人文生态位构建两个方面内容。

7-6 在生态建筑设计中，一定要注重环境的绿化设计，创造出良好的局部微气候。

首先，在建筑群落周围，尽量不使用或少使用渗透性差的硬质铺地，尽可能多地铺设渗透性强的生态铺地，多种植绿化效果明显的乔木，扩大草坪面积。

其次，建筑物的立面，对墙面、屋顶、阳台进行绿化。

再次，从整体出发，通过借景、组景、分景、添景等手法，协调住区内外环境。例如：设置亲水景点，景点视线通廊等。

7-7 植物配置原则：重点突出、对比微差、韵律节奏、比例尺度、层次渗透、均衡稳定以及多样统一。

植物配植形式：总体上有孤植、对植、列植、丛植、群植和混植。

7-8 合理确定生态建筑朝向和平面形状，合理规划空间布局及控制体型系数；加强建筑的密闭性；加强建筑的隔热性；选用大热质建筑材料；采用被动得热式自然通风；使用低能耗家电、灯具；增强自然采光；不使用电加热水；使用清洁能源为建筑发电、供热（冷）。

7-9 合理安排建筑物的空间布局；要加强绿色交通的建设；要增加生态城市的绿化率；要维系好建筑物区域的自然水体；要建设可渗透地面；要充分应用太阳能清洁能源，减少由于化石燃料燃烧带来的污染以及热量。

参 考 文 献

[1]《大师系列》丛书编辑部．托马斯·赫尔佐格的作品与思想［M］．北京：中国电力出版社，2006.

[2] C. 特罗尔（林超译）．景观生态学［J］．地理译报，1983，2（1）：1-7.

[3] E. 纳夫（林超译）．景观生态学的发展阶段［J］．地理译报，1984.（3）：1-6.

[4] Odling-Smee，F. J.，Laland，K. N. &Feldman，M. W. Niche Construction［J］. The American Naturalist，1996，147（4）：641-648.

[5] Odling-Smee，F. J.，Laland，K. N. &Feldman，M. W. Niche Construction-The Neglected Process in Evolution［M］，Princeton University，2003.

[6] R. 福尔曼 .M. 戈德罗恩（肖笃宁等译）．景观生态学［M］．北京：科学出版社，1990.

[7] 白晨曦．天人合一：从哲学到建筑——基于传统哲学观的中国建筑文化研究［D］．北京：中国社会科学研究生院，2003.

[8] 白降丽，彭道黎，庾晓红，等．森林景观生态研究现状与展望［J］．生态学杂志，2005，24（8）：943-947.

[9] 贝尔格，等（中山大学地质地理系编译）．景观的概念和景观学的一般问题［M］．北京：商务印书馆，1964.

[10] 蔡晓明．生态系统生态学［M］．北京：科学出版社，2000.

[11] 蔡晓明. 生态系统生态学［M］．北京：科学出版社，2002.

[12] 曹凑贵．生态学概论［M］．北京：高等教育出版社，2002.

[13] 曹凑贵. 生态学概论［M］．北京：高等教育出版社，2002.

[14] 曹亮，朱凌峰，闫爱云．生态学在低碳建筑中运用［J］．科技向导，2011，(12)：7.

[15] 柴一新，祝宁，韩焕金．城市绿化树种的滞尘效应——以哈尔滨市为例［J］．应用生态学报，2002，13（9）：1121-1126.

[16] 常禹，胡远满，布仁仓，等．景观可视化及其应用［J］．生态学杂志，2008，12（8）：1422-1429.

[17] 陈波，包治毅．生态恢复设计在城市景观规划中的应用［J］．中国园林，2003，(7)：44-47.

[18] 陈昌笃．景观生态学的由来和发展［G］//肖笃宁．景观生态学——理论方法及应用．北京：中国林业出版社，1991.

[19] 陈昌笃．景观生态学的理论发展和实际应用［G］//马世骏．中国生态学发展战略研究（第一集）．北京：中国经济出版社，1991.

[20] 陈利顶，傅伯杰．黄河三角洲地区人类活动对景观结构的影响分析［J］．生态学报，1996，16（4）：337-344.

[21] 陈利顶，傅伯杰．景观连接度的生态学意义及其应用［J］．生态学杂志，1996，15（4）：37-42.

[22] 陈实．浅谈绿色生态建筑的设计与实施策略［J］．华章，2011，(34)：361.

[23] 陈向丽．绿色生态建筑节能设计 [J]．建设科技，2009 (5)：85-87.
[24] 陈易．生态学原理与建筑形式创作 [J]．时代建筑，1994，(4)：14-17.
[25] 陈自新，苏雪痕．北京城市园林绿化生态效益的研究 (2) [J]．中国园林，1998，14 (2)：51-54.
[26] 陈自新，苏雪痕．北京城市园林绿化生态效益的研究 (4) [J]．中国园林，1998，14 (4)：46-49.
[27] 迟立辉．生态理念与现代建筑规划设计刍议 [J]．科技风，2011，(2)：90.
[28] 丁一巨，罗华．景观生态设计解析 [J]．园林，2002，(12)：21-22.
[29] 董雅文．城市景观生态 [M]．北京：商务印书馆，1993.
[30] 段汉明．建筑的尺度与时空特征 [J]．新建筑，2000，(5)：19-20.
[31] 范钦栋，田国行，杨晓明．景观生态学原理在绿地系统规划中的应用——以温县为例 [J]．河南科技学院学报 (自然科学版)，2006，34 (4)：57-59.
[32] 范文义，罗传文．"3S" 理论与技术 [M]．哈尔滨：东北林业大学出版社，2003.
[33] 方修建．浅谈生态意识在建筑教育中的渗透 [J]．科教纵横，2011，(10)：165-166.
[34] 傅伯杰，陈利顶．景观多样性的类型及其生态意义．地理学报，1996，51 (5)：454-462.
[35] 傅伯杰，陈利顶，马克明，等．景观生态学原理及应用 [M]．北京：科学出版社，2001.
[36] 高黑，倪琪．当代景观设计中的生态理念与手法初探 [J]．华中建筑，2005 (4)：127-130.
[37] 高兴敏．生态建筑的实现形式——浅谈生态建筑的技术层次 [J]．陕西建筑，2008，(160)：14-15.
[38] 戈峰．现代生态学 [M]．北京：科学出版社，2005.
[39] 宫辉力，张弘芬．3S 技术与应用 [M]．科技术语研究．2000，2 (1)：38-41.
[40] 古大江，郭鹏．生态建筑设计的可持续发展探讨 [J]．经营管理者，2011，(24)：367.
[41] 古立秀，吴国凯．中国传统建筑生态学的现代科学内涵 [J]．科技进步与对策，2001，(8)：98-100.
[42] 郭晓君．浅谈建筑尺度的把握 [J]．河北建筑工程学院学报，2000，18 (2)：11-13.
[43] 郭兴芳，田青，陈立，等．绿色建筑中的水循环评估体系 [J]．中国给水排水，2007，23 (4)：97-100.
[44] 国庆喜，孙龙，王晓春．植物生态学实验实习方法 [M]．哈尔滨：东北林业大学出版社，2004.
[45] 国庆喜，孙龙．生态学野外实习手册 [M]．北京：高等教育出版社，2010.
[46] 何荔华．生态理念在建筑设计中的体现 [J]．中国新技术新产品，2010，(18)：175.
[47] 贾宝全，杨洁泉．景观生态学的起源与发展 [J]．干旱区研究，1999，16 (3)：12-18.
[48] 姜汉侨，段昌群，杨树华，等．植物生态学 [M]．北京：高等教育出版社，2004.
[49] 金维根．土地资源研究与景观生态学 [J]．生态学杂志，1988，7 (4)：51-54.

[50] 景贵和．土地生态评价与土地生态设计 [J]．地理学报，1986，41（1）：1-6.
[51] 景贵和．我国东北地区某些荒芜土地的景观生态建设 [J]．地理学报，1991，46（1）：8-15.
[52] 雷鸣．论生态学理念在建筑设计中的应用与实现 [J]．民营科技，2011，（4）：284.
[53] 冷平生．城市植物生态学 [M]．北京：中国建筑工业出版社，1995.
[54] 黎华寿，贺鸿志，黄京华，等．生态保护导论 [M]．北京：化学工业出版社，2009.
[55] 李 焕，李树元，孙惠森．论建筑生态学的性质 [J]．环境保护科学，2009，35（6）：41-43.
[56] 李博，杨持，林鹏，等. 生态学 [M]．北京：高等教育出版社，2000.
[57] 李博．生态学 [M]．北京：高等教育出版社，1999.
[58] 李博．生态学 [M]．内蒙古：内蒙古大学出版社，1993.
[59] 李大伟．系统论视域下的建筑工程管理 [J]．黑龙江科技信息，2011（12）：304.
[60] 李广．浅析目前绿色生态建筑设计 [J]．建筑工程，2011，（12）：286-287.
[61] 李哈滨，J. F. Franklin. 景观生态学——生态学领域的新概念构架 [J]．生态学进展，1988，5（1）：23-33.
[62] 李哈滨，伍业钢．景观生态学的数量研究方法 [G] //刘建国．当代生态学博论. 北京：中国科学技术出版社，1992. 209-234.
[63] 李积权，杜峰，林从华，等．建筑生态位原理探析及其生态位构建研究 [J]．建筑科学，2011，28（2）：12-16.
[64] 李景文．森林生态学（第二版）[M]．北京：中国林业出版社，1992.
[65] 李俊清．森林生态学 [M]. 北京：高等教育出版社，2006.
[66] 李俊霞．郑忻. 人性化的建筑尺度分级系统 [J]．中外建筑，2004，（2）：40-42.
[67] 李文东．建筑废料的可循环再生利用 [J]．唐山学院学报，2011，24（6）：44-46.
[68] 栗德祥．应用生态位理论分析建筑现象 [J]. 世界建筑，2007（4）：29-30
[69] 刘伯英，林阅．建筑生态学新论 [J]．城市建筑，2005，（10）：28-29.
[70] 刘惠明，林中大．3S 技术及其在林业上的应用 [J]. 广东林业科技，2002，18（2）：44-47.
[71] 刘振，迭勇，王少强．生态建筑设计与建筑设计生态化趋势 [J]．陕西建筑，2008，（160）：16-19.
[72] 刘芝红．基于系统论的建筑工程质量控制过程研究 [J]．工程质量，2011，29（5）：12-15.
[73] 罗文媛．建筑的尺度单位与尺度分级 [J]．建筑学报，1999，（1）：49-52.
[74] 马雪华．森林水文学 [M]．北京：中国林业出版社，1993.
[75] 梅安新．彭望禄，秦其明，等．遥感导论 [M]．北京：高等教育出版社，2001.
[76] 孟德友．基于生态位理论的城市生态位研究 [J]．地域研究与开发，2008，（2）.
[77] 欧阳志云，王如松．生态位适宜度模型及其在土地利用适宜性评价中的应用 [J]．生态学报，1996，16（2）：74-75.
[78] 邱扬，张金屯．地理信息系统（GIS）在景观生态研究中的作用 [J]．环境与开发，1998，13（1）：1-4.

[79] 沈广军．浅谈生态建筑与建筑生态化的研究［J］．无线互联科技，2011，（12）：43-44.
[80] 沈丽．生态建筑理念解析［J］．国外建筑科技，2002，23（1）：92-96.
[81] 师帅，李桂文．生命周期视角下的建筑循环再生研究［J］．城市建筑 2011，（12）：96-98.
[82] 史培军，宫鹏，李晓兵，等．土地利用与覆盖变化研究的方法与实践［M］．北京：科学出版社，2000.
[83] 宋晔皓．从环境和建筑看生态建筑设计［J］．清华大学学报（哲学社会科学版），2002，17（1）：84-89
[84] 孙儒泳，李博，诸葛阳，等．普通生态学［M］．北京：高等教育出版社，2000.
[85] 孙儒泳，李庆芬，牛翠娟，等. 基础生态学［M］. 北京：高等教育出版社，2002.
[86] 谭国强，王新友．建筑材料的循环再生［J］．广东建材，1999，（6）：4-6.
[87] 王军，傅伯杰，陈利顶．景观生态规划的原理和方法［J］．资源科学，1999，21（2）：71-76.
[88] 王乾宏．结合生态学思想探析城市园林景观的营造［D］．陕西：西北农林科技大学，2007.
[89] 王向荣，林箐．欧洲新景观［M］．南京：东南大学出版社，2003.
[90] 王晓俊．西方现代园林设计．南京：东南大学出版社，2003
[91] 邬建国．Metapopulation（复合种群）究竟是什么？［J］植物生态学报，2000，24（1）：123-126.
[92] 邬建国．岛屿生物地理学理论：模型与应用［J］．生态学杂志，1989，8（6）：34-39.
[93] 邬建国. 景观生态学：格局，过程，尺度与等级［M］. 北京：高等教育出版社，2000.
[94] 邬建国．景观生态学——概念与理论［J］．生态学杂志，2000，19（1）：42-52.
[95] 伍业钢，李哈滨．景观生态学的理论发展，当代生态学博论［M］．北京：中国科学技术出版社，1992.
[96] 伍业钢，李哈滨．景观生态学的理论发展［G］//刘建国．当代生态学博论．北京：中国科学技术出版社，1992. 30-40.
[97] 肖笃宁，李晓文．试论景观规划的目标、任务和基本原则［J］．生态学杂志，1998，17（3）：46-52.
[98] 肖笃宁，李秀珍，高峻，等．景观生态学［M］．北京：科学出版社，2003.
[99] 肖笃宁，李秀珍．当代景观生态学的进展和展望［J］．地理科学，1997，17（4）：356-364.
[100] 肖笃宁，苏文贵，贺红士．景观生态学的发展和应用［J］．生态学杂志，1988，7（6）：43-48.
[101] 肖笃宁，赵羿，孙中伟，等．沈阳西郊景观结构变化的研究［J］．应用生态学报，1990，1（1）：75-84.
[102] 肖笃宁．景观生态学——理论，方法及应用［M］．北京：中国林业出版社，1991.
[103] 肖笃宁，石铁矛，阎宏伟．景观规划的特点与一般原则［J］．世界地理研究，1998，

7（1）：90-96.
[104] 谢浩．建筑尺度合理控制的相关问题［J］．中国住宅设施，2001，（1）：16-18.
[105] 辛琨，赵广孺．3S技术在现代景观生态规划中的应用［J］. 海南师范学院学报（自然科学版）. 2002，15（34）：73-75.
[106] 徐化成．景观生态学［M］．北京：中国林业出版社，1995.
[107] 许慧，王家骥．景观生态学的理论与应用［M］．北京：中国环境科学出版社，1993.
[108] 杨文坤．浅议水环境在生态建筑中的配置［J］．中国科技信息，2006，（5）：150.
[109] 姚炎祥主编．生命的源泉——水［M］．南京：江苏科学技术出版社，1996.
[110] 叶岱夫．气象因素与流行病防范的城市生态学建筑设计［J］．建筑知识，2007，（3）：10-11.
[111] 俞孔坚，李迪华，吉庆平．景观与城市的生态设计：概念与原理［J］．中国园林，2001，6：3-10.
[112] 俞孔坚，庞伟．足下文化与野草之美——产业用地再生设计探索，岐江公园案例［M］．北京：中国建筑工业出版社，2003.
[113] 俞孔坚．景观的生态化设计原理与案例［J］．建筑科技（绿色建筑特刊），2006，（7）：28-31.
[114] 张惠娜．中国传统建筑中的生态思想［J］．山西建筑，2011，37（30）：26-27.
[115] 张金屯，李素清．应用生态学［M］．北京：科学出版社，2003.
[116] 张瑞国，李向学，宋时琴．生态学理念在建筑设计中的实现［J］．建筑设计管理，2009，26（4）：20-22.
[117] 张小兵．对绿色生态建筑的理解和思考［J］．山西建筑，2011，37（31）：24-26.
[118] 张新竹．简论基于生态建筑观的建筑设计［J］．中国新技术新产品，2011，（24）：198.
[119] 张一奇，林夏珍．园林建筑设计教学中生态设计思想的培养［J］．中国建筑教育，2009，12（12）：23-25.
[120] 张振亚．生态理念在建筑设计中的体现——以贵阳市盛世南岸项目为例［J］．技术与市场，2011，18（12）：197-198.
[121] 赵琛，吴隆强，王起如．生态与我国传统设计观念［J］．西北建筑与建材，2003，（99）：5-7.
[122] 赵惠勋，李俊清，王凤友．群体生态学［M］．哈尔滨：东北林业大学出版社，1990.
[123] 赵继龙，刘甦，郑斐．绿色建筑设计与评价——基于新兴生态理念的发展展望［J］．沈阳建筑大学学报（社会科学版），2011，13（4）：385-388.
[124] 赵弈，郭旭东．景观农业的兴起及其实际意义［J］．生态学杂志，2000，19（4）：67-71.
[125] 赵弈，李月辉，曹宁．辽河三角洲盘锦湿地防洪功能研究［J］．应用生态学报，2000，11（2）：261-264.
[126] 赵弈，李月辉．论景观的稳定性［G］//肖笃宁．景观生态学研究进展．长沙：湖南

科学技术出版社，1999.
[127] 赵弈，李月辉．实用景观生态学［M］．北京：科学出版社，2001
[128] 赵弈，吴彦明．沈阳市东陵区景观异质性变化研究［J］．地理学报，1994，14（2）：177-185.
[129] 郑师章．普通生态学——原理，方法和应用［M］．上海：复旦大学出版社，1993.
[130] 中野秀章著，李云森译．森林水文学［M］．北京：中国林业出版社，1983.
[131] 周曦，李湛东．生态设计新论——对生态设计的反思和再认识［M］．南京：东南大学出版社，2003.
[132] 周霞，刘管平．“天人合一”的理想与中国古代建筑发展观［J］．建筑学报，1999，（11）：50-51.
[133] 周燕来．略谈适宜生态技术在建筑设计中的运用［J］．四川建筑，2011，31（5）：68-70.
[134] 祝廷成，钟章成，李建东．植物生态学［M］．北京：高等教育出版社，1988.
[135] 宗跃光．城市景观生态规划的理论与方法［M］．北京：中国科学技术出版社，1993.
[136] 李敏．北京人居环境绿地发展研究［G］// 清华大学建筑学术丛书．北京城市规划研究论文集．北京：中国建筑工业出版社，1996.
[137] 胡颖荭．城市建筑生态学的启示［J］．中外建筑，2001，（6）：4-5.
[138] 邹佳媛，都兴民．建筑设计的自然观和科学观——建筑的整体化设计策略［J］．建筑学报，2006，（2）：18-22.
[139] 叶敏青，姜立，张雷，等．绿色建筑技术中的生态绿化——绿色建筑中的植物配置及计算机模拟［G］//中国城市科学研究会．第六届国家绿色建筑与建筑节能大会论文集．241-244.
[140] 徐峥．建筑生态学漫谈．中国房地信息［J］．1999，（12）：5-6.
[141] 王楠．从生态学的角度看建筑系统［J］．黑龙江科技信息，2008，（15）：232.
[142] 卜晓军，任保平．中国古代的朴素生态文明思想及其实践［N］．光明日报，2009，（12）．
[143] 宁立飞．建筑工程施工系统自组织条件分析［J］．商品与质量，205-206.
[144] 温泉．托马斯·赫尔佐格作品——雷根斯堡住宅［M］．北京：中国电力出版社，2006.